好吃到爆的家常小炒

甘智荣　主编

吉林科学技术出版社

图书在版编目（C I P）数据

好吃到爆的家常小炒 / 甘智荣主编. -- 长春 : 吉林科学技术出版社, 2015.2
ISBN 978-7-5384-8703-9

Ⅰ. ①好… Ⅱ. ①甘… Ⅲ. ①家常菜肴—炒菜—菜谱 Ⅳ. ① TS972.12

中国版本图书馆 CIP 数据核字 (2014) 第 302051 号

好吃到爆的家常小炒

Haochi Dao Bao De Jiachang Xiaochao

主　　编　甘智荣
出 版 人　李　梁
责任编辑　李红梅
策划编辑　黄　佳
封面设计　闵智玺
版式设计　谢丹丹
开　　本　723mm×1020mm　1/16
字　　数　200千字
印　　张　15
印　　数　10000册
版　　次　2015年2月第1版
印　　次　2015年2月第1次印刷

出　　版　吉林科学技术出版社
发　　行　吉林科学技术出版社
地　　址　长春市人民大街4646号
邮　　编　130021
发行部电话/传真　0431-85635177　85651759　85651628
85677817　85600611　85670016
储运部电话　0431-84612872
编辑部电话　0431-86037576
网　　址　www.jlstp.net
印　　刷　深圳市雅佳图印刷有限公司

书　　号　ISBN　978-7-5384-8703-9
定　　价　29.80元

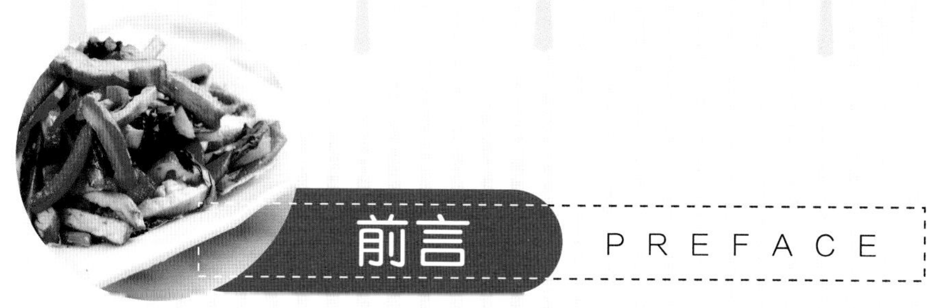

前言 PREFACE

小炒是我们餐桌上最为常见的，不管是普普通通、毫不起眼的青菜，还是禽肉、蛋类、水产，甚至是面食、米饭，只要油锅烧热，放点葱、姜、蒜末爆锅，大火爆炒之后就是一盘香气四溢、让人垂涎欲滴的小炒。如果喜欢重口味，再放点辣椒、花椒，那更是别有一番滋味。

小炒之所以广受欢迎，原因在于其原料新鲜而简单，烹饪方式快捷方便，滋味浓厚、清淡两相宜。大多数食材都可以用来“炒”，炒青菜、炒黄瓜、炒西红柿、炒肉丝、炒肉片、炒鱼片、炒鸡蛋、炒面、炒饭等，“炒”这种烹饪方式可谓是吸收了其他烹饪方式的众多长处而独树一帜。

既然小炒这么好吃，烹饪方法又方便快捷，你是不是已经跃跃欲试了呢？本书中，我们就为大家介绍一些不仅好吃，而且是“好吃到爆”的家常小炒。即使你是零厨艺的菜鸟，我们也能保证你在十分钟之内端出一盘很快被抢光的家常小炒。

本书第一章首先为您介绍美味小炒必修课，包括“炒”前的各种准备功夫和做出美味小炒的窍门。除非你是大厨，否则就先看看这些基础知识吧，只有首先掌握了这些，才能为后面的操作打好基础。

第二章中，为您介绍清爽的素菜小炒。本章几乎囊括了我们日常食用的各种蔬菜，白菜、洋葱、芹菜、土豆、空心菜、胡萝卜、黄瓜、苦瓜、青椒、西红柿，操作简单而快捷。

第三章到第五章分别为您介绍的是飘香肉禽小炒、营养蛋类小炒和鲜美水产小炒，为您的餐桌上添几道好吃的荤菜小炒。这一类小炒虽然是荤菜类，但是并不需要很长的烹饪时间，只要按照我们菜谱的操作来进行，您一定得心应手。

最后，在第六章中，为您介绍特色炒饭、炒面和炒粉。这一类小炒既可以当成菜，也可以当成饭，可谓一举两得，别有一番风味。

废话不说了，赶紧翻开菜谱，找到你最想吃的的菜，然后光速去买菜，准备开炒吧！下一个大厨，很可能就是您了。

CONTENTS 目录

Part 1 美味小炒必修课

“炒”前准备要做好 002
做好菜从“切”开始 002
选一口好锅很重要 004
做好吃的小炒，还要选对油 005
掌握正确的放盐顺序 006
做出美味小炒的窍门 007
掌握恰当的火候 007
不同食材巧处理 008
调料的运用技巧 009
牛羊鱼肉去腥味法 010
炒菜时怎样留住营养 010
火候与“色、香、味、形” 012

Part 2 清爽素菜小炒

椒油小白菜 014
小白菜炒黄豆芽 015
青椒炒白菜 016
彩椒茄子 016
黄豆芽炒莴笋 017
黄瓜炒木耳 018
胡萝卜炒菠菜 019
腰果炒空心菜 019
酥豆炒空心菜 020
腊八豆炒空心菜 021

油麦菜炒香干 022
糖醋花菜 022
胡萝卜丝炒包菜 023
咖喱花菜 024
素炒香菇西芹 025
西芹炒核桃仁 025
马蹄炒芹菜 026
榨菜炒白萝卜丝 027
胡萝卜丝炒豆芽 028
白萝卜丝炒黄豆芽 028
干煸土豆条 029
荷兰豆炒胡萝卜 030
素炒三丁 031
醋熘土豆丝 031
鱼香土豆丝 032
苦瓜炒马蹄 033
芥蓝炒冬瓜 034
松子炒丝瓜 035
豆豉炒苦瓜 036
丝瓜百合炒紫甘蓝 036
丝瓜炒山药 037
西红柿炒冬瓜 038
椒麻四季豆 039
南瓜香菇炒韭菜 040
松仁炒韭菜 041
韭菜虾米炒蚕豆 041
糖醋菠萝藕丁 042
韭菜炒卤藕 043
芦笋炒莲藕 044
彩椒炒黄瓜 045
咸蛋黄炒黄瓜 046
荷兰豆炒香菇 046
豌豆炒口蘑 047
胡萝卜炒木耳 048
鱼香金针菇 049
枸杞芹菜炒香菇 050
香菇豌豆炒笋丁 051
菠菜炒香菇 051
胡萝卜炒香菇片 052
西蓝花炒双耳 053
鱼香杏鲍菇 054
杏鲍菇炒芹菜 055
西芹藕丁炒姬松茸 056
泡椒杏鲍菇炒秋葵 056
玉米粒炒杏鲍菇 057
马蹄玉米炒核桃 058
蒜香口蘑菠菜卷 059

西红柿炒口蘑……060
双菇炒苦瓜……061
双菇争艳……061
蘑菇藕片……062
莴笋炒秀珍菇……063
胡萝卜丝烧豆腐……064
香菜炒豆腐……065
宫保豆腐……066
山楂豆腐……066
西红柿炒冻豆腐……067
豆瓣酱炒脆皮豆腐……068
豌豆苗炒豆皮丝……069
辣椒炒脆皮豆腐……070
扁豆丝炒豆腐干……071
洋葱炒豆腐皮……071
豆皮炒青菜……072
香干回锅肉……073
辣炒香干……074
茼蒿炒豆干……075
酱香黄瓜炒白豆干……076
松子豌豆炒香干……076
豆腐皮枸杞炒包菜……077
芹菜炒黄豆……078

Part 3 飘香肉禽小炒

豌豆炒牛肉粒……080
西蓝花炒牛肉……081
蚝油草菇炒牛柳……082
南瓜炒牛肉……083
山楂菠萝炒牛肉……083
红薯炒牛肉……084
蒜薹木耳炒肉丝……085
包菜炒肉丝……086
西芹黄花菜炒肉丝……086
白菜粉丝炒五花肉……087
茶树菇炒五花肉……088
莴笋炒回锅肉……089
肉末西芹炒胡萝卜……090
干煸芹菜肉丝……091
西芹炒肉丝……092
草菇花菜炒肉丝……093
白菜木耳炒肉丝……093
芦笋鲜蘑菇炒肉丝……094
茶树菇核桃仁小炒肉……095

肉末豆角……096
口蘑炒火腿……097
西芹炒油渣……097
荷兰豆炒猪肚……098
丝瓜炒猪心……099
猪肝炒花菜……100
青椒炒肝丝……101
菠菜炒猪肝……102
芹菜炒猪皮……102
韭黄炒腰花……103
韭菜炒猪血……104
松仁炒羊肉……105
山楂马蹄炒羊肉……106
韭菜炒羊肝……106
尖椒炒羊肚……107
西葫芦炒肚片……108
西芹白果炒肚条……109
鸡丁炒鲜贝……110
鸡丝豆腐干……110
花菜炒鸡片……111
鸡丁萝卜干……112
枸杞萝卜炒鸡丝……113
西蓝花炒鸡片……114
木耳炒鸡片……114
白灵菇炒鸡丁……115
黑椒苹果牛肉粒……116
咖喱鸡丁炒南瓜……117
青椒炒鸡丝……118
扁豆鸡丝……118
香菜炒鸡丝……119
茄汁莲藕炒鸡丁……120
茭白鸡丁……121
豌豆苗炒鸡片……121
小炒鸡爪……122
尖椒炒鸡心……123
胡萝卜炒鸡肝……124
爽脆鸡胗……125
胡萝卜豌豆炒鸭丁……125
滑炒鸭丝……126
蒜薹炒鸭片……127
菠萝炒鸭丁……128
彩椒炒鸭肠……129
玉米炒鸭丁……129
彩椒黄瓜炒鸭肉……130
蒜薹炒鸭胗……131
洋葱炒鸭胗……132
榨菜炒鸭胗……132
酸萝卜炒鸭心……133
鸭胗炒上海青……134

Part 4 营养蛋类小炒

牛肉炒鸡蛋……136
菠菜炒鸡蛋……137
萝卜干肉末炒鸡蛋……138
葫芦瓜炒鸡蛋……138
佛手瓜炒鸡蛋……139
木耳鸡蛋西蓝花……140
松仁鸡蛋炒茼蒿……141
秋葵炒蛋……141
西葫芦炒鸡蛋……142
洋葱木耳炒鸡蛋……143
软炒蚝蛋……144
马齿苋炒鸡蛋……144
海带虾仁炒鸡蛋……145
西瓜翠衣炒鸡蛋……146
茭白炒鸡蛋……147
银耳枸杞炒鸡蛋……147
火腿炒蛋白……148
桂圆炒鸡蛋……149
彩椒玉米炒鸡蛋……150
鸡蛋炒百合……150
鸡蛋包豆腐……151
鸡蛋炒豆渣……152
竹笋叉烧肉炒蛋……153
陈皮炒鸡蛋……153
虾仁鸡蛋炒秋葵……154
蛋白鱼丁……155
胡萝卜炒蛋……155
鸭蛋炒洋葱……156
茭白木耳炒鸭蛋……157
葱花鸭蛋……158
嫩姜炒鸭蛋……159
韭菜炒鹌鹑蛋……159
鲜菇烩鸽蛋……160

Part 5 鲜美水产小炒

鲜笋炒生鱼片……162
菠萝炒鱼片……163
菜心炒鱼片……164
五彩鲟鱼丝……164
四宝鳕鱼丁……165
绿豆芽炒鳝丝……166

竹笋炒鳝段 167
韭菜炒鳝丝 167
茶树菇炒鳝丝 168
洋葱炒鳝鱼 169
银鱼干炒苋菜 170
椒盐银鱼 170
姜丝炒墨鱼须 171
芦笋腰果炒墨鱼 172
韭菜炒墨鱼 173
糖醋鱿鱼 173
茄汁鱿鱼丝 174
鱿鱼炒三丝 175
葱烧鱿鱼 176
鲜鱿鱼炒金针菇 176
干煸鱿鱼丝 177
剁椒鱿鱼丝 178
茄汁鱿鱼卷 179
人参炒虾仁 179
洋葱丝瓜炒虾球 180
茼蒿香菇炒虾 181
虾仁炒豆角 182
苦瓜黑椒炒虾球 182
虾米炒茭白 183
西芹木耳炒虾仁 184
鲜虾炒白菜 185
葫芦瓜炒虾米 185
虾仁炒猪肝 186
猕猴桃炒虾球 187
草菇丝瓜炒虾球 188
虾仁西蓝花 188
柠檬西芹炒虾仁 189
泰式芒果炒虾 190
白果桂圆炒虾仁 191
南瓜炒虾米 191
西芹腰果虾仁 192
虾皮炒冬瓜 193
老黄瓜炒花甲 194
蛤蜊炒毛豆 195
姜葱炒血蛤 195
丝瓜炒蛤蜊肉 196
莴笋炒蛤蜊 197
葫芦瓜炒蛤蜊 197
豉香花甲 198
泰式肉末炒蛤蜊 199
韭菜炒蛤蜊 200
韭菜炒干贝 201
海参炒时蔬 202
桂圆炒海参 203
葱爆海参 203
鲍丁小炒 204

Part 6 特色炒饭、面、粉

茼蒿萝卜干炒饭……206
苋菜炒饭……207
蛤蜊炒饭……208
葡萄干炒饭……208
咸鱼鸡丁炒饭……209
五色健康炒饭……210
菠萝炒饭……211
干贝蛋炒饭……211
豌豆胡萝卜炒饭……212
腊肠炒饭……213
雪菜虾仁炒饭……214
香芹炒饭……214
鸡肉花生炒饭……215
虾仁蔬菜炒饭……216
鲜虾翡翠炒饭……217
南瓜虾仁炒饭……218
芥菜鸡肉炒饭……218
香菇鸡肉饭……219
青豆鸡丁炒饭……220
苹果炒饭……221
开心果炒饭……222
什锦炒饭……222
三文鱼炒饭……223
黄金炒饭……224
腊味炒饭……225
咖喱虾仁炒饭……225
广式腊肠鸡蛋炒饭……226
松子玉米炒饭……227
生炒糯米饭……228
什锦蔬菜炒河粉……228
丝瓜肉末炒刀削面……229
空心菜肉丝炒荞麦面……230
肉丝包菜炒面……230

Part 1

美味小炒必修课

俗话说：磨刀不误砍柴工。大家都明白这句话的道理。前期的准备工作是相当重要的。炒菜也不例外，如果能在炒菜之前就把所有准备工作都准备好，再开始炒菜，就能避免手忙脚乱，影响炒菜的质量。同时，在炒菜之前能够掌握一些烹饪技巧，则能在炒菜过程中游刃有余，炒出一手色香味俱全的好菜。

“炒”前准备要做好

每个想当大厨的人，必须先练习洗、切、配菜的功课。同样，想要炒得一手好菜，炒之前的准备工夫也是必需的。下面就来看一看，我们做家常小炒之前，需要做哪些准备功夫。

〔做好菜从“切”开始〕

做菜有秘方，切菜有技巧，做好菜从“切”开始。很多人认为切菜是最不重要的一道工序，其实不然，切得一手好菜，不仅决定烹饪的难易程度，而且在一定程度上还会影响菜肴的营养价值。

切法是菜肴切制中最根本的刀法。根据原料的性质和烹调要求，可分为直切、推切、拉切、锯切、铡切、滚切等六种方法。

直切：一般的直切法是左手按稳原料，右手操刀。切的时候，刀垂向下，既不向外推，也不向里拉，一刀一刀笔直地切 下去。一般干脆性原料都是采用直刀切法，如竹笋、莴笋、鲜藕、萝卜、黄瓜、白菜、土豆等。

直切时要注意，第一，左右手要有节奏地配合；第二，左手中指关节抵住刀身向后移动，移动时要保持同等距离，不要忽快忽慢、偏宽偏窄，使切出的原料形状均匀，整齐；第三，右手操刀运用腕力，落刀要垂直，不偏里偏外；第四，右手操刀时，左手要按稳原料。

推切：推切的刀法是刀与原料垂直，切时刀由后向前推，着力点在刀的后部，一切推到底，不再向回拉。推切主要用于质地较松散、用直刀切容易破裂或散开的原料，如叉烧肉、熟鸡蛋等。

拉切：拉刀切的刀法也是在施刀时，刀与原料垂直，切时刀由前向后拉。实际上是虚推实拉，主要以拉为主，着力点在刀的前部。拉切适用于韧性较强的原料，如豆皮、海带、鲜肉等。

锯切：锯切刀法是推切和拉切刀法的结合，锯切是比较难掌握的一种刀法。锯切刀法是刀与原料垂直，切时先将刀向前推，然后再向后拉。这样一推一拉像拉锯一样向下切把原料切断。

锯切原料时，第一，刀运行的速度要慢，着力小而匀；第二，前后推拉刀面要笔直，不能偏里或偏外；第三，切时左手将原料按稳，不能移动，否则会大小薄厚不匀；第四，要用腕力和左手中指合作，以控制原料形状和薄厚。

锯切刀法一般用于把较厚无骨而有韧性的原料或质地松软的原料切成较薄的片形，如用于涮肉的羊肉片、牛肉片等。

铡切：铡切的方法有两种，一种是右手握刀柄，左手握住刀背的前端，两手平衡用力压切；另一种是 右手握住刀柄，左手按住刀背前端，左右两手交替用力摇动。

使用铡切刀法时，第一，刀要对准所切的部位，并使原料不能移动，下刀要准；第二，不管压切还是摇切都要迅速敏捷，用力均匀。

铡切刀法一般用于处理带有软骨、细小骨或体小、形圆易滑的生料和熟料，如鸡、鸭、鱼、蟹、花生米等。

滚切：滚切刀法是左手按稳原料，右手持刀不断下切，每切一刀即将原料滚动一次。根据原料滚动的姿势和速度来决定切成片或块。一般情况是滚得快、切得慢，切出来的是块；滚得慢、切得快切出来的是片。这种滚切法可切出多样的块、片，如滚刀块、菱角块、梳子块等。

用滚刀切法时，左手滚动原料的斜度要掌握适中，右手要紧跟着原料滚动掌握一定的斜度切下去，保持大小薄厚等均匀。

滚刀切法多用于圆形或椭圆形脆性蔬菜类原料，如萝卜、莴笋、黄瓜、茭白等。

片：片的刀技也是处理无骨韧性原料、软性原料，或者是煮熟回软的动物和植物性原料的刀法。就是用片刀把原料片成薄片。施刀时，一般都是将刀身放平，正着（或斜着）进行工作。由于原料性质不同，方法也不一样。大体有推刀片、拉刀片、斜刀片、反刀片、锯刀片和抖刀片等六种技法。

推刀片是左手按稳原料，右手持刀，刀身放平，使刀身和菜墩面呈近似平行状态，刀从原料的右侧片入，向左稳推，刀的前端贴墩子面，刀的后部略微抬高，以刀的高低来控制所要求的薄厚。推刀片多用于煮熟回软或脆性原料，如熟笋、玉兰片、豆腐干、肉冻等。

拉刀片也要放平刀身，先将刀的后部片进原料，然后往回拉刀，一刀片下。拉刀片的要求基本与推刀片相同，只是刀口片进原料后运动方向相反。拉刀片多用于韧性原料，如鸡片、鱼片、虾片、肉片等。

斜刀片是左手按稳原料的左端，右手持刀，刀背翘起，刀刃向左，角度略斜，片进原料，以原料表面靠近左手的部位向左下方移动。由于刀身斜角度片进原料，片成的块和片的面积，较其原料的横断面要大些，而且呈斜状。如海参片、鸡片、鱼片、熟肚片、腰子片等，均可采用这种刀法。

反刀片与斜刀片的原料大致相同，不同的是反刀片的刀背向里（向着身体），刀刃向外，利用刀刃的前半部工作，使刀身与菜墩子呈斜状。刀片进原料后，由里向外运动。反刀片一般适用于脆性易滑的原料。

锯刀片是推拉的综合刀技。施刀时，先推片，后拉片，使刀一往一返都在工作。是专片（无筋或少筋）瘦肉、通脊类原料的刀技。如鸡丝，肉丝，就是先用锯片刀技，片成大薄片，然后再切丝。

抖刀片的刀法是将刀身放平，左手按稳原料，右手持刀，片进原料后，从右向左运动。运动时刀刃要上下抖动，而且要抖的均匀。抖刀片一般用手美化原料形状，适合于软性原料。这种刀技能把原料片成水波式的片状，然后再直切，就形成了美观的锯齿，如松花蛋片、豆腐干丝等。

〔选一口好锅很重要〕

铁锅：传统的铁锅因为不含有其他特殊的化学物质，在烹饪的过程中不会产生不宜食用的溶出物，即使有铁离子溶入到食物中，人在食用后也可以吸收铁元素，用于合成血红蛋白，因此用铁锅炒菜做饭也有利于防止缺铁性贫血。同时铁锅十分坚固耐用、受热均匀，在加热方面效果出众。普通的铁锅极易生锈，而铁锈若不小心被人体摄入会对肝脏产生损害。所以，铁锅在使用的时候一定要注意保养，用完之后清洗干净，擦干水分，最好再抹上一层油。铁锅重量较沉，对于腕力不足而又喜欢端起锅翻炒的用户，应当

好好考虑下是否驾驭得了这个沉重的家伙。

不锈钢锅：相比铁质炒锅，不锈钢锅的重量会轻一些，坚固程度也不会打折扣，可以说达到了热量、重量与质量三者的平衡。除此之外，不锈钢锅不宜生锈，而且不会藏污纳垢，在清洗的时候能够大大降低工作量，时常清洁并且方法得当的话，锅体能够长时间保持精美外观。不锈钢锅的保温效果较差，冬季使用不锈钢锅盛放的食物若不立即食用的话，会在很短的时间内变成残羹冷炙。相比传统的铁锅，不锈钢炒锅的价格往往会高出30%以上。

合金锅：合金材质的炒锅多数为铝合金制品，还有少数的钛合金产品。由于合金技术的发展，时下市面上的合金锅产品在材质上均对锅体表面进行了充分的氧化，因此在安全指标上是完全经得起考验的。相反，合金锅由于带有许多附加技术，能避免不锈钢制品和铁制品锅的一些缺点，使其在性能上处于两者均衡的地位，既不会有明显的优势但同时也不存在一些恼人的缺陷。当然，我们不建议选用品牌不佳、价格低廉的合金炒锅。

麦饭石炒锅：麦饭石炒锅使用纯天然的麦饭石材质制成，由于这种材质富含多种元素，因此在进行炖煮的时候，能够溶出钾、铁、镁、锰、铅、硅、碘等微量元素和矿物质，长期使用可以促进人体生理代谢功能，有益于人的身体健康。同时，这种材质可以吸走菜肴中不纯正的异味，可以长时间保鲜，并且还具有轻盈、油烟少、不粘性能突出的特点。但是这种锅不适宜用金属炒勺操作，更加偏重炖煮加工，操作起来存在限制，尚未形成市场主流。

〔做好吃的小炒，还要选对油〕

炒菜往往需要比较高的温度，尤其是爆炒。油脂在高温下会发生多种化学变化，而油烟是这种变化的最坏产物之一。油烟中的丙烯醛具有强烈的刺激性和催泪性，吸入人体会刺激呼吸道，引发咽炎、气管炎、肺炎等。油烟附在皮肤上，会影响皮肤的正常呼吸。油烟还是肺癌的风险因素，与糖尿病、心脏病等也可能有关。日常炒菜的温度是180℃，实际上是无须冒烟之后才下菜的。

烹调时，油烟什么时候开始产生，与油的烟点密切相关。烟点是指油开始明显冒烟的温度，一般来说，烟点越低的油，越不耐热，越不适合高温烹调。油的烟点跟其精炼程度和脂肪酸的组成有关。通常情况下，油的精炼程度越低，多不饱和脂肪酸含量越高，其烟点越低，也就越不耐热。

我国食用油标准将油分为四级，其中一级油的精炼程度最高，看上去更清澈透亮，其烟点最高，一级油的烟点要在215℃以上，二级油在205℃以上，对于三级油和四级油的烟点没有要求，但由于它们的精炼程度较低，烟点也低，不适合高温烹调。

我国市面上常见的烹调油有花生油、大豆油、玉米油、茶籽油、葵花籽油、调和油等。日常炒菜应该首选耐热性较好的花生油和茶籽油。

但要注意的是，要在油烟还没有明显产生的时候，就把菜放进去。葵花籽油、大豆油和玉米油等富含多不饱和脂肪酸的油脂耐热性相对较差，如果用来炒菜，一定要控制好炒菜温度，筷子插入有气泡时就赶紧把菜放入，并尽量缩短炒菜时间。这类油可用于极短时间炝锅、炖菜、煎蛋、蒸菜、做汤和各种非油炸面点等。由于调和油是由多种油混合而成，其烟点不好确定，但也不建议爆炒。

〔掌握正确的放盐顺序〕

盐作为菜肴的重要调料之一，什么时候放盐可以让菜肴更入味？

①烹调前先放盐的菜肴：烧整条鱼或者炸鱼块时，在烹制前，先用适量的盐腌渍再烹制，有助于咸味的渗入。

②在刚烹制时就放盐的菜肴：做红烧肉、红烧鱼块时，肉、鱼经煎后，即应放入盐及调味品，然后旺火烧开，小火煨炖。

③熟烂后放盐的菜肴：肉汤、骨头汤、蹄髈汤等荤汤，在熟烂后放盐调味，这样才能使肉中蛋白质、脂肪较充分地溶在汤中，使汤更鲜美。

④烹制快结束时放盐的菜肴：烹制爆肉片、回锅肉、炒白菜、炒蒜薹、炒芹菜时，应在全部煸炒透时放盐，这样炒出来的菜肴嫩而不老，营养损失少。

做出美味小炒的窍门

做菜有很多小窍门，如果能够将这些小窍门熟练运用到烹饪的过程中，一定能够为你的菜肴增色不少。有的时候，一个方便实用的小窍门能够对一道菜的味道和营养起到关键作用。

〔掌握恰当的火候〕

火候对于菜肴的成品质量非常有着非常重要的作用。火候分为大火、中火、小火、微火四种。各种烹饪方式需要的火力是不同的，一般来说，炒适合用大火。但是根据食材的不同，在炒的时候也要具体控制好火候。大多数蔬菜中的许多维生素遇热容易被破坏，其中以维生素C最为明显。蔬菜加热时间越长，维生素损失愈多。

据测定，比较新鲜的蔬菜以旺火快炒，维生素C可保存60%～70%，维生素B_2和胡萝卜素可保留76%～94%。如果用温火、文火长时间慢炒，维生素的损失则要高得多。因此，在炒的时候掌握好火候可以减少营养素的破坏。因此，我们在平时炒菜的时候，为了尽量减少蔬菜中维生素的损失，应该要尽量做到热锅、滚油、急火、快炒。

另外，烹调火候对于肉类中维生素A、B族维生素也有很大的影响。在长时间的高温之下，维生素A的损失显著增加；维生素B_1（硫胺素）和维生素B_{12}（钴胺素）在热条件下容易被破坏。因此，如果是猪肉急火快炒，维生素B_1就会损失很少，仅为13%。

因此，为了减少营养的损失，我们在炒猪肉、牛肉的时候，可以切成丝、片后，加料酒、酱油等调料腌渍，加挂上淀粉，放入油温四五成热的油中滑一下油，随即捞出，这样，肉里的动物性蛋白就不会破坏。然后再改用旺火、热油，快速煸炒后出锅。

在高温的作用下，氨基酸上的胺基会氧化产生亚硝酸、丙烯酰胺等致癌物，尤其是烧焦的部分，致癌物的含量更高。而肉类中蛋白质比较丰富，因此，炒菜时要把握好火候，肉类食品不能炒糊，炒糊的部分绝对不能吃。

对于鱼类产品比较多的烹饪方式就是煎和煮，用炒的方式比较少。如果炒的话也是要先把鱼煎一下或炸一下再炒。这样炒的时候更是要注意火候，要急火快炒，出锅迟了鱼肉就老了。

〔不同食材巧处理〕

①炒牛肉片时，要先在切好的肉片中下好作料，再加入适量花生油（或用豆油、棉油等）拌匀，腌渍半小时以后下锅，炒出的肉片金黄玉润、肉质细嫩。另外，牛肉片也可以用啤酒腌渍，更加美味爽口。

②炒猪肉片前将切好的肉片放在漏勺里，在开水中晃动几下，待肉刚变色时就出水，沥去水分再下炒锅，只需3～4分钟就能熟，并且鲜嫩可口。

③炒青菜的时候如果善于利用盐和水，就会对保持青菜的清爽口感有很大的帮助。比如在炒黄瓜、莴笋等青菜时，洗净切好后，撒少许盐拌好，腌渍几分钟，控去水分后再炒，能保持脆嫩清鲜。很多青菜在炒之前可以先焯一下水，然后入炒锅快速翻炒1～2分钟就出锅，也可保持其爽脆口感。

④竹笋有涩味，吃时将其连皮放在淘米水中，加入一个去籽的红辣椒，用温火煮好后熄火，让它自然冷却，再取出来用水冲洗，涩味就没了。

⑤炒猪肝之前，可以用一点硼砂和白醋渍一下，硼砂能使猪肝爽脆，白醋能使猪肝不渗血水。

⑥腰花切好之后，可以加少许白醋，用水浸泡10分钟，腰花会发大，无血水，炒熟后洁白脆口。

⑦将剥去皮的虾仁放入碗内，按每250克虾仁加入盐或食用碱粉1–1.5克。用手轻轻抓搓一会儿后用清水浸泡，然后再用清水漂洗干净。这样能使炒出的虾仁透明如水晶，爽嫩而可口。

〔调料的运用技巧〕

炒菜的时候利用好调料，可以增加味道。下面把这些调料运用的技巧教给大家，希望能够让你的菜肴更加鲜美。

①炒土豆的时候加一点醋，可以避免烧焦，又可以分解土豆中的毒素，并且能使土豆的色、味相宜。

②切好的洋葱蘸点干面粉，炒熟后色泽金黄、质地脆嫩、味美可口。

③炒黄豆芽时，锅中先放少量料酒，然后再放盐，可以除去黄豆芽的腥味。

④炒白菜、芹菜时，先将几粒花椒投入油锅中，小火炸至变黑时捞出，留油炒菜，会使菜香扑鼻。

⑤炒糖醋鱼、糖醋菜等，应先放糖，后放盐，否则食盐的脱水作用会促进菜肴中蛋白质凝固而吸收不了糖分，造成外甜里淡。

⑥不论做什么糖醋菜肴，只要按2份糖、1份醋的比例调配，便可做到甜酸适度。

⑦凡需要加醋的热菜，在起锅前将醋沿锅边淋入，比直接淋在菜上香味更加醇厚浓郁；而酱油最好在菜出锅前放，这样既能调味又能保持酱油的营养成分。

⑧香菜是我们炒菜时常用的一种配料。香菜是一种伞形花科类植物，富含香精油，香气浓郁，但香精油极易挥发。因此香菜最好在菜起锅时或食用前加入。

⑨番茄酱色泽淡红，味酸甜，是烹调中常用的调色增味佐料之一。使用时先用油炒一下更好。因番茄酱较浓稠，带有生果汁味，并略带一点酸涩味，一经用油炒后，即可去除此味。炒时加点盐、糖更好。

⑩调味料也可以补救我们炒菜中的失误：

炒菜放酱油时若倒错了食醋，可放少许小苏打，醋味即可消除；如果做菜时不小心醋放得多了，可往菜中再加点料酒（几滴，可根据醋放入量多少来加），可使原有醋的酸味减轻；调味酱汁放多了，加上少许牛奶，能够调和菜的味道。

〔牛羊鱼肉去腥味法〕

有些食材如牛肉、羊肉、鱼肉等有一股腥味，如果在炒菜中不把腥味去除，就很影响食欲。这里有一些去除腥味的办法。

①除去羊肉腥味：食用前将羊肉切片、切块后，用冷却的红茶水浸泡1小时，可去腥味；或羊肉切片、块后放入开水锅中，加适量米醋，煮沸后捞出羊肉，即可除腥；羊肉、绿豆按10：1的比例进行烧煮即可除腥，又可使羊肉增色；油热后先用姜、蒜末炝锅，再倒入羊肉煸至半熟，放入大葱、酱油、醋、料酒等煸炒几下，起锅时加入少许香油，这样炒熟后的羊肉味道鲜香，膻味全无；将羊肉炒至半熟时加入米醋焙干，然后加葱、姜、酱油、白糖、料酒等调料，起锅时加青蒜或蒜泥，便可除膻。

②去除牛肉腥味：用凉水泡到牛肉血水出净，腥味大减，炒的时候多加葱、姜、料酒；或是放些孜然，孜然的香味对于驱除牛羊肉腥味很有效。

胡萝卜也可去除羊肉、牛肉中的腥味，所以炒羊肉和牛肉时时可加些萝卜丝。

③鱼肉虽营养丰富，但是浓重的鱼腥味却让人不愿进食。但是我们在炒菜中也有办法减轻鱼腥味：给鱼涂点盐，肚子里外都涂一点；炒的时候放点料酒；或者往锅里放一汤匙牛奶，不仅可除腥味，而且鱼肉会变得酥软白嫩，味道格外鲜美；加些生姜、蒜、干红辣椒中的一样或者几样，而且这些作料要先放到锅里用油炒出香味，然后再放鱼，可减淡鱼腥味。

④当锅内温度达到最高时加入料酒，易使酒蒸发而去除食物中的腥味。

〔炒菜时怎样留住营养〕

食物在烹调过程中营养素的流失是不能完全避免的，但如果采取一些保护性措施，则能使菜肴保存更多的营养素。

蔬菜类

切后当即下锅。因为蔬菜里所含的多种维生素多半不大稳定，如果切碎的菜不及时下锅，蔬菜中的维生素便会被空气氧化而丢失一部分。

炒蔬菜的时间不宜太长，烹调时尽量采用旺火急炒的方法。绿叶菜中的维生素C怕高温，烹调时温度过高或加热时间过长，蔬菜中维生素C会大量破坏。用旺火快炒可以少损失一部分维生素，尤其是维生素C。旺火炒菜还可以保持鲜绿颜色，并且吃着脆爽。

但也有例外，例如夏季人们吃的扁豆、豆角中含有一种叫植物血球凝集素的物质，对人体是有害的。所以炒扁豆、豆角时要先用冷水泡一会或先用开水烫一下再炒，要炒熟、炒透，才可以使毒素彻底破坏。

勾芡能使汤料混为一体，使浸出的一些成分连同菜肴一同摄入，而且还能使菜颜色鲜艳，味道鲜美。最不好的烹调方法是先用开水把菜烫或煮后，挤出菜汁后再炒。挤出菜汁会使蔬菜中的维生素、矿物质损失较多。

另外，一般人习惯于单一地炒一种蔬菜，其实，多种菜合在一起炒更营养。一方面，虽然蔬菜中含有丰富的维生素、矿物质和纤维素等，但不同的蔬菜所含的营养成分是不同的。两种或几种蔬菜一起炒，能为人体提供所需的多种营养元素，因此，蔬菜合炒，营养互补。

另一方面，青菜炒肉有利于补钙。各种青菜都含丰富的钙，但是蔬菜中含的钙，被人体吸收的却不多。而食物中的蛋白质能够促进钙的吸收，蛋白质缺乏，钙的吸收就会受到影响。各种肉类均富含蛋白质，因此，青菜炒肉有利于补钙。

肉类

肉类不仅能提供人体所需要的蛋白质、脂肪、无机盐和维生素，而且滋味鲜美，营养丰富，容易消化吸收，饱腹作用强，可烹调成多种的菜肴。在炒菜的时候，使用一些方法可以使肉类中的营养更好地释放出来。

将原料用淀粉和鸡蛋上浆挂糊，营养素不易大量溢出，减少损失，而且不会因为高温使蛋白变性、维生素被大量分解破坏。由于维生素具有怕碱不怕酸的特性，因此在菜肴中尽可能放点醋。醋也能使肉内的钙被溶解得多一些，从而钙对人体的供养量。

一般市场上买的肉，最好先用水焯一下，再煸炒。焯的意义在于去除肉中的腥味。煸炒时不要放太多油，煸炒完后，可以滗掉一些炒出的猪油，才能做到肥而不腻。

淀粉中的还原性谷胱甘肽有保护维生素C的作用，肉类中也含有还原性谷胱甘肽。将蔬菜和肉一起烹调，不仅味道鲜美，而且能避免维生素C的损失。

肉切片或丝后可用少许油拌匀。油具有张性，在肉表面形成保护膜，使肉的营养水份不流失。

需要炒时间较长的菜，应盖上锅盖。溶解在水里的维生素易随着水气跑掉，所以炒的时间长，需盖上锅盖，盖得愈严愈好，既防止维生素遗失，又能使菜保持新鲜。

蛋类

蛋是大自然赐予人类的礼物，它富含营养，天然健康，是人类“理想的营养库”，它含有的蛋白质、卵磷脂、维生素A、维生素B_1、维生素B_2、钙、铁、维生素D，都是都市白领恢复体力的必备元素。

那么，怎么炒蛋才能保证营养能够更多地保存下来呢?

开火的时候，先把锅烧热，温度以手放在上方感觉到热度为宜，这时再倒入油。一定要先热锅，热锅凉油，这样油入锅后可迅速变热，减少加热时间，减少有害物质的产生。

油烧至七成热时，倒入打好的蛋液。入锅炒制时，加一点温水搅几下，即使火大、时间长些，也不致炒老、炒干瘪。

放入的鸡蛋液迅速膨胀，但是中心部位还是液体，此时用铲子将边缘划开一道缝，待蛋液流出后，迅速用铲子从中心向四周打圈，鸡蛋全部变成固体后即可出锅装盘了。

但是要注意的是，一次不要炒得太多。

炒鸡蛋时油要多，身手一定要敏捷，否则很容易炒老或炒糊。

〔火候与“色、香、味、形”〕

菜肴制作一般都要求色香味形俱佳。火候掌握得怎么样，对菜肴的色香味形都有很大的影响。“色”的好坏，对人的心理与食欲，都能产生影响。美丽鲜艳的颜色，不仅令人赏心悦目，且能刺激人的食欲。要以自然色为美，绿色的菜肴要保持绿色，不能过火。着火太猛或控制时间不好，变成褐色，就逊色了。

“香”有清香、浓香、醇香等多种。大火爆炒清香，小火慢炒醇香。只有火候适宜的食品，才有纯正的香味。

“味”与火候关系甚大。不够火不出味，过火则走味。

“形”指原料的形状和菜肴的造型。形美和造型精美的菜肴给人以美的艺术享受，且具有诱食力。有些原料经花刀处理，通过加热形成球形、花形、扇形等，若火候掌握不当，就会变形。

Part 2

清爽素菜小炒

素菜是很多爱美人士的挚爱，因为它不含油脂，不会给人体带入过多的脂肪，导致肥胖，又富含各种美白养颜因子，如维生素E、维生素C等。此外，大多数的蔬菜还富含膳食纤维，能改善便秘症状，促进人体排毒。如果能将各种素菜加工成美味可口的佳肴，那就更加完美了。本章将向大家展现各种清爽素菜小炒的制作方法，供大家选择参考。

椒油小白菜

难易度：★★☆　　2人份

原 料

小白菜250克，口蘑50克，朝天椒末少许

调 料

盐、鸡粉各2克，生抽4毫升，花椒油5毫升，水淀粉、食用油各适量

烹饪小提示

小白菜不宜生食，食用前应先用水焯一下。用小白菜制作菜肴，炒、熬时间不宜过长，以免损失营养。

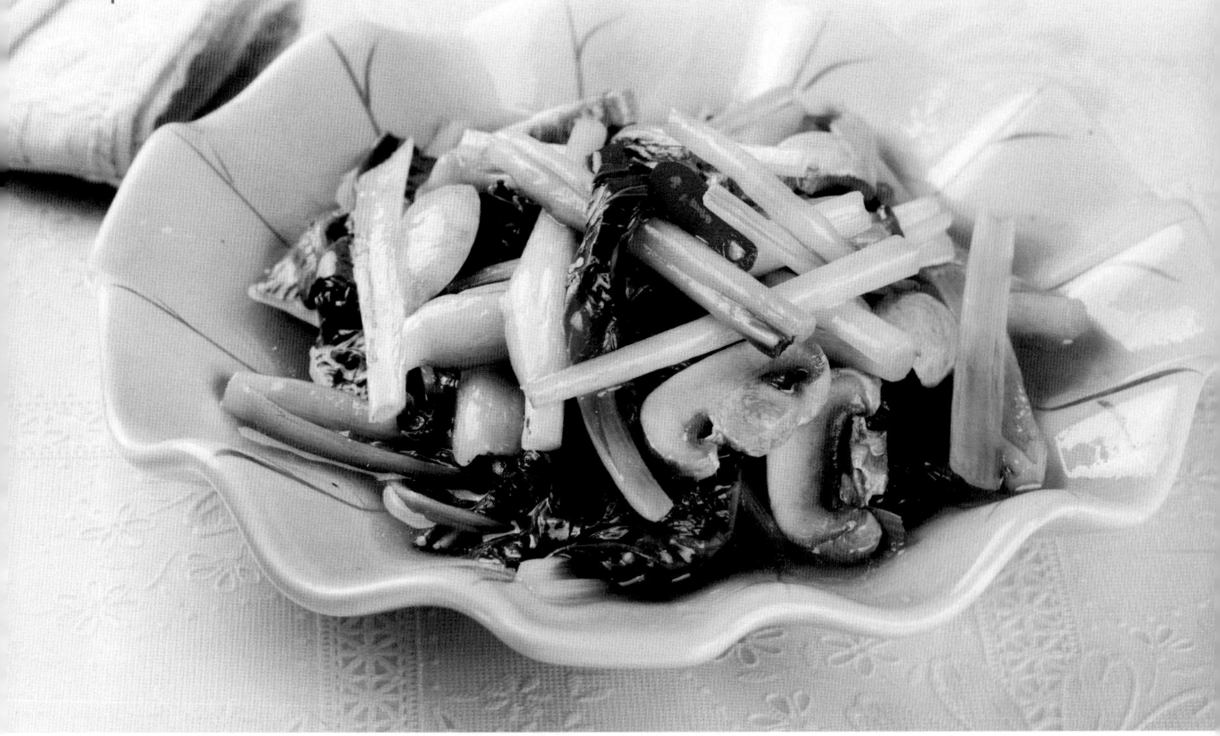

做 法

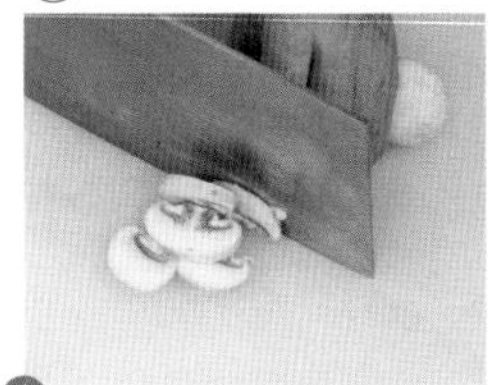

1. 洗净的小白菜切段；洗好的口蘑切片。锅中注水烧开。

2. 放入盐、食用油，倒入口蘑，煮至其八成熟后捞出，沥干。

3. 用油起锅，放小白菜、生抽、水、鸡粉、盐、口蘑煮熟。

4. 放朝天椒，淋入花椒油、水淀粉，拌匀，关火后盛出即成。

做法

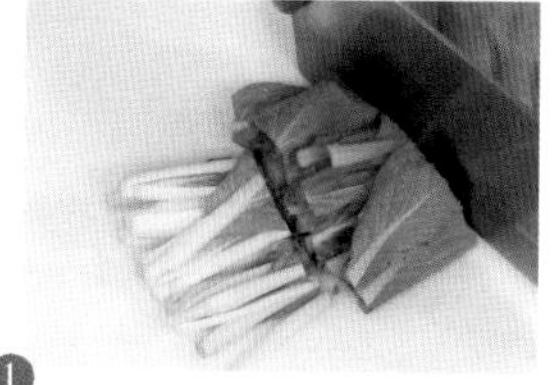

1 洗净的小白菜切成段；洗好的红椒切开，去籽，切成丝。

2 用油起锅，放入蒜末爆香，倒入黄豆芽，拌炒匀。

3 放入小白菜、红椒，炒匀，炒至熟软，加入适量盐、鸡粉，炒匀调味。

4 放入少许葱段，倒入适量水淀粉，拌炒均匀，炒出葱香味。

5 盛出装入盘中即可。

烹饪时间 Time 2分钟

小白菜炒黄豆芽

难易度：★★☆　2人份

原料

小白菜120克，黄豆芽70克，红椒25克，蒜末、葱段各少许

调料

盐2克，鸡粉2克，水淀粉、食用油各适量

烹饪小提示

烹调黄豆芽不可加碱，要加少量食醋，这样才能保存较多的B族维生素。

青椒炒白菜

难易度：★☆☆　2人份

原 料

白菜120克，青椒40克，红椒10克

调 料

盐、鸡粉各2克，食用油适量

做 法

1.洗好的白菜切丝；洗净的青椒、红椒切粗丝。2.用油起锅，倒入青椒、红椒，炒匀，倒入白菜梗，炒至变软，放入白菜叶，用大火快炒。3.加盐、鸡粉，翻炒至食材入味，盛出炒好的菜肴即可。

彩椒茄子

难易度：★☆☆　2人份

原 料

彩椒80克，胡萝卜70克，黄瓜80克，茄子270克，姜片、蒜末、葱花、葱段各少许

调 料

盐2克，鸡粉2克，生抽4毫升，蚝油7克，水淀粉5毫升，食用油适量

做 法

1.洗净的茄子、胡萝卜、黄瓜、彩椒分别切成丁。2.热锅注油烧热，倒入茄子丁，炸至微黄色，捞出，沥干油，待用。3.锅底留油，放姜片、蒜末、葱段，爆香；倒入胡萝卜、黄瓜、彩椒丁，略炒；加盐、鸡粉，炒匀调味；放入茄子，加生抽、蚝油，淋入适量水淀粉快速翻炒均匀，盛出，撒上葱花即成。

黄豆芽炒莴笋

难易度：★★☆　2人份

原 料

黄豆芽90克，莴笋160克，彩椒50克，蒜末、葱段各少许。

调 料

盐3克，鸡粉2克，料酒10毫升，水淀粉4毫升，食用油适量

烹饪小提示

烹饪莴笋的时候要少放盐，否则会影响口感。莴笋和黄豆芽都含有丰富的水分，炒制时宜用大火快炒。

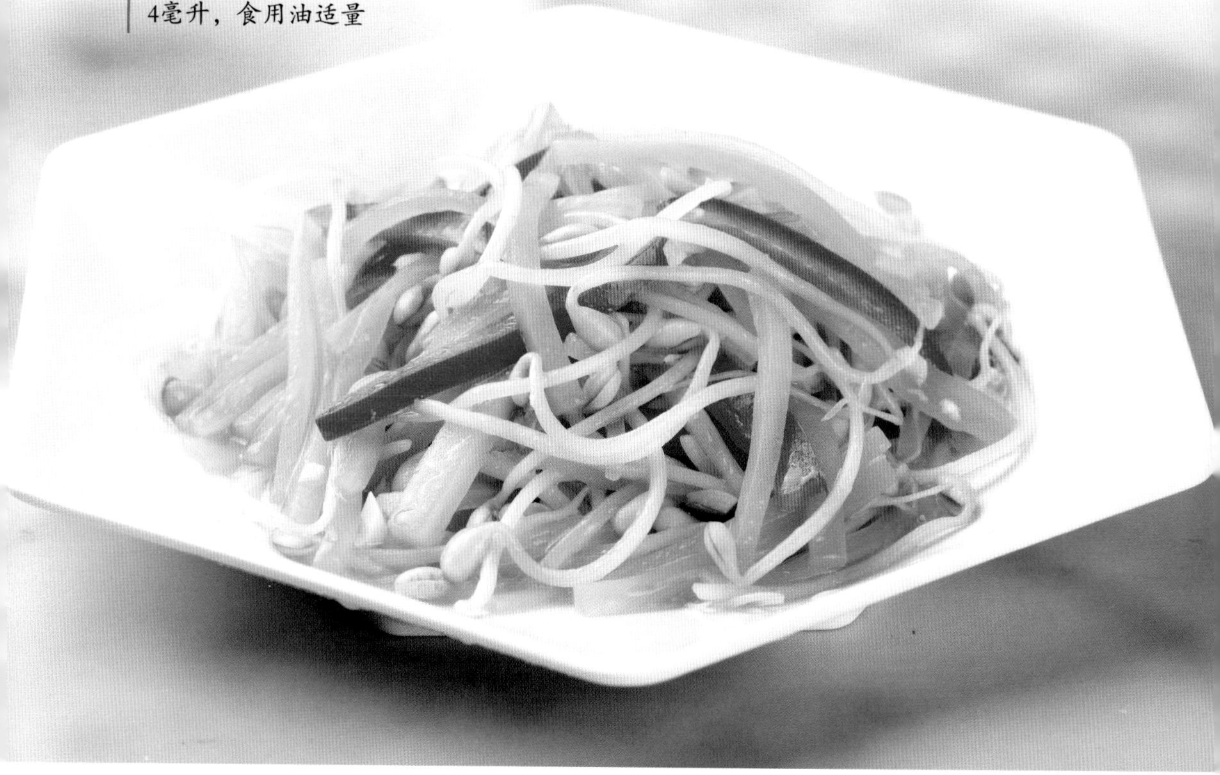

做 法

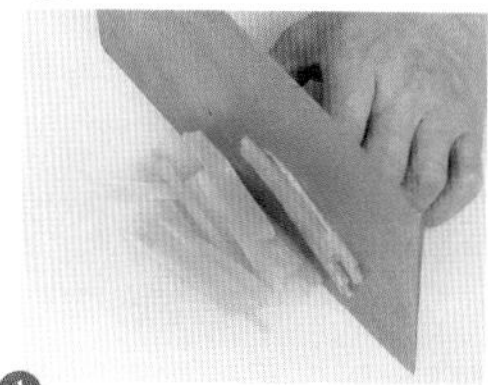

1. 洗净去皮的莴笋切丝；洗好的彩椒切丝，备用。

2. 莴笋丝、彩椒丝焯水，捞出，沥干水分，备用。

3. 用油起锅，放蒜末、葱、黄豆芽、料酒、莴笋、彩椒炒匀。

4. 加盐、鸡粉，炒匀调味，淋入水淀粉，翻炒匀，盛出即可。

黄瓜炒木耳

烹饪时间 Time 2分钟

难易度：★☆☆　2人份

原料

黄瓜180克，水发木耳100克，胡萝卜40克，姜片、蒜末、葱段各少许

调料

盐、鸡粉、白糖各2克，水淀粉10毫升，食用油适量

做法

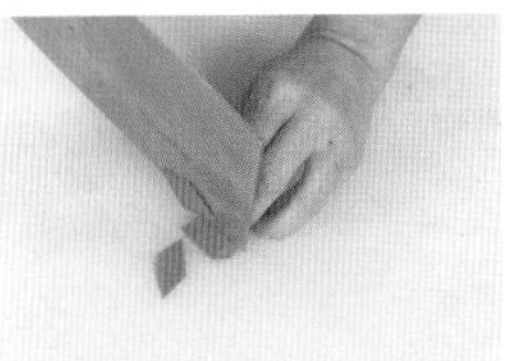

1 洗好去皮的胡萝卜切段，再切成片。

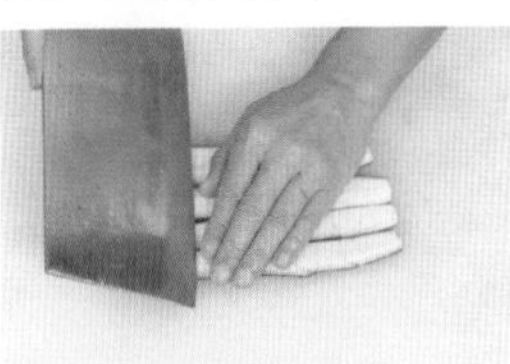

2 洗净的黄瓜切开，去瓤，切段，备用。

3 用油起锅，倒入姜片、蒜片、葱段爆香，放入胡萝卜、木耳，炒匀。

4 加入备好的黄瓜，炒匀，加入少许盐、鸡粉、白糖，炒匀调味。

5 倒入适量水淀粉，翻炒均匀，关火后盛出炒好的菜肴即可。

烹饪小提示

黄瓜应用大火快炒，以免营养流失。黄瓜尾部含有较多的苦味素，不要将尾部丢弃。

烹饪时间 Time 2分钟

胡萝卜炒菠菜

难易度：★☆☆　　2人份

原料

菠菜180克，胡萝卜90克，蒜末少许

调料

盐3克，鸡粉2克，食用油适量

做法

1.洗净去皮的胡萝卜切细丝；洗好的菠菜切去根部，再切成段。2.锅中注水烧开，放入胡萝卜丝，撒上盐，煮断生后捞出。3.用油起锅，放入蒜末，倒入菠菜，快速炒匀，至其变软，放入胡萝卜丝，加入盐、鸡粉，炒匀调味。4.关火后盛出炒好的食材，装入盘中即成。

腰果炒空心菜

难易度：★☆☆　　2人份

烹饪时间 Time 2分钟

原料 空心菜100克，腰果70克，彩椒15克，蒜末少许

调料 盐2克，白糖、鸡粉、食粉各3克，水淀粉、食用油各适量

做法

1.洗净的彩椒切细丝。2.腰果、空心菜分别焯水，捞出。3.腰果炸香，捞出。4.用油起锅，倒入蒜末、彩椒丝、空心菜炒匀，加盐、白糖、鸡粉、水淀粉炒入味，盛入盘中，点缀上熟腰果即成。

酥豆炒空心菜

难易度：★☆☆　　2人份

烹饪时间 Time 4分钟

原料

油炸豌豆10克，彩椒30克，空心菜300克

调料

盐2克，鸡粉3克，食用油适量

烹饪小提示

炒空心菜时翻炒要快，以免炒老了影响口感。

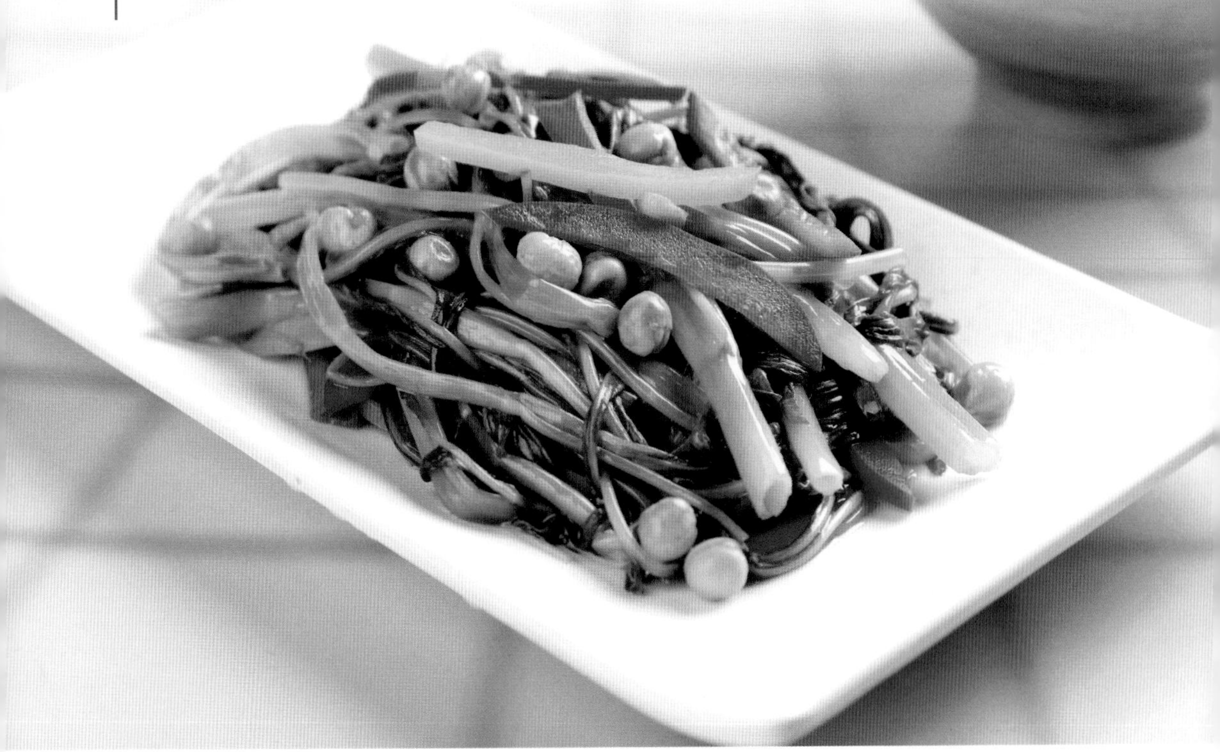

做法

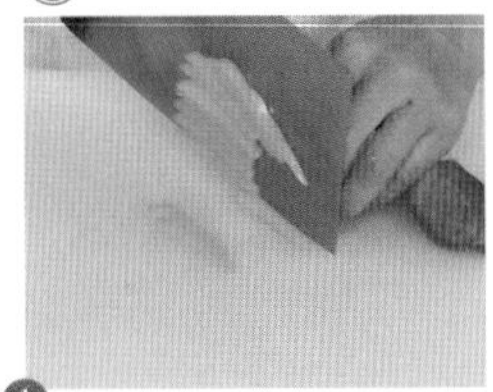

1. 将洗净的彩椒切丝，备用。

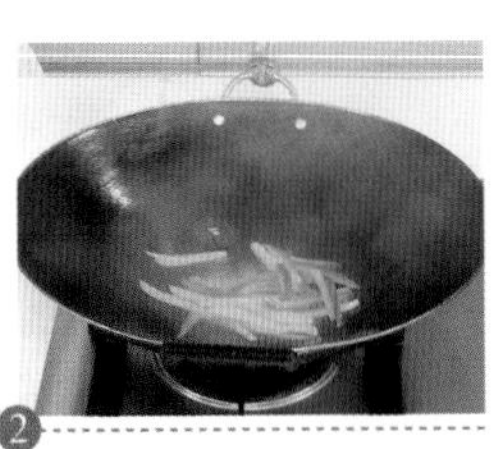

2. 用油起锅，倒入切好的彩椒，炒匀。

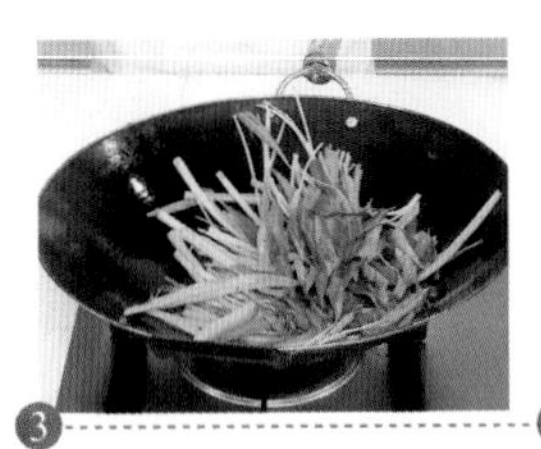

3. 放入切好的空心菜，翻炒匀，加入盐、鸡粉，炒匀调味。

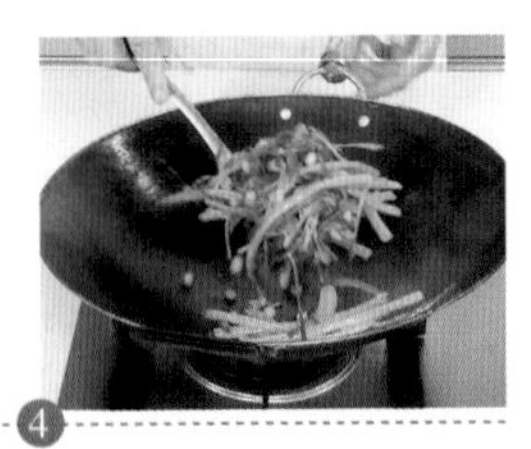

4. 倒入油炸豌豆，炒匀，关火后盛入盘中即可。

做法

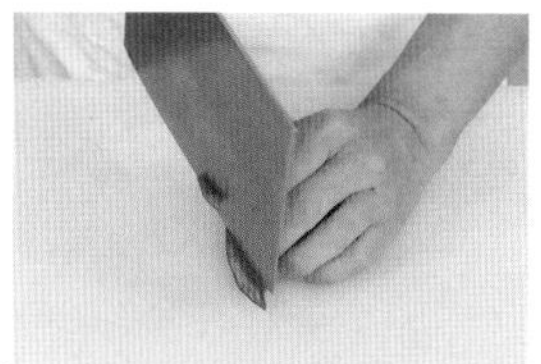

1 将洗净的红椒切成圈，待用。

2 将洗净的空心菜焯水，捞出，备用。

3 热锅注油，倒入备好的蒜末爆香。

4 放入腊八豆、红椒、空心菜，翻炒片刻。

5 加入盐，炒匀调味，将炒好的菜肴盛出，装入盘中即可。

烹饪时间 Time 2分钟

腊八豆炒空心菜

难易度：★☆☆ 2人份

原料

空心菜400克，红椒10克，腊八豆30克，蒜末少许

调料

盐3克，食用油适量

烹饪小提示

空心菜先焯一下水再炒，能节省烹饪时间。

油麦菜炒香干

烹饪时间 Time 2分钟

难易度：★☆☆　　3人份

原料

油麦菜200克，香干180克，彩椒40克，蒜末少许

调料

盐、鸡粉各2克，生抽4毫升，水淀粉、食用油各适量

做法

1.洗净的香干切粗丝；洗好的彩椒切粗丝；洗净的油麦菜切成段，备用。2.用油起锅，倒入蒜末，放入香干丝，翻炒匀，倒入油麦菜、彩椒丝，快速炒至食材熟软，淋入生抽，加入盐、鸡粉调味，倒入水淀粉，炒至食材熟透。3.盛出炒好的食材，装入盘中即成。

糖醋花菜

烹饪时间 Time 2分钟

难易度：★☆☆　　3人份

原料 花菜350克，红椒35克，蒜末、葱段各少许

调料 番茄汁25克，盐3克，白糖4克，料酒4毫升，水淀粉、食用油各适量

做法

1.洗净的花菜、红椒切小块。2.锅中注水烧开，加入盐，倒入花菜、红椒块焯水，捞出。3.用油起锅，放蒜末、葱段，倒入焯煮过的食材，淋入料酒炒香，注水，放番茄汁、白糖、盐、水淀粉炒匀即成。

烹饪时间 Time 2分钟

胡萝卜丝炒包菜

难易度：★☆☆　　2人份

原料

胡萝卜150克，包菜200克，圆椒35克

调料

盐2克，鸡粉2克，食用油适量

烹饪小提示

包菜、胡萝卜可先焯一下水，这样更易炒熟。

做法

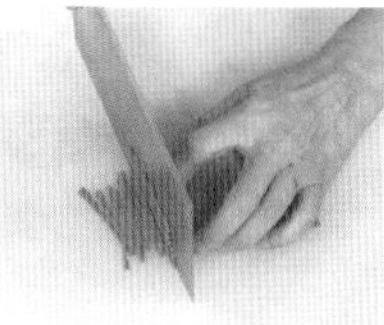

1 洗净去皮的胡萝卜切片，改切成丝。

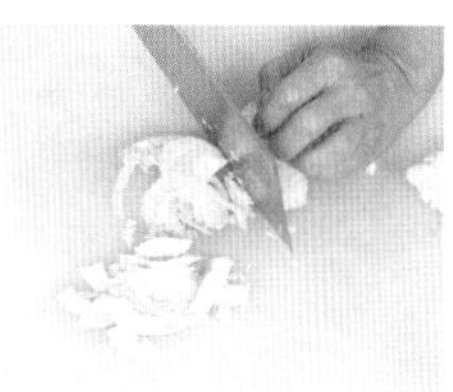

2 洗好的圆椒切丝；洗净的包菜去根，切丝。

3 用油起锅，倒入胡萝卜，炒匀，放入包菜、圆椒，炒匀。

4 注入少许清水，炒至食材断生，加入少许盐、鸡粉，炒匀调味。

5 关火后盛出炒好的菜肴即可。

咖喱花菜

难易度：★☆☆ 2人份

原料

花菜200克，姜末少许

调料

咖喱粉10克，盐2克，鸡粉1克，食用油适量

烹饪小提示

花菜梗的口感较硬，可将其切成薄片后再炒，以免影响菜肴的口感。

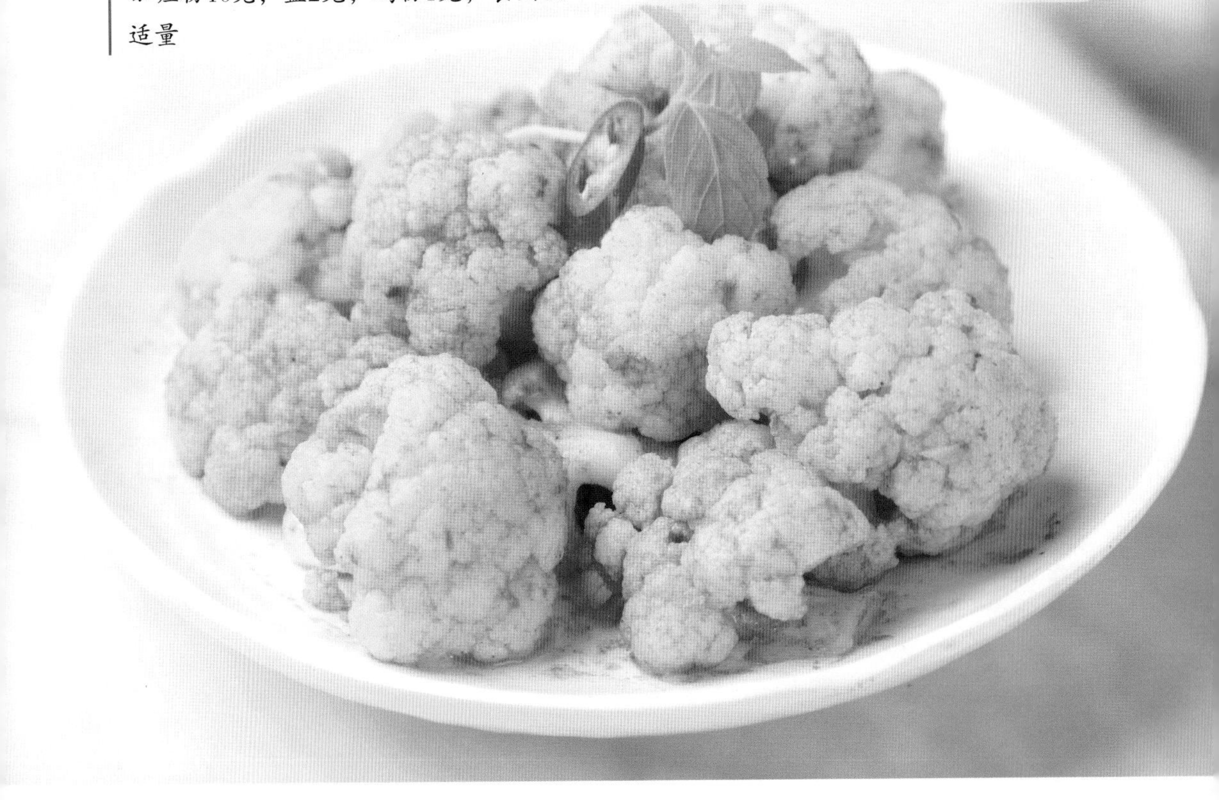

做法

1. 将洗净的花菜切小朵，备用。锅中注入适量清水烧开。

2. 加食用油、盐，放入花菜，拌匀，煮至断生后捞出，待用。

3. 用油起锅，放姜末、咖喱粉炒香，加花菜、盐、鸡粉炒匀。

4. 关火后盛出炒好的菜肴，装入盘中即可。

素炒香菇西芹

难易度：★☆☆　2人份

原料

西芹95克，彩椒45克，鲜香菇30克，胡萝卜片、蒜末、葱段各少许

调料

盐3克，鸡粉、水淀粉、食用油各适量

做法

1.洗净的彩椒切小块；洗好的香菇切粗丝；洗净的西芹切小段。2.锅中注水烧开，加盐、食用油、胡萝卜片、香菇丝、西芹段、彩椒，煮至全部食材断生后捞出。3.用油起锅，放入蒜末、葱段，倒入焯过水的食材，翻炒匀，加盐、鸡粉、水淀粉，翻炒至食材熟软、入味。4.盛出炒好的食材，装入盘中即成。

西芹炒核桃仁

难易度：★★☆　2人份

原料

西芹100克，猪瘦肉140克，核桃仁30克，枸杞、姜片、葱段各少许

调料

盐4克，鸡粉2克，水淀粉3毫升，料酒8毫升，食用油适量

做法

1.洗净的西芹切段；洗好的猪瘦肉切丁，加盐、鸡粉、水淀粉、食用油，腌渍。2.西芹焯水，捞出；核桃仁炸香后捞出。3.锅底留油，倒入肉丁，炒变色，淋入料酒，放入姜片、葱段，倒入焯过水的西芹，炒匀。4.加盐、鸡粉、枸杞，炒匀，盛出炒好的食材，装入盘中，撒上核桃仁即可。

马蹄炒芹菜

难易度：★★☆　　2人份

烹饪时间 Time 1分钟

原料

马蹄100克，芹菜80克，彩椒40克

调料

盐2克，鸡粉2克，料酒10毫升，水淀粉5毫升，食用油适量

烹饪小提示

马蹄里可能会有姜片虫，炒熟透后食用更安全。

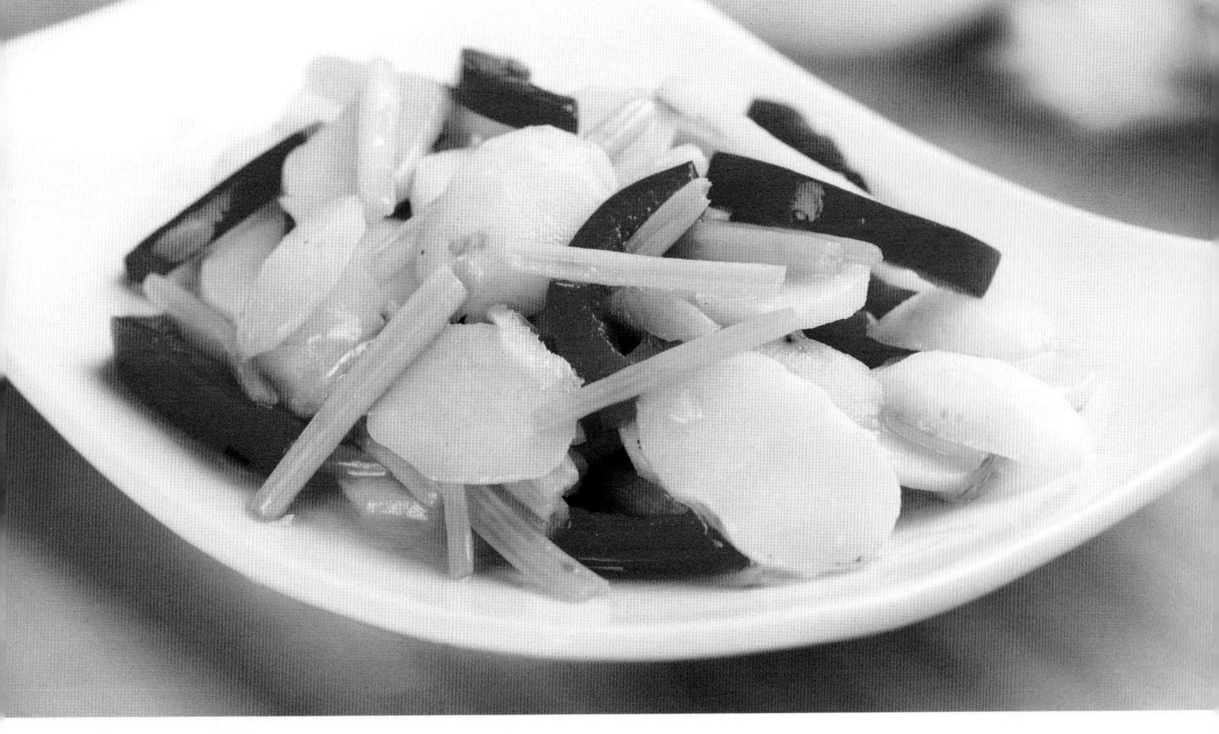

做法

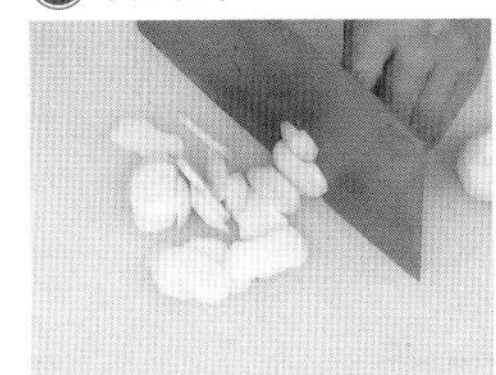

1. 洗净的芹菜切段；洗好去皮的马蹄切片；洗净的彩椒切条。

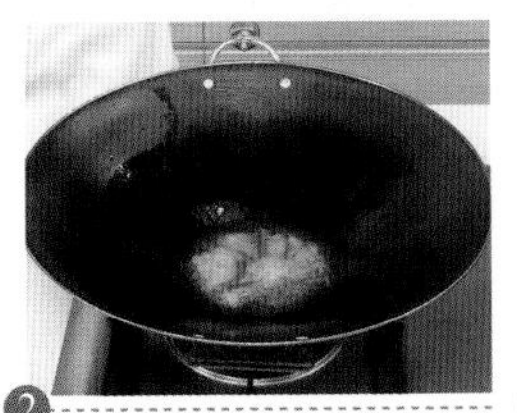

2. 锅中注入适量食用油烧热，倒入彩椒炒匀。

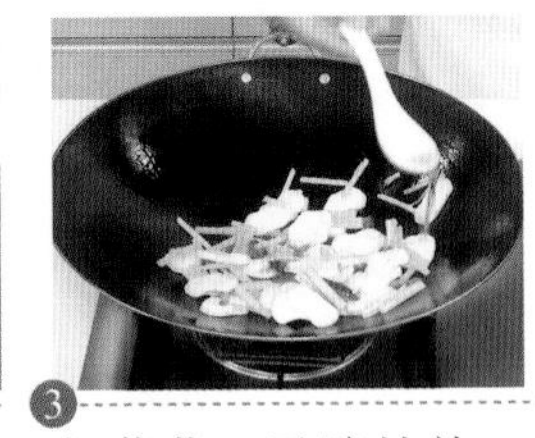

3. 加芹菜、马蹄炒熟，放适量盐、鸡粉、料酒、水淀粉炒匀。

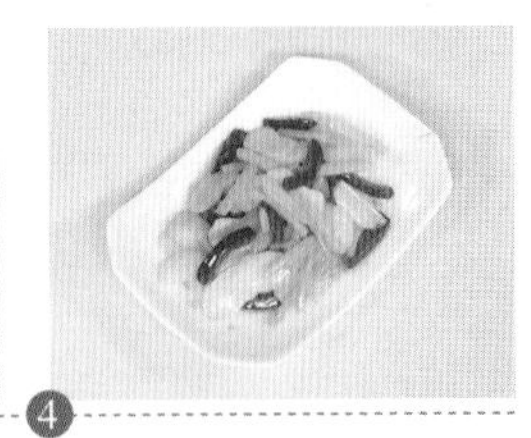

4. 关火后将炒好的食材盛入盘中即可。

做法

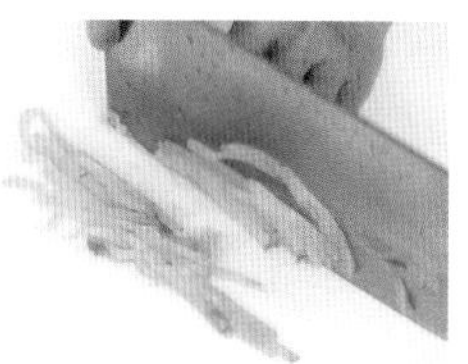

1 洗净去皮的白萝卜切丝；榨菜头、红椒洗净切丝。

2 榨菜丝、白萝卜丝焯水，捞出备用。

3 锅中注油烧热，放姜片、蒜末、葱段、红椒丝，爆香。

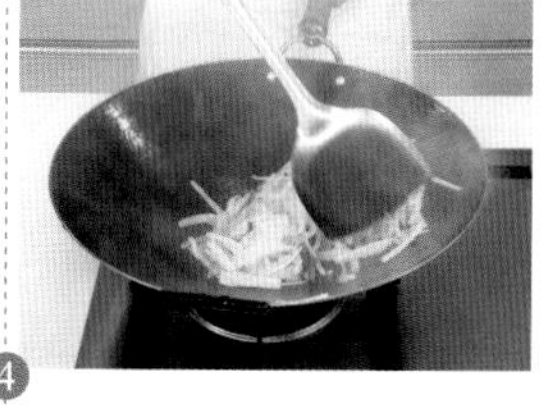

4 倒入榨菜丝、白萝卜丝，翻炒匀。

5 加鸡粉、盐、豆瓣酱，炒匀，倒入适量水淀粉炒匀，盛出即可。

烹饪时间 Time 3分钟

榨菜炒白萝卜丝

难易度：★★☆　3人份

原料

榨菜头120克，白萝卜200克，红椒40克，姜片、蒜末、葱段各少许

调料

盐2克，鸡粉2克，豆瓣酱10克，水淀粉、食用油各适量

烹饪小提示

翻炒萝卜丝的时间不宜过长，否则会炒出水，失去萝卜丝的脆劲。

胡萝卜丝炒豆芽

难易度：★☆☆　1人份

烹饪时间 Time 1分钟

原料

胡萝卜80克，黄豆芽70克，蒜末少许

调料

盐2克，鸡粉2克，水淀粉、食用油各适量

做法

1.洗净去皮的胡萝卜切丝。2.锅中注水烧开，加入食用油、胡萝卜、黄豆芽，焯水后捞出。3.锅中注油烧热，倒入蒜末，倒入焯好的食材，加入鸡粉、盐，翻炒至食材入味，倒入水淀粉，拌炒均匀，盛入盘中即成。

烹饪时间 Time 2分钟

白萝卜丝炒黄豆芽

难易度：★★☆　3人份

原料

白萝卜400克，黄豆芽180克，彩椒40克，姜末、蒜末各少许

调料

盐4克，鸡粉2克，蚝油10克，水淀粉6毫升，食用油适量

做法

1.洗净去皮的白萝卜切丝；洗好的彩椒切粗丝。2.锅中注水烧开，加盐，放入洗净的黄豆芽，煮约半分钟，倒入白萝卜丝，煮约1分钟，倒入彩椒丝，略煮一会儿，捞出。3.用油起锅，放入姜末、蒜末，倒入焯煮好的食材，加盐、鸡粉、蚝油，炒匀调味，倒入水淀粉，翻炒至食材熟透，盛入盘中即可。

干煸土豆条

难易度：★★☆　　2人份

原 料

土豆350克，干辣椒、蒜末、葱段各少许

调 料

盐3克，鸡粉4克，辣椒油5毫升，水淀粉、食用油各适量

烹饪小提示

辣椒油不要加入太多，以免过辣，掩盖土豆本身的味道。

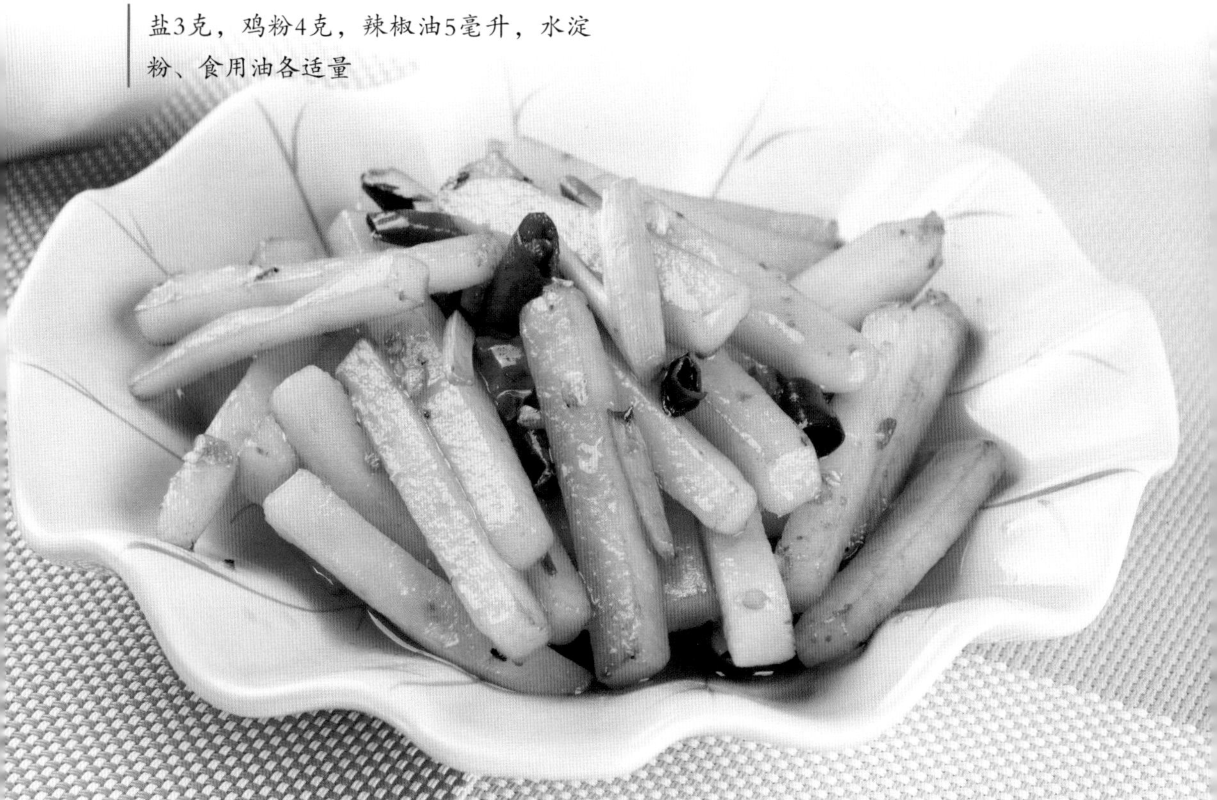

做 法

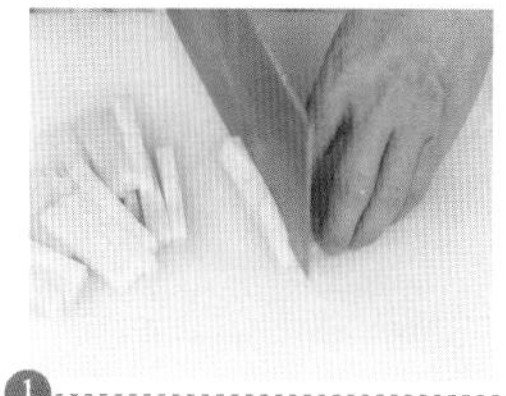

1 洗净去皮的土豆切厚片，改切成条。

2 土豆条焯水，捞出，备用。

3 用油起锅，放蒜末、干辣椒、葱段，土豆条、生抽、盐炒匀。

4 加鸡粉、辣椒油炒匀，倒入水淀粉勾芡，盛出装盘即可。

荷兰豆炒胡萝卜

烹饪时间 Time 1分钟

难易度：★★☆　2人份

原料

荷兰豆100克，胡萝卜120克，黄豆芽80克，蒜末、葱段各少许

调料

盐3克，鸡粉2克，料酒10毫升，水淀粉、食用油各适量

烹饪小提示

荷兰豆不易炒熟透，焯水的时间可以适当长一些。

做法

1 洗净去皮的胡萝卜对半切开，用斜刀切成段，再切成片。

3 胡萝卜片、黄豆芽荷兰豆焯水。

3 锅中注油烧热，放入蒜末爆香。

4 倒入焯过水的食材，加料酒，快速翻炒匀。

5 加鸡粉、盐，炒匀，倒入水淀粉，翻炒至食材熟透，盛入盘中即可。

烹饪时间 Time 1 分钟

素炒三丁

难易度：★☆☆　　2人份

原料

黄瓜170克，胡萝卜150克，土豆200克，蒜末、葱段各少许

调料

盐3克，鸡粉2克，水淀粉5毫升，食用油适量

做法

1.洗净去皮的土豆、胡萝卜、黄瓜切成丁。2.锅中注水烧开，加入盐、食用油、胡萝卜、土豆丁、黄瓜，拌匀，煮至食材断生，捞出。3.用油起锅，放入蒜末、葱段，倒入焯过水的食材，加入盐、鸡粉，炒匀调味，倒入水淀粉勾芡，至食材熟透、入味，盛入盘中即成。

醋熘土豆丝

烹饪时间 Time 2 分钟

难易度：★☆☆　　2人份

原料

土豆200克，胡萝卜40克，花椒、葱段各少许

调料

盐3克，鸡粉、芝麻油2克，陈醋8毫升，水淀粉5毫升，油适量

做法

1.洗净去皮的土豆切粗丝；洗好去皮的胡萝卜切细丝。2.土豆丝、胡萝卜丝焯水，捞出。3.用油起锅，放入洗净的花椒、葱段，倒入焯过水的食材，加盐、鸡粉、陈醋、水淀粉、芝麻油，炒熟即成。

鱼香土豆丝

难易度：★☆☆　　2人份

原料

土豆200克，青椒40克，红椒40克，葱段、蒜末各少许

调料

豆瓣酱15克，陈醋6毫升，白糖2克，盐、鸡粉、食用油各适量

烹饪小提示

土豆要炒熟透后才能食用，以免对健康不利。

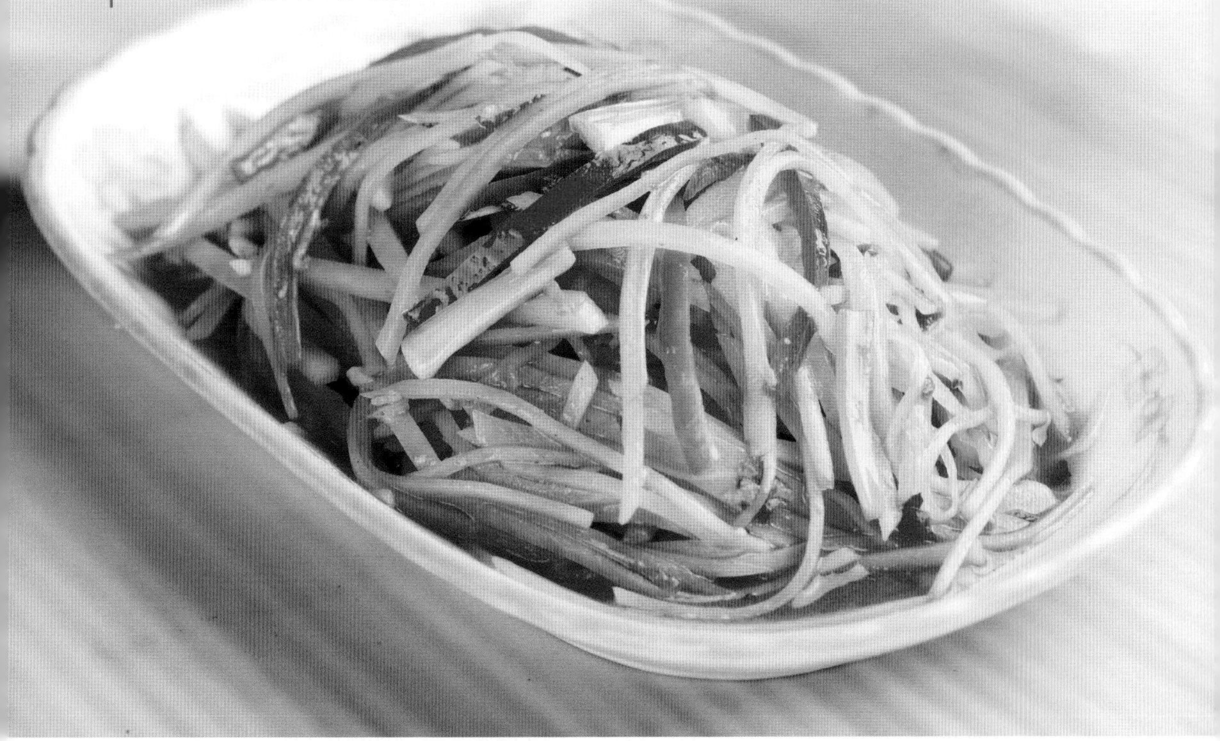

做法

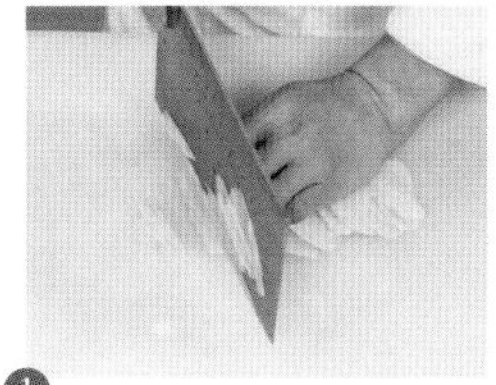

1. 洗净去皮的土豆切丝；洗好的红椒去籽，切成丝。

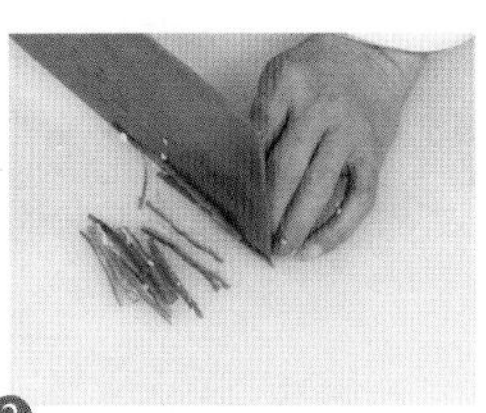

2. 洗净的青椒切成丝，备用；用油起锅，放入蒜末、葱段爆香。

3. 倒入土豆丝、青椒丝、红椒丝，加豆瓣酱、盐、鸡粉炒匀。

4. 放白糖、陈醋，翻炒入味，关火后盛入盘中即可。

烹饪时间
Time
2 分钟

苦瓜炒马蹄

难易度：★★☆　2人份

原料

苦瓜120克，马蹄肉100克，蒜末、葱花各少许

调料

盐3克，鸡粉2克，白糖3克，水淀粉、食用油各适量

做法

1 洗好的马蹄肉切片；洗净的苦瓜去除瓜瓤，切片，加盐腌渍。

2 苦瓜焯水，捞出，沥干水分。

3 用油起锅，放蒜末、马蹄肉、苦瓜，炒熟。

4 加盐、鸡粉、白糖、水淀粉，翻炒入味。

5 撒上葱花，翻炒至断生，关火后盛出炒好的菜肴，放在盘中即成。

烹饪小提示

焯煮好的苦瓜用凉开水冲一下，既可以去除残留的苦味，又能使其味道更脆。

芥蓝炒冬瓜

难易度：★★☆　2人份

原料

芥蓝80克，冬瓜100克，胡萝卜40克，木耳35克，姜片、蒜末、葱段各少许

调料

盐4克，鸡粉2克，料酒4毫升，水淀粉、油各适量

烹饪小提示

冬瓜不宜焯煮太久，如果过于熟烂，会影响成菜的外观和口感。

做法

1 洗净去皮的胡萝卜、冬瓜片；木耳切片；洗净的芥蓝切段。

3 胡萝卜、木耳、芥蓝、冬瓜焯水。

3 用油起锅，放入姜片、蒜末、葱段，爆香。

4 倒入焯好的食材，翻炒均匀。

5 放盐、鸡粉、料酒，炒匀，倒入适量水淀粉，翻炒均匀，盛出即可。

松子炒丝瓜

难易度：★☆☆ 2人份

原料

胡萝卜片50克，丝瓜90克，松仁12克，姜末、蒜末各少许

调料

盐2克，鸡粉、水淀粉、食用油各适量

烹饪小提示

烹饪丝瓜时，油要少用，可勾薄芡，以保留其香嫩爽口的特点。

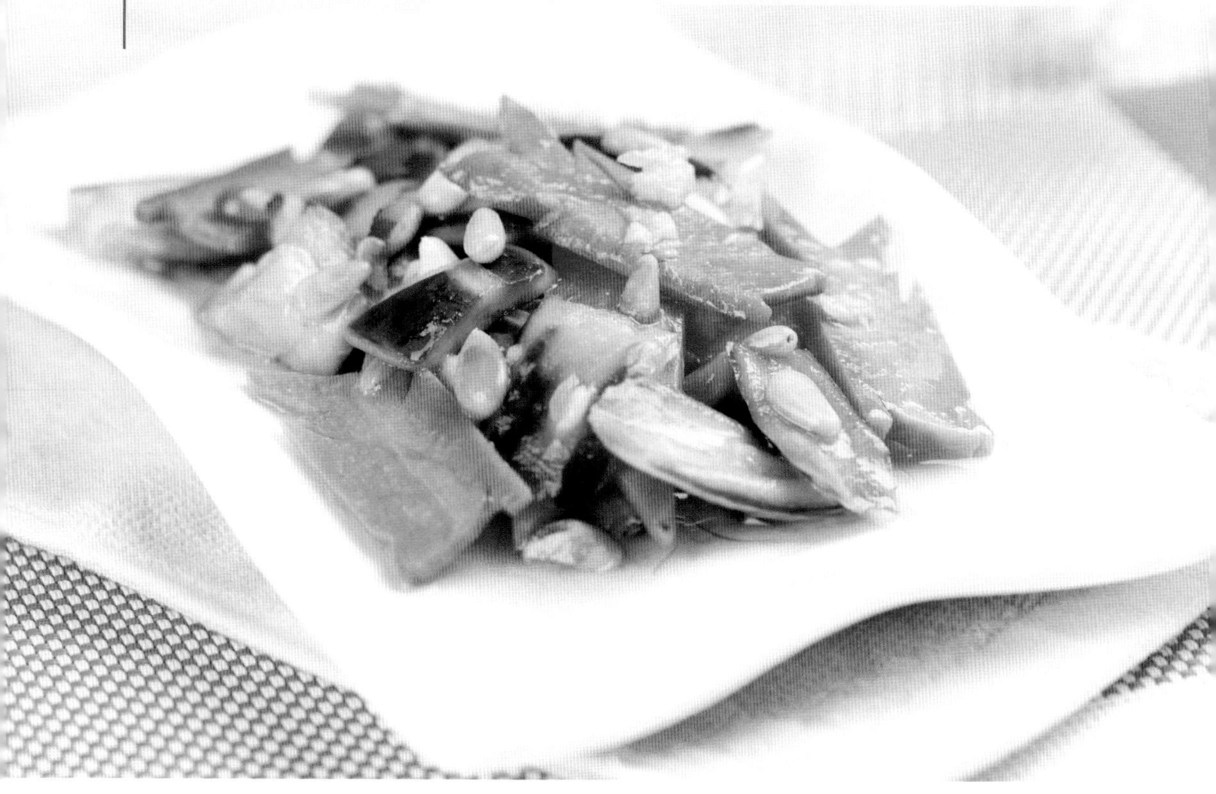

做法

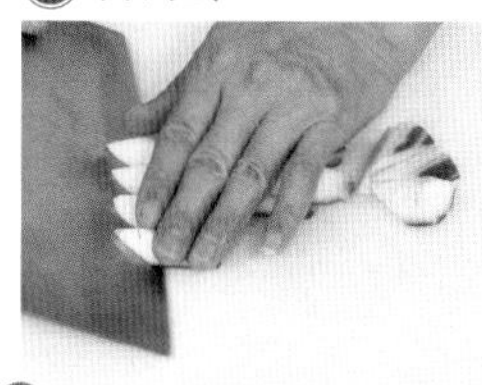

1. 洗净去皮的丝瓜切块，备用。

2. 丝瓜、胡萝卜焯水，捞出沥干水分待用。

3. 用油起锅，倒入姜末、蒜末、胡萝卜、丝瓜，炒匀。

4. 加盐、鸡粉、水淀粉，炒匀，盛出，撒上松仁即可。

豆豉炒苦瓜

烹饪时间 Time 1 分钟

难易度：★☆☆　　2人份

原 料

苦瓜150克，豆豉、蒜末、葱段各少许

调 料

盐3克，水淀粉、食用油各适量

做 法

1.洗净的苦瓜切开，去除瓜瓤，切成片。2.锅中注水烧开，加入盐，倒入苦瓜，煮约1分钟，捞出，沥干水分。3.用油起锅，放入豆豉、蒜末、葱段，倒入苦瓜，翻炒匀，加盐，炒匀调味，倒入水淀粉，翻炒至食材熟透、入味。4.关火后盛入盘中即成。

丝瓜百合炒紫甘蓝

烹饪时间 Time 2 分钟

难易度：★☆☆　　3人份

原 料　丝瓜200克，紫甘蓝90克，白玉菇70克，鲜百合50克，彩椒块、蒜葱适量

调 料　盐3克，鸡粉2克，生抽6毫升，水淀粉、食用油各适量

做 法

1.白玉菇洗净，去根切段；丝瓜洗净去皮切块；紫甘蓝洗净切块。2.紫甘蓝、丝瓜、白玉菇焯水。3.用油起锅，放蒜末、葱段、百合、彩椒、紫甘蓝、丝瓜、白玉菇炒熟，加盐、鸡粉、生抽、水淀粉炒熟即成。

做法

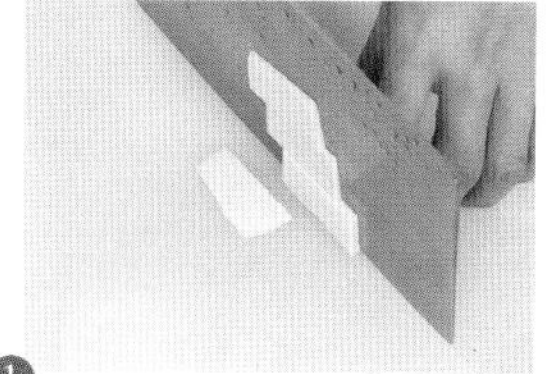

1 洗净的丝瓜切块；洗好去皮的山药切片。

2 山药片、枸杞焯水；丝瓜焯水，捞出。

3 用油起锅，放入蒜末、葱段，爆香。

4 倒入焯过水的食材，加鸡粉、盐，炒匀调味。

5 淋入水淀粉，快速炒匀，至食材熟透，盛出即成。

烹饪时间 Time 1分钟

丝瓜炒山药

难易度：★★☆ 2人份

原料

丝瓜120克，山药100克，枸杞10克，蒜末、葱段各少许

调料

盐3克，鸡粉2克，水淀粉5毫升，食用油适量

烹饪小提示

焯煮山药时淋入少许白醋，能去除山药表面的黏液。

西红柿炒冬瓜

难易度：★★☆　　2人份

烹饪时间 Time 1分钟

原料

西红柿100克，冬瓜260克，蒜末、葱花各少许

调料

盐2克，鸡粉2克，食用油适量

烹饪小提示

冬瓜片可以切得稍微薄一点，这样更易炒熟透。

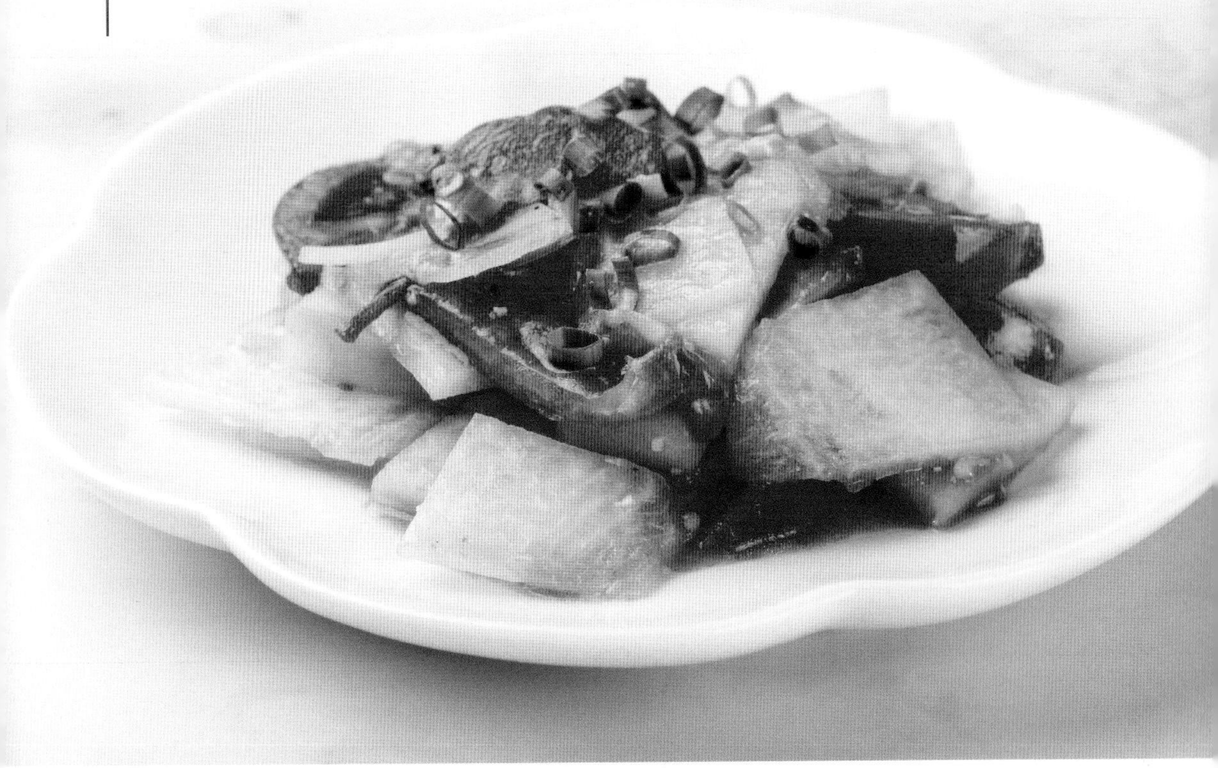

做法

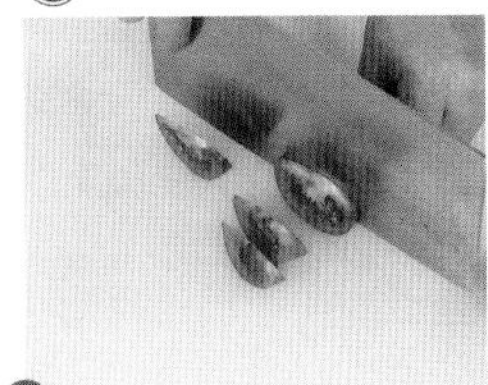

1 洗净去皮的冬瓜切成片；洗好的西红柿切成小块。

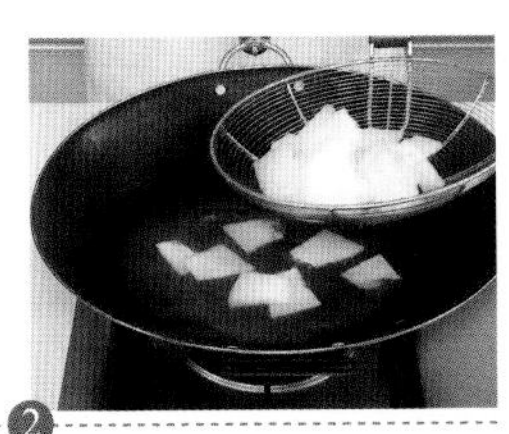

2 冬瓜煮至断生，捞出，沥干水分备用。

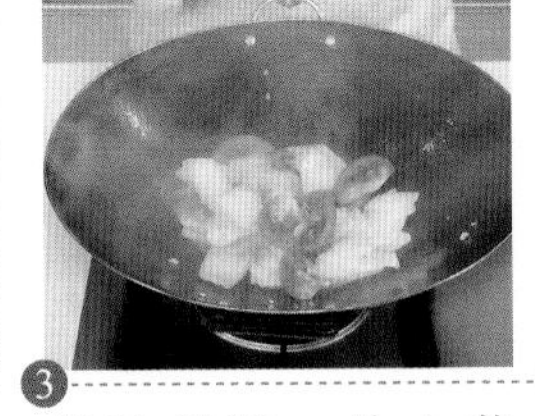

3 用油起锅，放入蒜末、西红柿，炒匀，放入冬瓜，炒匀。

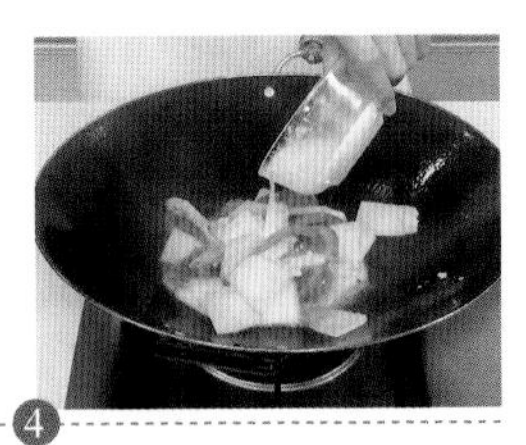

4 加入盐、鸡粉调味，倒入水淀粉炒匀，盛出，撒上葱花即可。

椒麻四季豆

烹饪时间 Time 1 分钟

难易度：★★☆　2人份

原料

四季豆200克，红椒15克，花椒、干辣椒、葱段、蒜末各少许

调料

盐3克，鸡粉2克，生抽3毫升，料酒5毫升，豆瓣酱6克，水淀粉、油各适量

做法

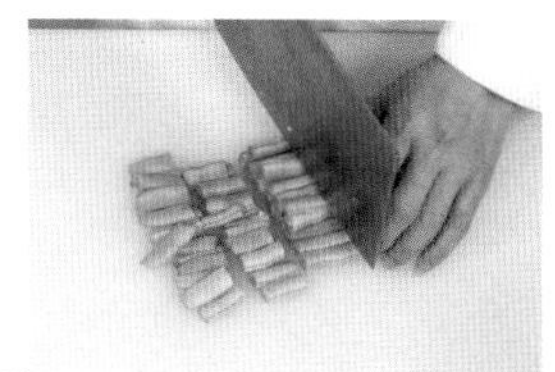

1 洗净的四季豆去除头尾，切段；洗好的红椒切开，去籽，切小块。

2 四季豆焯水，捞出，沥干水分，待用。

3 用油起锅，倒入花椒、干辣椒、葱段、姜末，爆香，放入红椒，倒入四季豆，炒匀。

4 加盐、料酒、鸡粉、生抽、豆瓣酱炒匀。

5 加水淀粉炒匀入味，盛出即可。

烹饪小提示

烹饪前要先摘除四季豆的筋，否则会影响口感，还不容易消化。

南瓜香菇炒韭菜

难易度：★★☆　　2人份

烹饪时间 Time 5分钟

原料

南瓜200克，韭菜90克，水发香菇45克

调料

盐2克，鸡粉少许，料酒4毫升，水淀粉、食用油各适量

烹饪小提示

南瓜切成丝较易熟，翻炒时可用大火快速炒，这样口感更佳。

做法

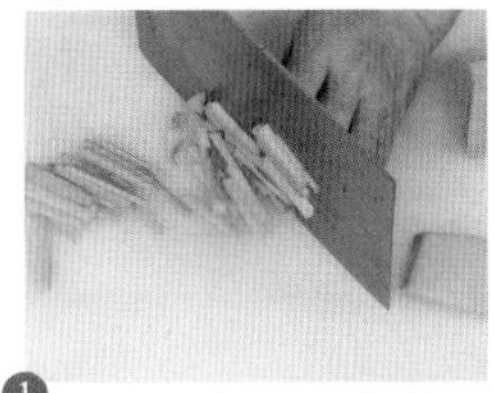

1. 洗净的韭菜切段；洗好的香菇切丝；洗净去皮的南瓜切丝。

2. 香菇丝、南瓜煮至断生后捞出，沥干水分，备用。

3. 用油起锅，放韭菜段、南瓜、香菇、料酒、盐、鸡粉炒匀。

4. 倒入水淀粉，翻炒至食材熟软、入味，盛入盘中即成。

松仁炒韭菜

难易度：★☆☆　2人份

原料

韭菜120克，松仁80克，胡萝卜45克

调料

盐、鸡粉各2克，食用油适量

做法

1.洗净的韭菜切段；洗好去皮的胡萝卜切小丁。2.锅中注水烧开，加入盐，倒入胡萝卜丁，搅匀，煮至其断生后捞出；松仁在油锅中炸熟透后捞出。3.锅底留油烧热，倒入胡萝卜丁、韭菜，加入盐、鸡粉，炒匀调味，倒入松仁，炒至食材熟透、入味。4.关火后盛出炒好的食材，装入盘中即成。

韭菜虾米炒蚕豆

难易度：★☆☆　2人份

原料

蚕豆160克，韭菜100克，虾米30克

调料

盐3克，鸡粉2克，料酒5毫升，水淀粉、食用油各适量

做法

1.洗净的韭菜切成段。2.锅中注水烧开，加入盐、食用油、蚕豆，煮断生后捞出。3.用油起锅，放入洗净的虾米，倒入韭菜，炒至其变软，淋入料酒，炒香、炒透。4.加入盐、鸡粉，炒匀调味，再倒入蚕豆，翻炒至全部食材熟透，倒入水淀粉勾芡。5.盛出炒好的菜肴，装入盘中即成。

芦笋炒莲藕

难易度：★★☆　　2人份

原 料

芦笋100克，莲藕160克，胡萝卜45克，蒜末、葱段各少许

调 料

盐3克，鸡粉2克，水淀粉3毫升，食用油适量

烹饪小提示

焯煮莲藕时，可以放入少许白醋，以免藕片氧化变黑，影响成品外观。

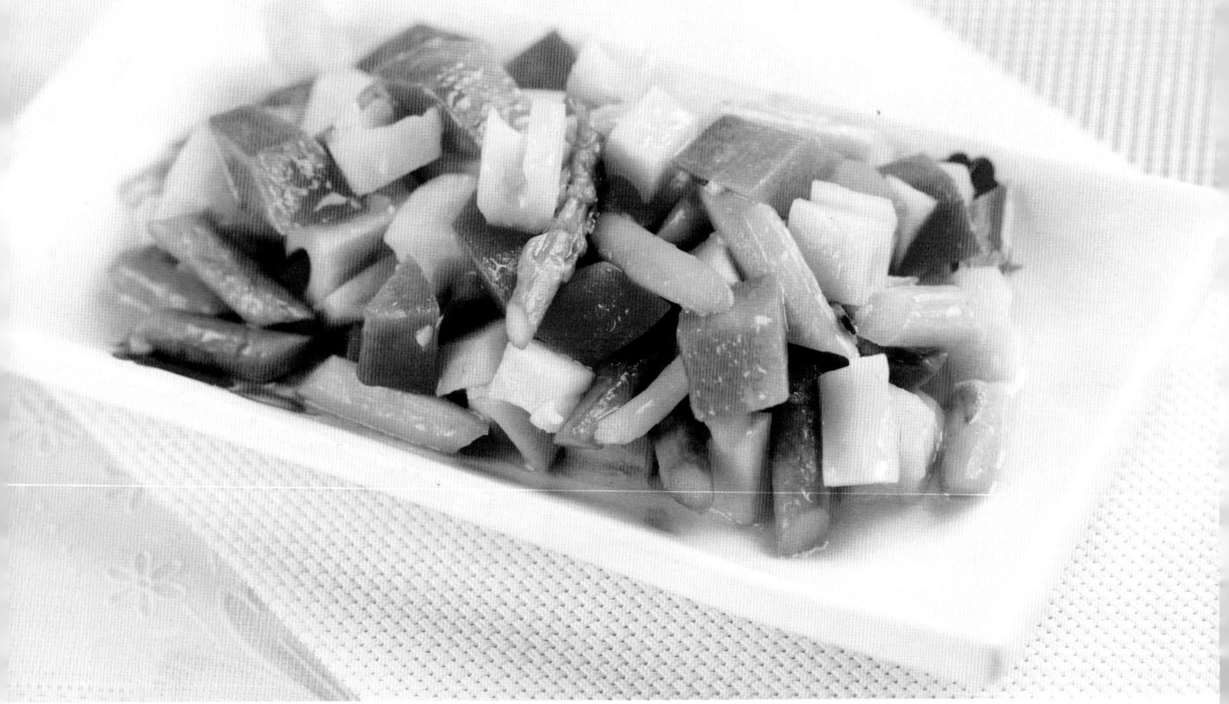

做 法

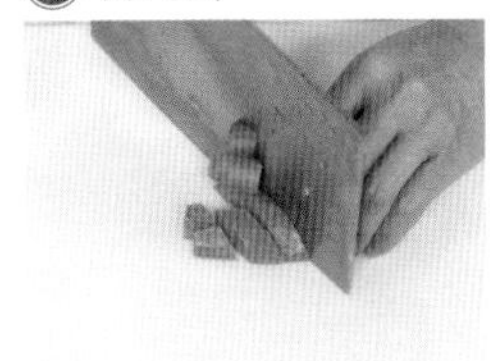

1. 洗净的芦笋去皮切段；洗好去皮的莲藕、胡萝卜切丁。 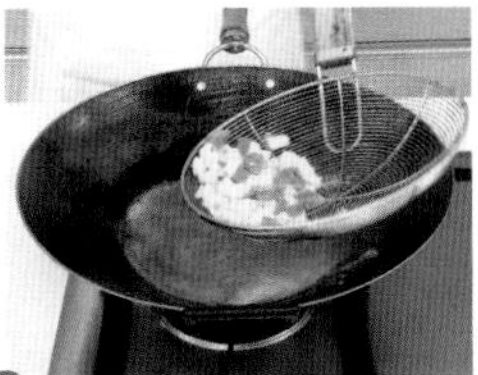
2. 藕丁、胡萝卜焯水，捞出，待用。

3. 用油起锅，放蒜末、葱段爆香，放芦笋、藕丁、胡萝卜炒匀。

4. 加盐、鸡粉调味，倒入水淀粉，拌炒均匀，盛入盘中即可。

做法

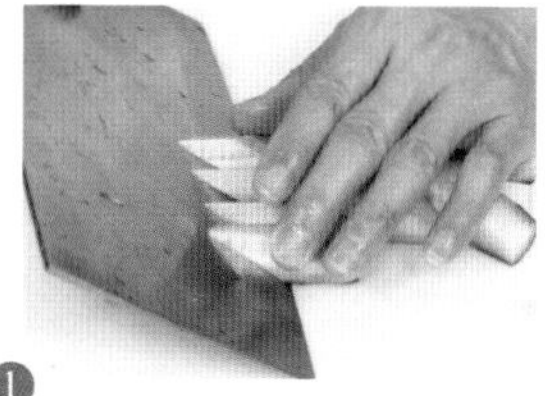

1 洗净的彩椒切块；洗好的黄瓜去皮，切长条，再切成小块。

2 用油起锅，放入姜片、蒜末、葱段，爆香。

3 倒入黄瓜、彩椒，淋入适量料酒，炒香。

4 倒入清水，加盐、鸡粉、生抽，炒匀调味。

5 倒入适量水淀粉勾芡，将炒好的食材盛出，装入盘中即可。

烹饪时间 Time 2分钟

彩椒炒黄瓜

难易度：★☆☆　2人份

原料

彩椒80克，黄瓜150克，姜片、蒜末、葱段各少许

调料

盐2克，鸡粉2克，料酒、生抽、水淀粉、食用油各适量

烹饪小提示

黄瓜和彩椒不宜炒过久，以免影响食材脆嫩的口感。

咸蛋黄炒黄瓜

难易度：★☆☆　2人份

烹饪时间 Time 7 分钟

原料

黄瓜160克，彩椒12克，熟蛋黄60克，高汤70毫升

调料

盐、胡椒粉各少许，鸡粉2克，水淀粉、食用油各适量

做法

1.洗净的黄瓜切段；洗好的彩椒切片；备好的咸蛋黄切小块。2.用油起锅，倒入黄瓜，撒上彩椒片，注入高汤，放入蛋黄，炒匀，用小火焖至食材熟透。3.加盐、鸡粉、胡椒粉，炒匀调味，用水淀粉勾芡，至食材入味，盛出菜肴，装入盘中即可。

荷兰豆炒香菇

难易度：★☆☆　2人份

烹饪时间 Time 7 分钟

原料

荷兰豆120克，鲜香菇60克，葱段少许

调料

盐3克，鸡粉2克，料酒5毫升，蚝油6克，水淀粉4毫升，食用油适量

做法

1.洗净的荷兰豆切去头尾；洗好的香菇切粗丝。2.锅中注水烧开，加盐、食用油、鸡粉，倒入香菇丝、荷兰豆，煮断生后捞出。3.用油起锅，倒入葱段，放入荷兰豆、香菇，淋入料酒，倒入蚝油，翻炒匀，放入鸡粉、盐、水淀粉，翻炒均匀，把炒好的食材盛入盘中即可。

烹饪时间 Time 5分钟

豌豆炒口蘑

难易度：★☆☆　2人份

原料

口蘑65克，胡萝卜65克，豌豆120克，彩椒25克

调料

盐、鸡粉各2克，水淀粉、食用油各适量

做法

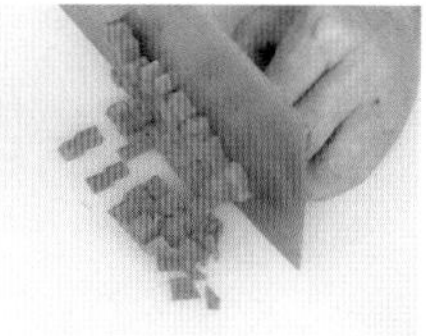

1 洗净去皮的胡萝卜切片，再切条形，改切成小丁块。

2 洗好的口蘑切片；洗净的彩椒切丁，备用。

3 口蘑、豌豆、胡萝卜、彩椒焯水。

4 用油起锅，倒入焯过水的材料，炒匀。

5 加入盐、鸡粉，淋入水淀粉，翻炒均匀，盛出即可。

烹饪小提示

焯煮豌豆时，可以加入少许食用油，能使其色泽更好看。

胡萝卜炒木耳

难易度：★★☆　　2人份

烹饪时间 Time 2分钟

原料

胡萝卜100克，水发木耳70克，葱段、蒜末各少许

调料

盐3克，鸡粉4克，蚝油10克，料酒5毫升，水淀粉7毫升，食用油适量

烹饪小提示

将胡萝卜放入沸水中焯煮，既可以缩短炒制的时间，还能保持其色泽。

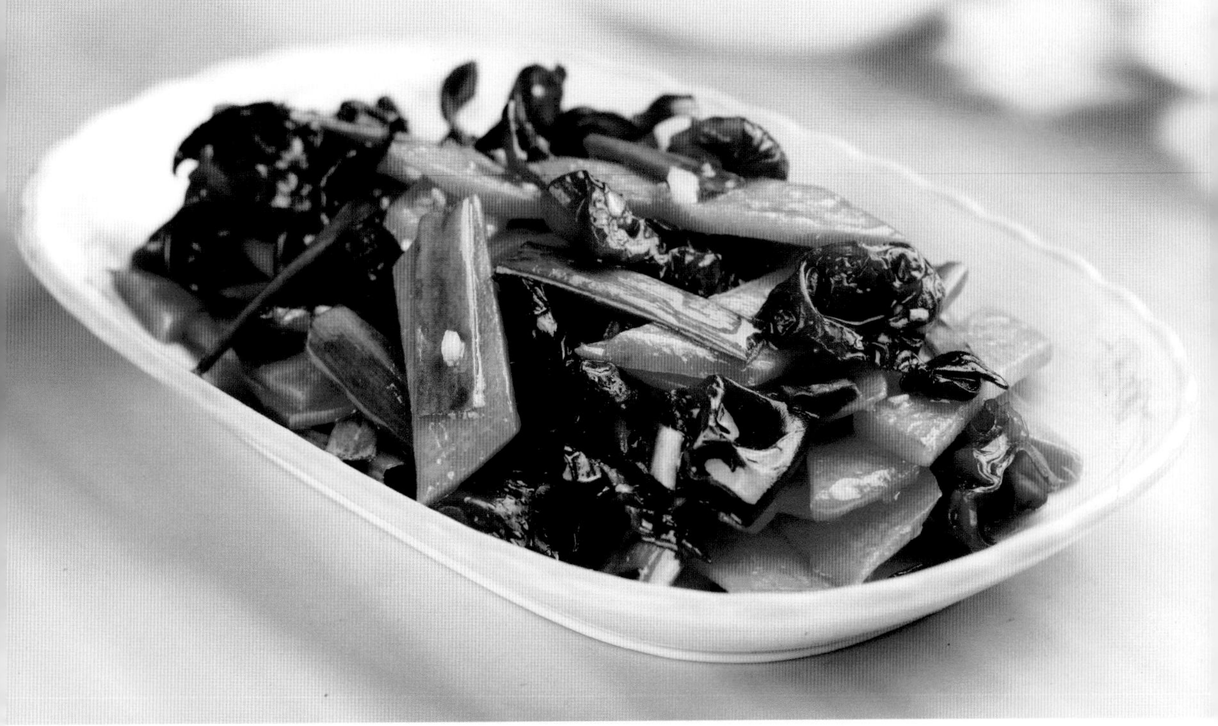

做法

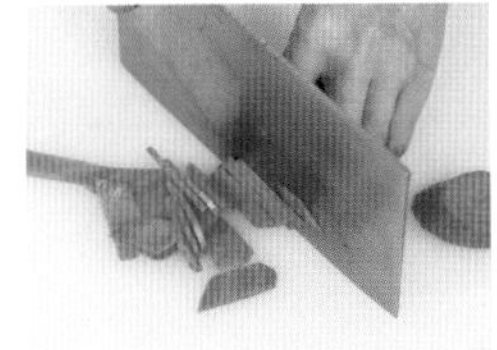

1 洗净的木耳切块；洗净去皮的胡萝卜切片，备用。

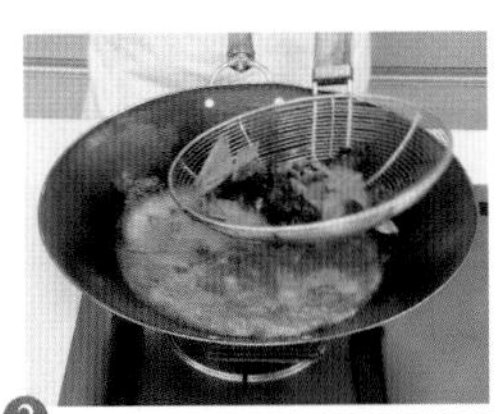

2 木、胡萝卜片焯水，捞出，沥干水分。

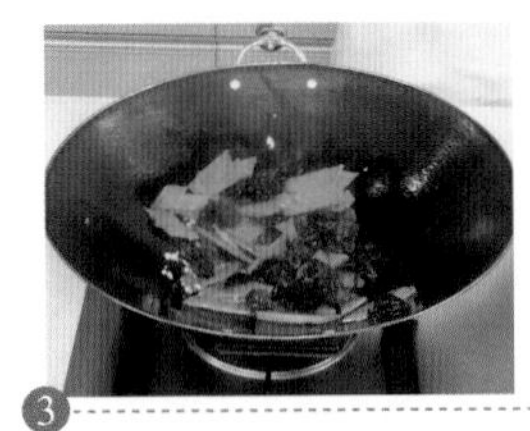

3 用油起锅，放蒜末爆香，放木耳、胡萝卜、料酒、蚝油。

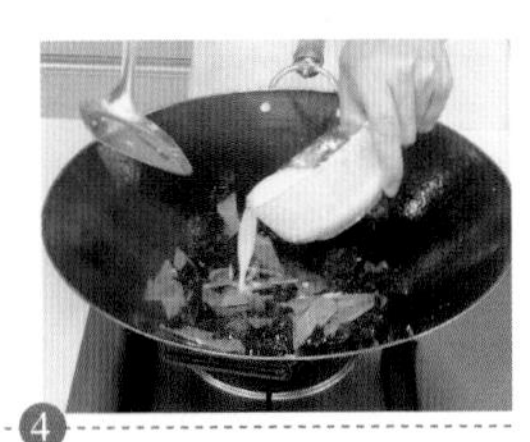

4 加盐、鸡粉调味，倒入水淀粉勾芡，撒上葱段，炒熟即成。

烹饪时间 Time 2 分钟

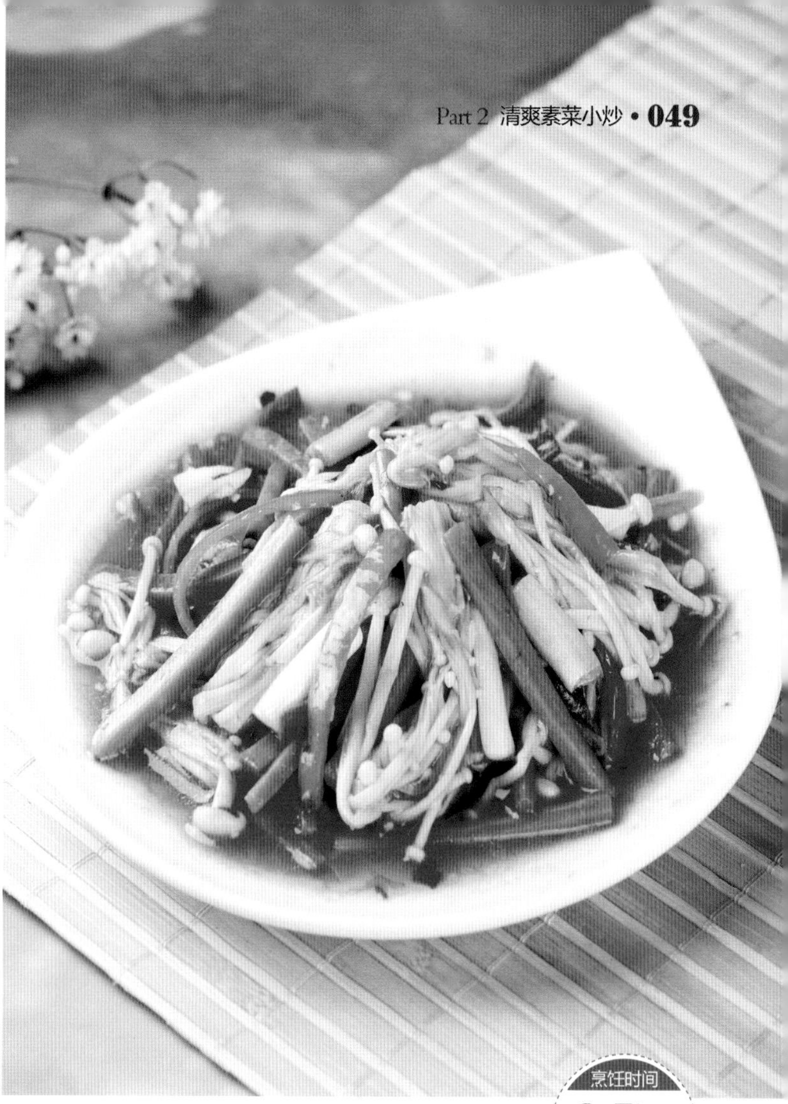

鱼香金针菇

难易度：★★☆　2人份

原料

金针菇120克，胡萝卜150克，红椒30克，青椒30克，姜、蒜、葱各少许

调料

盐2克，鸡粉2克，豆瓣酱15克，白糖3克，陈醋10毫升，食用油适量

做法

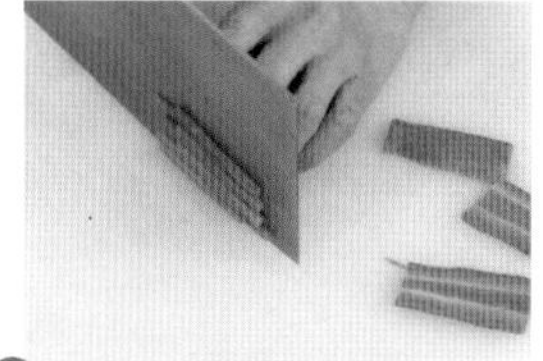

1 洗净去皮的胡萝卜切成丝；洗好的青椒切成段，再切成丝。

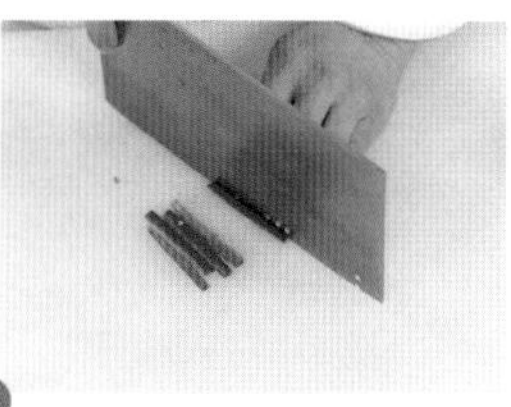

2 洗净的红椒切丝；洗好的金针菇切去老茎。

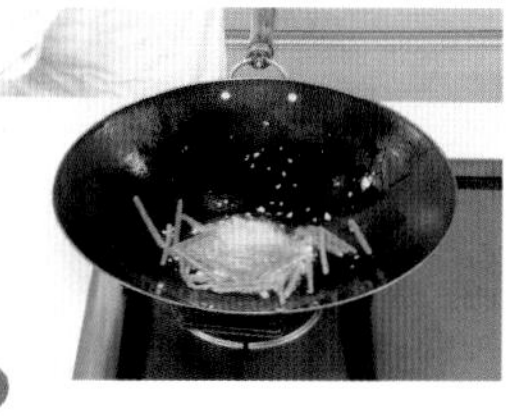

3 用油起锅，放姜片、蒜末、胡萝卜丝，炒匀。

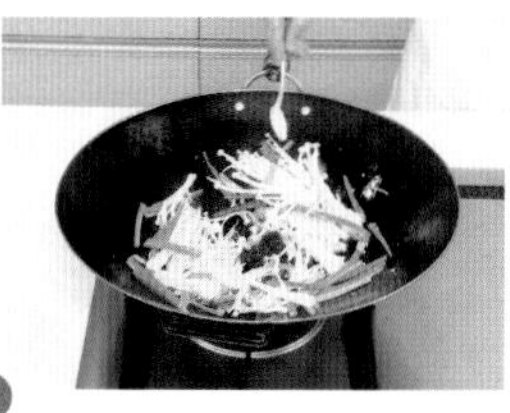

4 放金针菇、青椒、红椒、豆瓣酱、盐、鸡粉、白糖，炒匀调味。

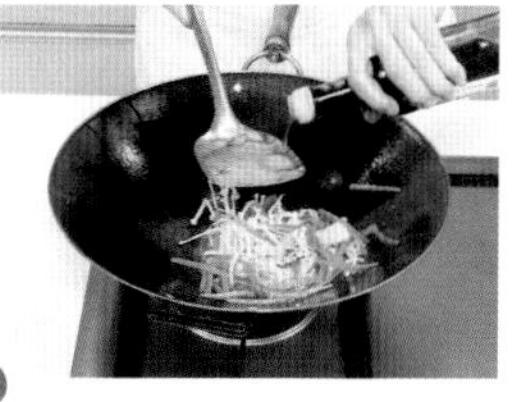

5 淋入陈醋，翻炒入味，盛出即可。

烹饪小提示

可以将切好的金针菇撕开，这样更易熟透。

枸杞芹菜炒香菇

难易度：★☆☆　　2人份

原料

芹菜120克，鲜香菇100克，枸杞20克

调料

盐2克，鸡粉2克，水淀粉、食用油各适量

烹饪小提示

香菇的菌盖下可多冲洗一会儿，能更好地去除杂质。

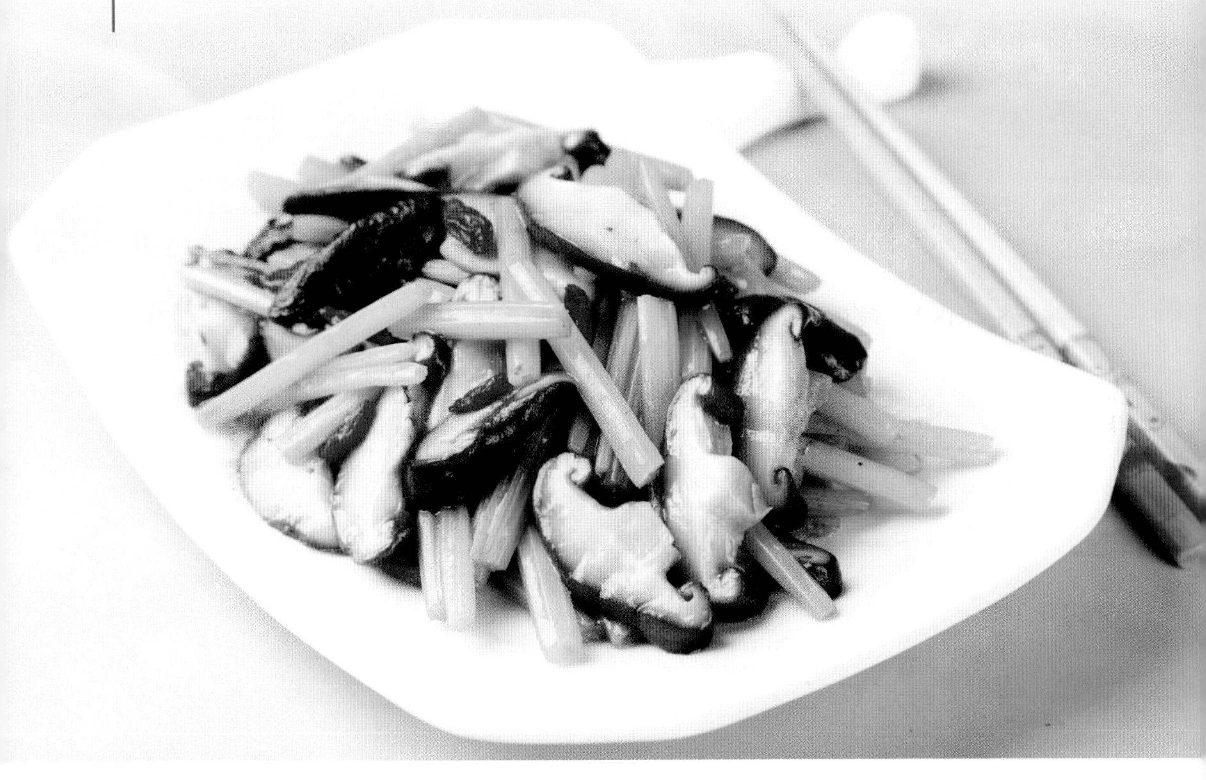

做法

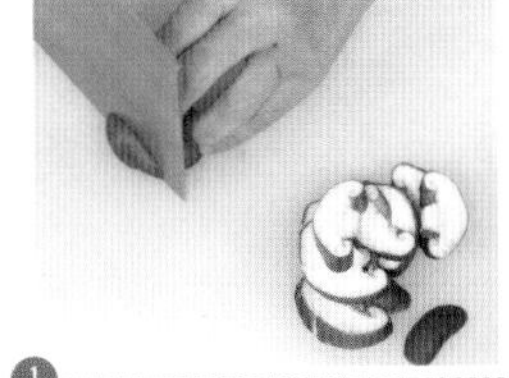

1. 洗净的鲜香菇切成片；洗好的芹菜切成段，备用。

2. 用油起锅，倒入香菇炒香，放入备好的芹菜，翻炒均匀。

3. 注入少许清水，炒至食材变软，撒上枸杞，翻炒片刻。

4. 加入盐、鸡粉、水淀粉，炒匀调味，盛入盘中即可。

香菇豌豆炒笋丁

难易度：★☆☆　　2人份

烹饪时间 Time 2 分钟

原 料

水发香菇65克，竹笋85克，胡萝卜70克，彩椒15克，豌豆50克

调 料

盐2克，鸡粉2克，料酒、食用油各适量

做 法

1.洗净的竹笋切丁；洗好去皮的胡萝卜切丁；洗净的彩椒、香菇切块。2.竹笋、香菇、豌豆、胡萝卜、彩椒焯水，捞出。3.用油起锅，倒入焯过水的食材，加入盐、鸡粉，炒匀调味，盛出炒好的食材即可。

菠菜炒香菇

难易度：★☆☆　　2人份

烹饪时间 Time 3 分钟

原 料 菠菜150克，鲜香菇45克，姜末、蒜末、葱花各少许

调 料 盐、鸡粉各2克，料酒4毫升，橄榄油适量

做 法

1.洗好的香菇去蒂，切粗丝；洗净的菠菜切长段。2.锅置火上，淋入少许橄榄油，烧热，倒入蒜末、姜末、香菇，炒匀，淋入料酒，倒入菠菜，炒软。3.加盐、鸡粉，炒匀调味，关火后盛出即可。

胡萝卜炒香菇片

难易度：★☆☆　　2人份

烹饪时间 Time 3分钟

原料

胡萝卜180克，鲜香菇50克，蒜末、葱段各少许

调料

盐3克，鸡粉2克，生抽4毫升，水淀粉5毫升，食用油适量

烹饪小提示

鲜香菇的菌褶里有较多的泥土和杂质，应用清水多冲洗几次，这样才能将其彻底清洗干净。

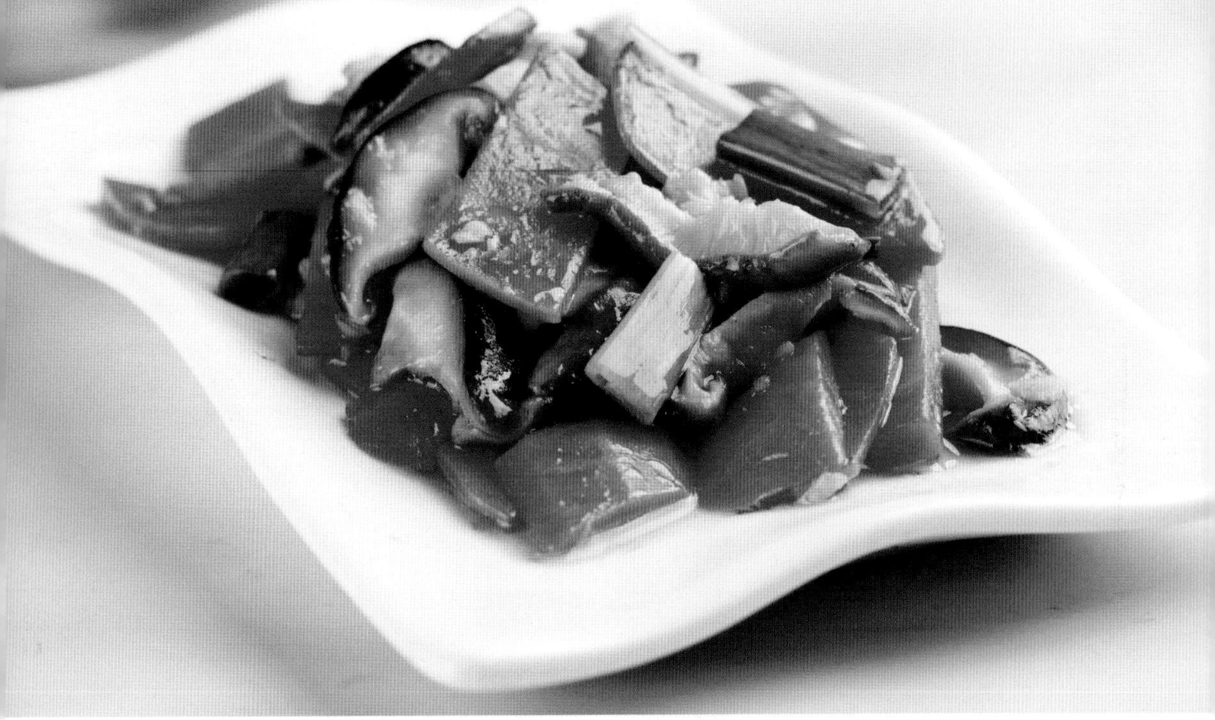

做法

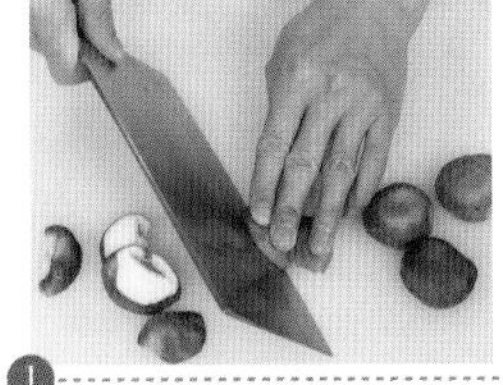

1. 洗净去皮的胡萝卜切片；洗好的香菇切片，备用。

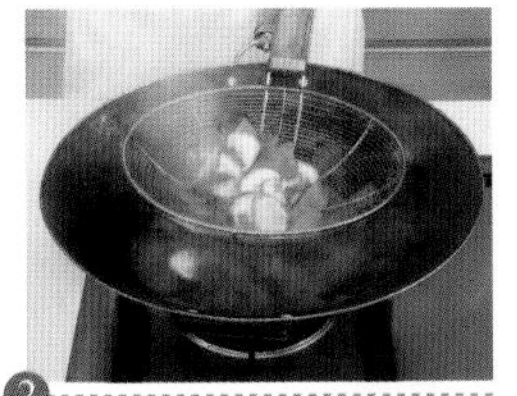

2. 胡萝卜片、香菇焯水，捞出，沥干水分，待用。

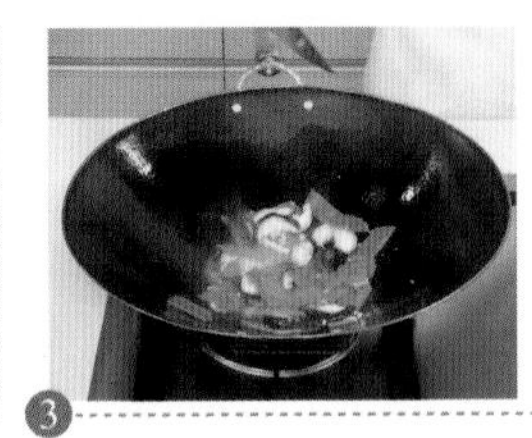

3. 用油起锅，放入蒜末爆香，倒入胡萝卜片和香菇炒匀。

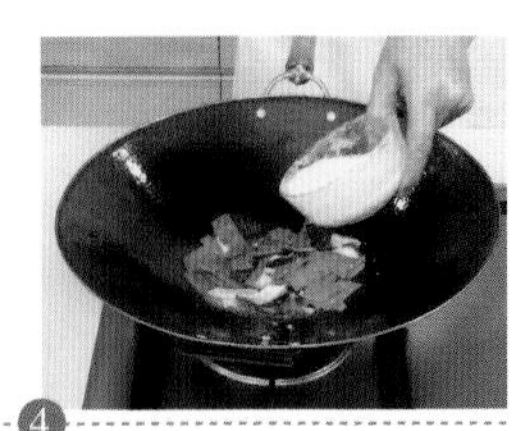

4. 加生抽、盐、鸡粉、水淀粉、葱段，炒熟，盛出即成。

做法

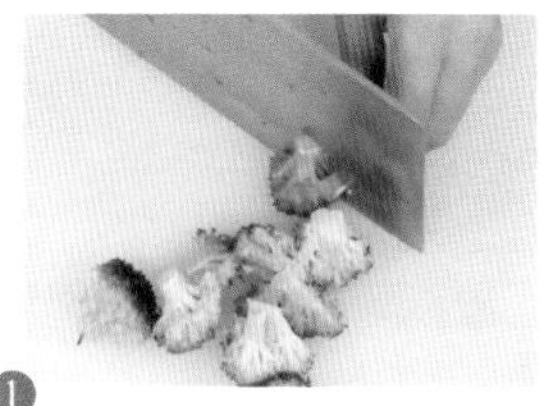

1 洗净的西蓝花切块；洗好的银耳去根，切块；泡发的木耳切块。

2 木耳、银耳、西蓝花焯水，捞出。

3 用油起锅，放姜、蒜、葱段、胡萝卜爆香。

4 倒入焯过水的食材，炒匀，加料酒炒出香味。

5 加入蚝油、盐、鸡粉，炒匀调味，倒入水淀粉炒匀，盛出即可。

烹饪时间 Time 2分钟

西蓝花炒双耳

难易度：★★☆　2人份

原料

胡萝卜片20克，西蓝花100克，水发银耳100克，水发木耳35克，姜片、蒜末、葱段各少许

调料

盐3克，鸡粉4克，料酒10毫升，蚝油10克，水淀粉4毫升，食用油适量

烹饪小提示

木耳宜用温水泡发，不仅能缩短泡发的时间，还能保持其口感。

鱼香杏鲍菇

烹饪时间 Time 2分钟

难易度：★★☆　2人份

原料

杏鲍菇200克，红椒35克，姜片、蒜末、葱段各少许

调料

豆瓣酱4克，盐3克，鸡粉2克，生抽2毫升，料酒3毫升，陈醋5毫升，水淀粉、食用油各适量

烹饪小提示

鱼香味的菜最好选用浓厚纯正的陈醋，白醋味淡色轻，不宜选用。

做法

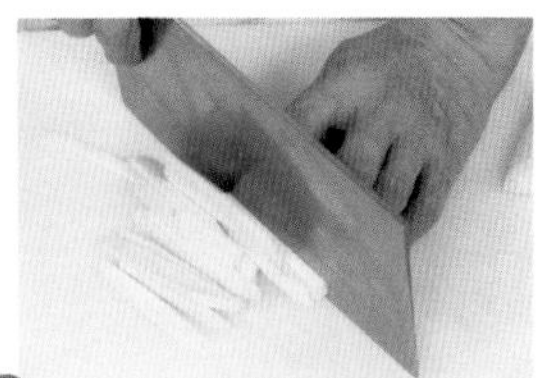

1 洗净的杏鲍菇切粗丝；洗好的红椒切开，切段，改切成细丝。

2 杏鲍菇焯水后捞出，沥干水分。

3 用油起锅，放姜片、蒜末、葱段爆香，倒红椒丝，放入杏鲍菇，快速翻炒匀。

4 加料酒、豆瓣酱、生抽、盐、鸡粉，炒熟。

5 淋入陈醋，翻炒至食材入味，用水淀粉勾芡，盛出即成。

杏鲍菇炒芹菜

难易度：★★☆　2人份

原料

杏鲍菇130克，芹菜70克，彩椒50克，蒜末少许

调料

盐3克，鸡粉少许，水淀粉3毫升，食用油适量

烹饪小提示

杏鲍菇入锅后可以多炒一会儿，这样可以煸去一些水分，使其口感更佳。

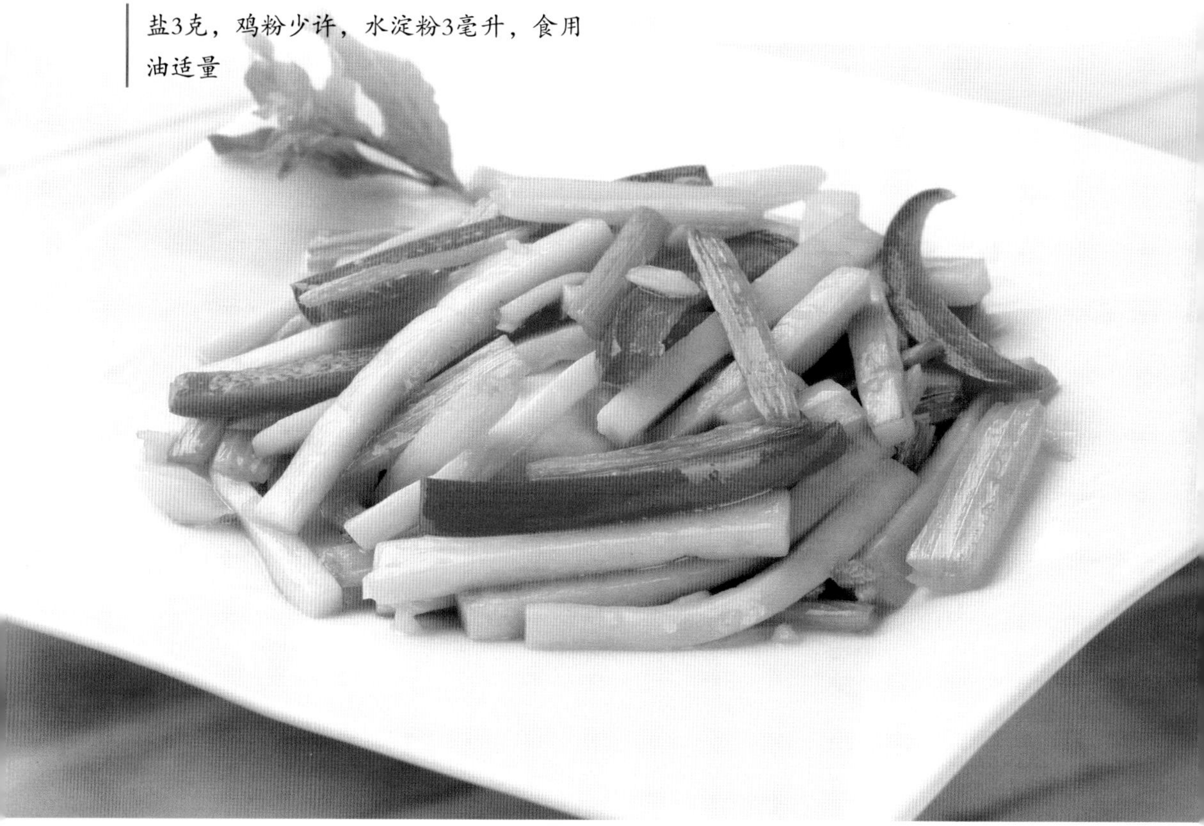

做法

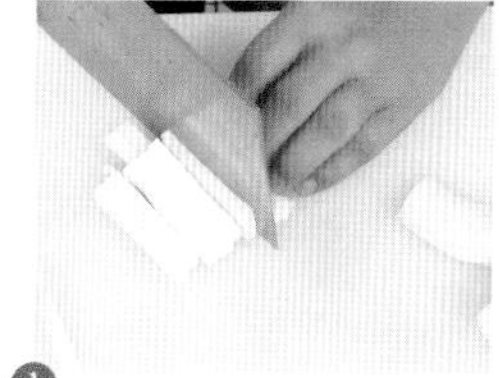

1. 洗好的芹菜切段；洗净的杏鲍菇切条；洗好的彩椒切条。

2. 杏鲍菇、芹菜段、彩椒焯水，捞出，沥干水分。

3. 用油起锅，放蒜末，爆香，倒入焯过水的食材炒匀。

4. 加盐、鸡粉、水淀粉，炒匀，盛入盘中即可。

烹饪时间 Time 5分钟

西芹藕丁炒姬松茸

难易度：★☆☆　　2人份

原 料

莲藕120克，鲜百合30克，水发姬松茸50克，西芹100克，彩椒20克，姜、蒜末、葱段个少许

调 料

盐4克，鸡粉2克，生抽3毫升，料酒4毫升，水淀粉4毫升，食用油适量

做 法

1.洗净去皮的西芹切小段；洗好的彩椒切小块；洗净的姬松茸切小段；洗好去皮的莲藕切丁。2.藕丁、姬松茸、西芹、百合焯水，捞出。3.用油起锅，倒入姜片、蒜末、葱段，放入焯过水的食材，炒匀，淋入料酒，加鸡粉、盐、生抽、水淀粉，翻炒入味，盛出即成。

烹饪时间 Time 2分钟

泡椒杏鲍菇炒秋葵

难易度：★☆☆　　2人份

原 料

秋葵75克，口蘑55克，红椒15克，杏鲍菇35克，泡椒30克，姜片少许

调 料

盐3克，鸡粉2克，水淀粉、食用油各适量

做 法

1.洗净的秋葵、口蘑、杏鲍菇切块；洗好的红椒切段。2.口蘑、杏鲍菇、秋葵焯水后捞出。3.用油起锅，放姜片、泡椒炒香，放入焯过水的食材，炒透；加盐、鸡粉、水淀粉，翻炒入味，盛出即成。

玉米粒炒杏鲍菇

烹饪时间 Time 2分钟

难易度：★★☆　2人份

原料

杏鲍菇120克，玉米粒100克，彩椒60克，蒜末、姜片各少许

调料

盐3克，鸡粉2克，白糖少许，料酒4毫升，水淀粉、食用油各适量

做法

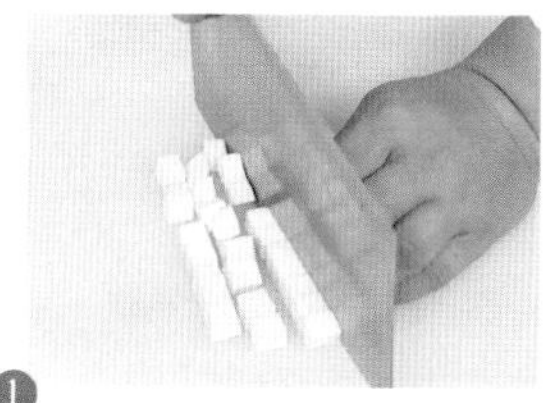

1 洗净的杏鲍菇切丁块；洗净的彩椒切成丁。

2 玉米粒、杏鲍菇、彩椒丁焯水，捞出。

3 用油起锅，放入姜片、蒜末，爆香。

4 倒入焯过水的食材，炒匀，加料酒、盐、鸡粉、白糖，炒匀调味。

5 倒入水淀粉炒匀，盛出即成。

烹饪小提示

玉米本身有甜味，因此白糖不宜放太多，以免破坏其清甜的味道。

马蹄玉米炒核桃

难易度：★☆☆　　2人份

烹饪时间 Time 4分钟

原料

马蹄肉200克，玉米粒90克，核桃仁50克，彩椒35克，葱段少许

调料

白糖4克，盐、鸡粉各2克，水淀粉、食用油各适量

烹饪小提示

食材焯过水后很容易熟，因此一定要大火快炒。

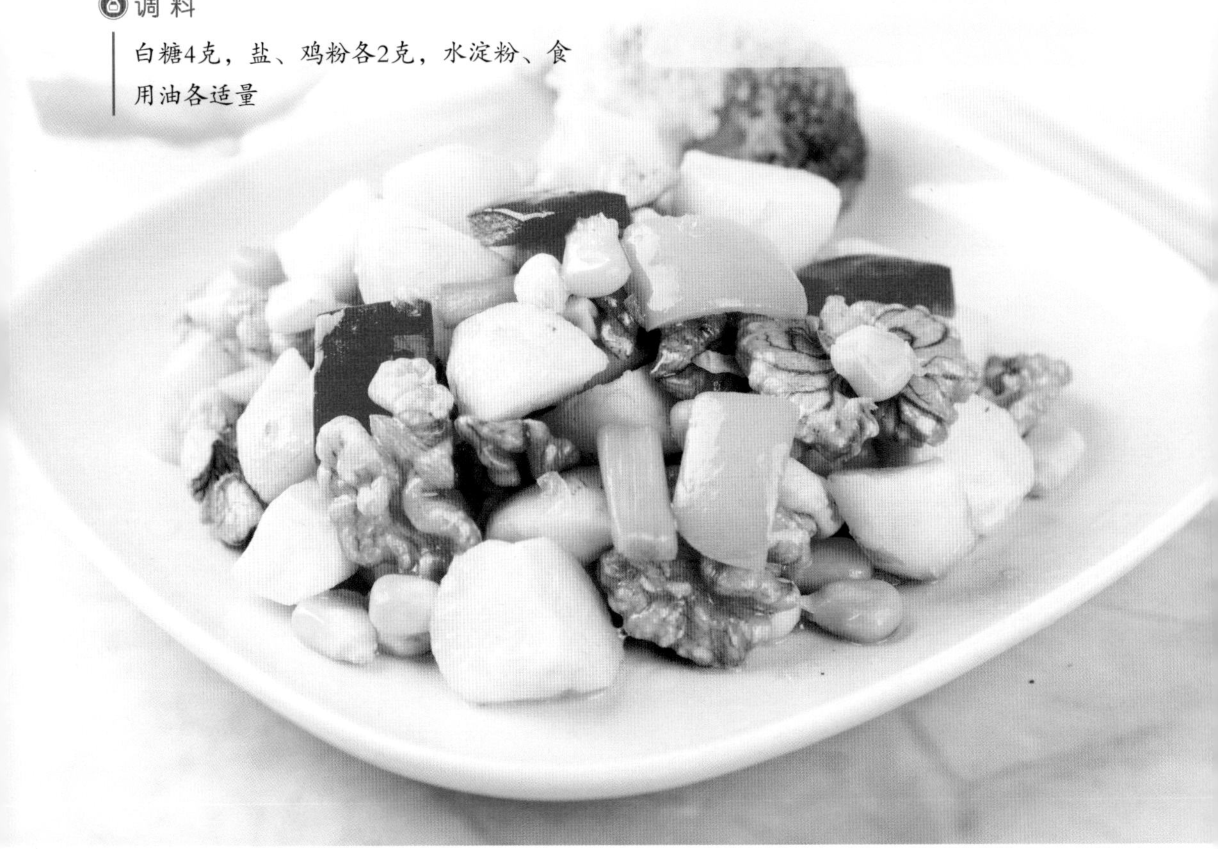

做法

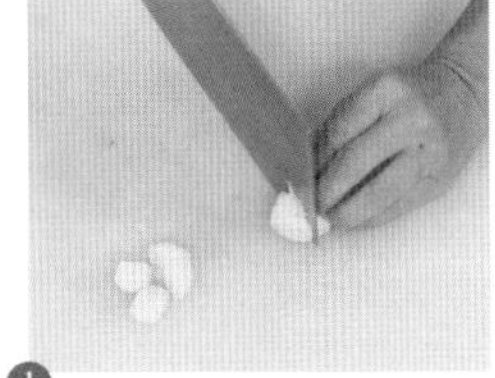

1. 洗净的马蹄肉切成小块；洗好的彩椒切成小块。

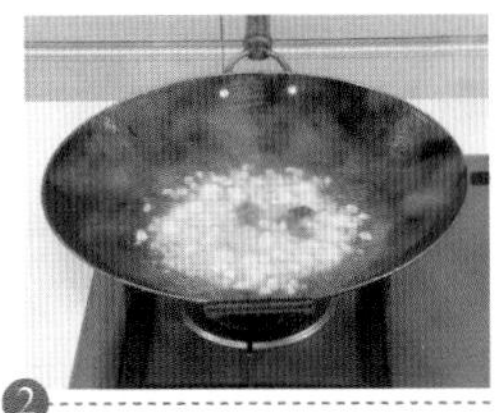

2. 将洗好的玉米粒、马蹄肉、彩椒焯水后捞出待用。

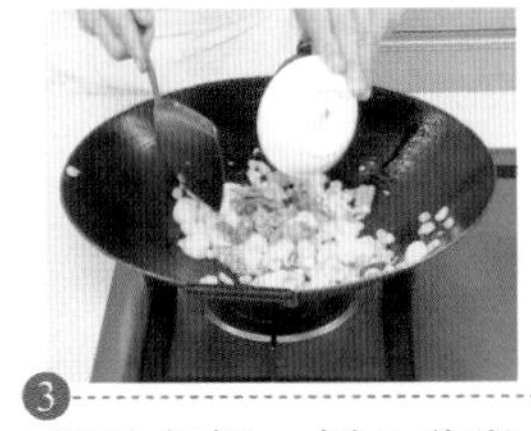

3. 用油起锅，倒入葱段爆香，放入焯过水的食材和核桃仁炒匀。

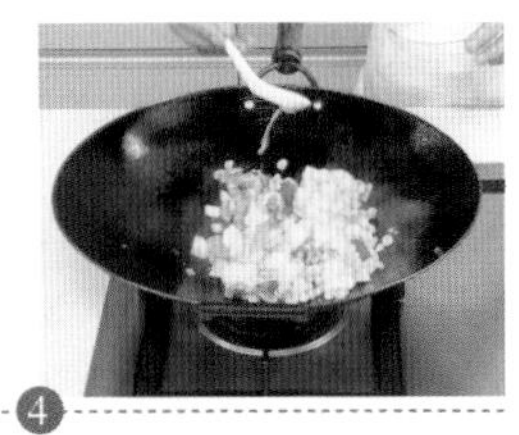

4. 加适量盐、白糖、鸡粉、水淀粉，炒匀至食材入味即可。

烹饪时间 Time 2 分钟

蒜香口蘑菠菜卷

难易度：★★★ 2人份

原料

蒜苗50克，菠菜100克，口蘑100克，洋葱40克，姜片、蒜末、葱段各少许

调料

盐2克，鸡粉2克，料酒10毫升，生抽5毫升，水淀粉4毫升，食用油适量

做法

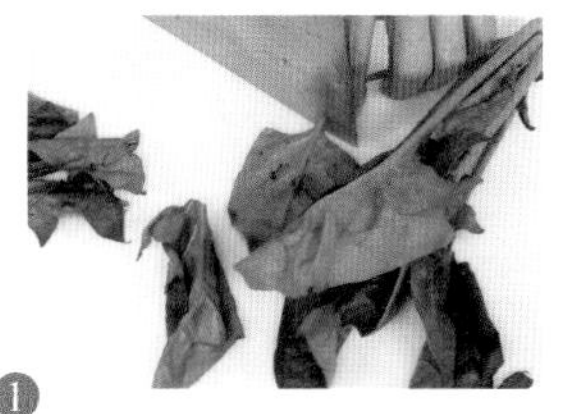

1 蒜苗洗净切段；口蘑洗净切片；菠菜洗净取菜叶；洋葱洗净切块。

2 菠菜叶、口蘑焯水。

3 用油起锅，放姜片、蒜末、葱段、蒜苗梗、香葱，炒匀。

4 放口蘑、料酒、生抽、盐、鸡粉，炒匀调味。

5 倒入蒜苗叶、水淀粉炒匀，将菠菜叶摆盘，把炒好的菜盛出即成。

烹饪小提示

口蘑可以切得稍微厚一些，这样炒熟后口感更佳。

西红柿炒口蘑

难易度：★☆☆　　2人份

烹饪时间 Time 2分钟

原料

西红柿120克，口蘑90克，姜片、蒜末、葱段各适量

调料

盐4克，鸡粉2克，水淀粉、食用油各适量

烹饪小提示

选用外形圆润、皮薄有弹性、颜色比较红的西红柿，这样炒出来的成菜口感更佳。

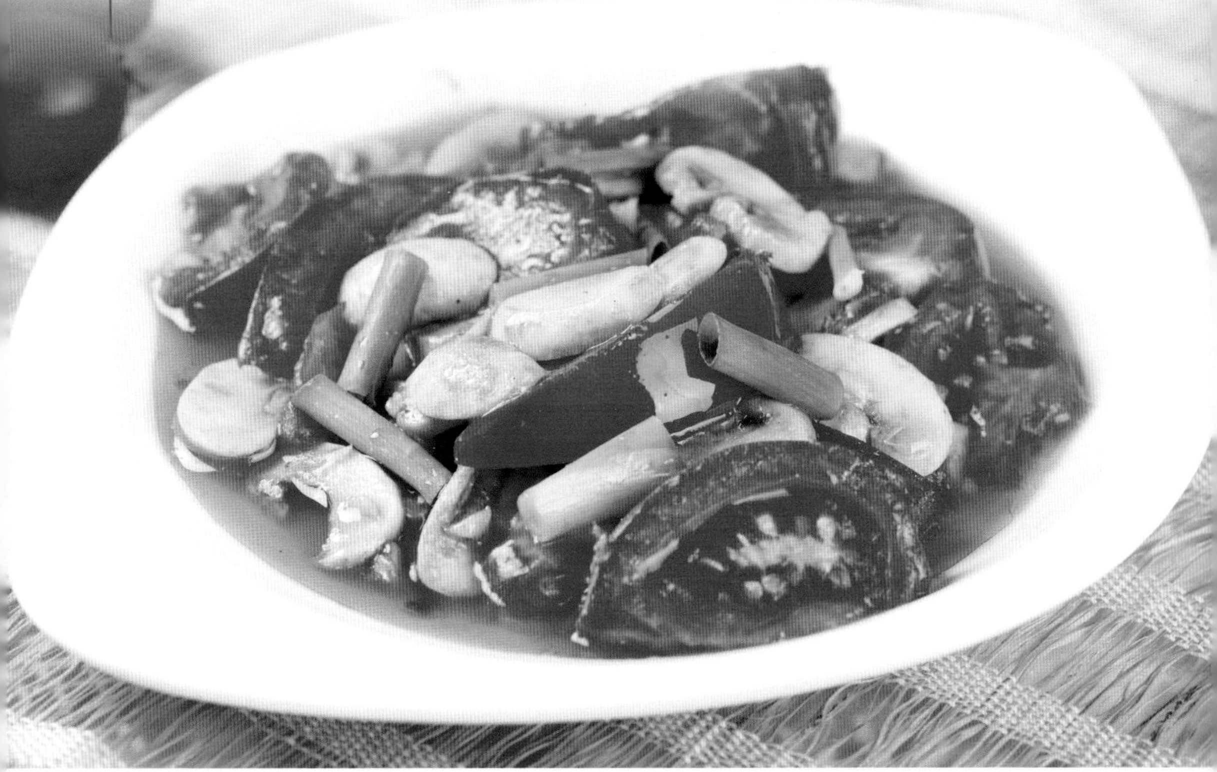

做法

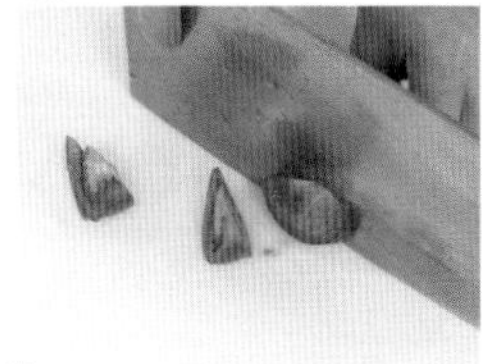

1 将洗净的口蘑切成片；洗好的西红柿去蒂，切成小块。

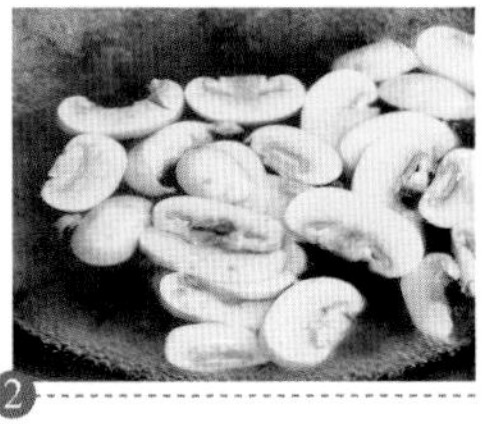

2 锅中注水烧开，放入盐，倒入口蘑煮1分钟至熟，捞出。

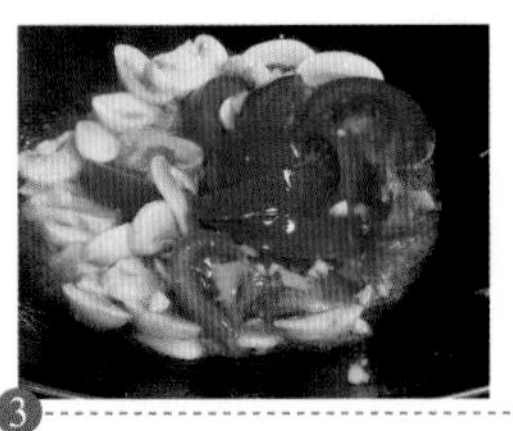

3 用油起锅，放姜片、蒜末爆香，倒入口蘑、西红柿，炒匀。

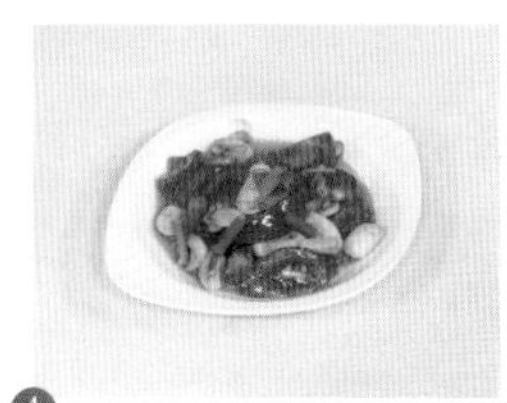

4 放盐、鸡粉、水淀粉炒匀，盛出装盘，放上葱段即可。

双菇炒苦瓜

难易度：★☆☆　2人份

原 料

茶树菇100克，苦瓜120克，口蘑70克，胡萝卜片、姜片、蒜末、葱段各少许

调 料

生抽3毫升，盐2克，鸡粉2克，水淀粉3毫升，食用油适量

做 法

1.洗净的茶树菇切段；洗好的苦瓜切片；洗净的口蘑切片。2.锅中注水烧开，放入食用油，倒入苦瓜、茶树菇、口蘑，煮约半分钟，倒入胡萝卜片，略煮片刻，捞出。3.用油起锅，放入姜片、蒜末、葱段，倒入焯过水的食材，翻炒均匀。4.放入生抽、盐、鸡粉，炒匀调味，淋入水淀粉，把锅内食材翻炒匀，盛出即可。

双菇争艳

难易度：★☆☆　2人份

原 料

杏鲍菇30克，鲜香菇25克，去皮胡萝卜80克，黄瓜70克，蒜末、姜片各少许

调 料

盐2克，水淀粉5毫升，食用油少许

做 法

1.洗好的黄瓜切薄片；洗净的胡萝卜切薄片；洗好的香菇去蒂，切片；洗净的杏鲍菇切薄片。2.沸水锅中倒入杏鲍菇、胡萝卜、香菇，汆煮至断生，捞出。3.用油起锅，放入姜片、蒜末，倒入汆煮好的食材，加入黄瓜，炒熟，加盐，炒匀，用水淀粉勾芡，至食材入味，盛出菜肴，装盘即成。

烹饪时间 Time 3 分钟

蘑菇藕片

难易度：★☆☆ 2人份

原料

白玉菇100克，莲藕90克，彩椒80克，姜片、蒜末、葱段各少许

调料

盐3克，鸡粉2克，料酒、生抽、白醋、水淀粉、食用油各适量

烹饪小提示

白玉菇和彩椒的焯煮时间不宜过长，以免过于熟烂，影响成品口感。

做法

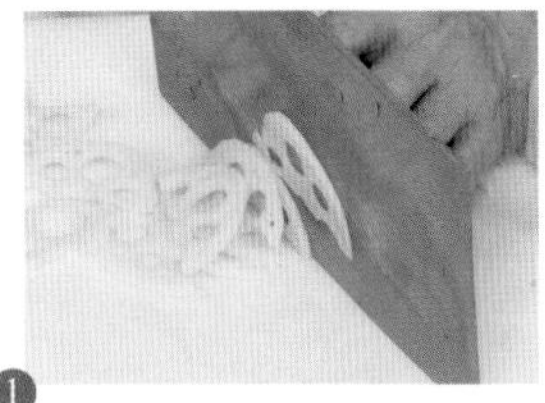

1 洗净的白玉菇切段；洗好的彩椒切块；洗净去皮的莲藕切片。

2 白玉菇、彩椒焯水，捞出；藕片焯水，捞出。

3 用油起锅，放入姜片、蒜末、葱段，爆香。

4 放白玉菇、彩椒、莲藕、料酒、生抽炒匀。

5 加盐、鸡粉、水淀粉，快速拌炒均匀，把锅中材料盛入盘中即可。

莴笋炒秀珍菇

难易度：★☆☆　　2人份

原 料

莴笋120克，秀珍菇60克，红椒15克，姜末、蒜末、葱末各少许

调 料

盐2克，鸡粉2克，水淀粉、食用油各适量

烹饪小提示

烹饪莴笋时，要少放盐，否则会影响其口感。

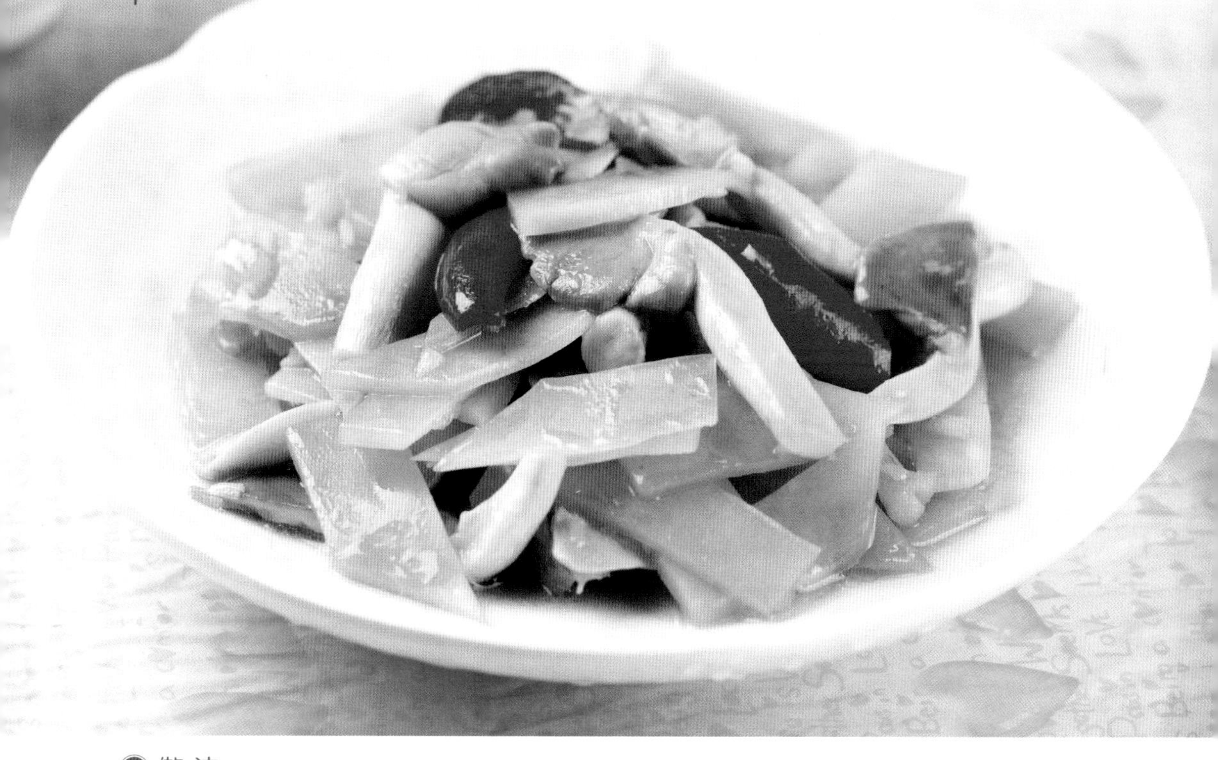

做 法

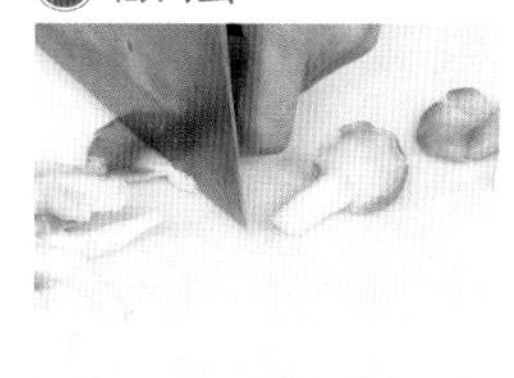

1. 洗净去皮的莴笋切片；秀珍菇、红椒洗净切块。

2. 用油起锅，放姜末、蒜末、葱、秀珍菇、莴笋、红椒，炒匀。

3. 加入少许清水，炒熟，放入适量盐、鸡粉，拌炒均匀。

4. 倒入水淀粉，翻炒食材，使其裹匀芡汁，盛入盘中即可。

胡萝卜丝烧豆腐

难易度：★★☆　　2人份

原料

胡萝卜85克，豆腐200克，蒜末、葱花各少许

调料

盐3克，鸡粉2克，生抽5毫升，老抽2毫升，水淀粉5毫升，食用油适量

烹饪小提示

出锅后要趁热撒上葱花，这样菜肴的香味更浓。

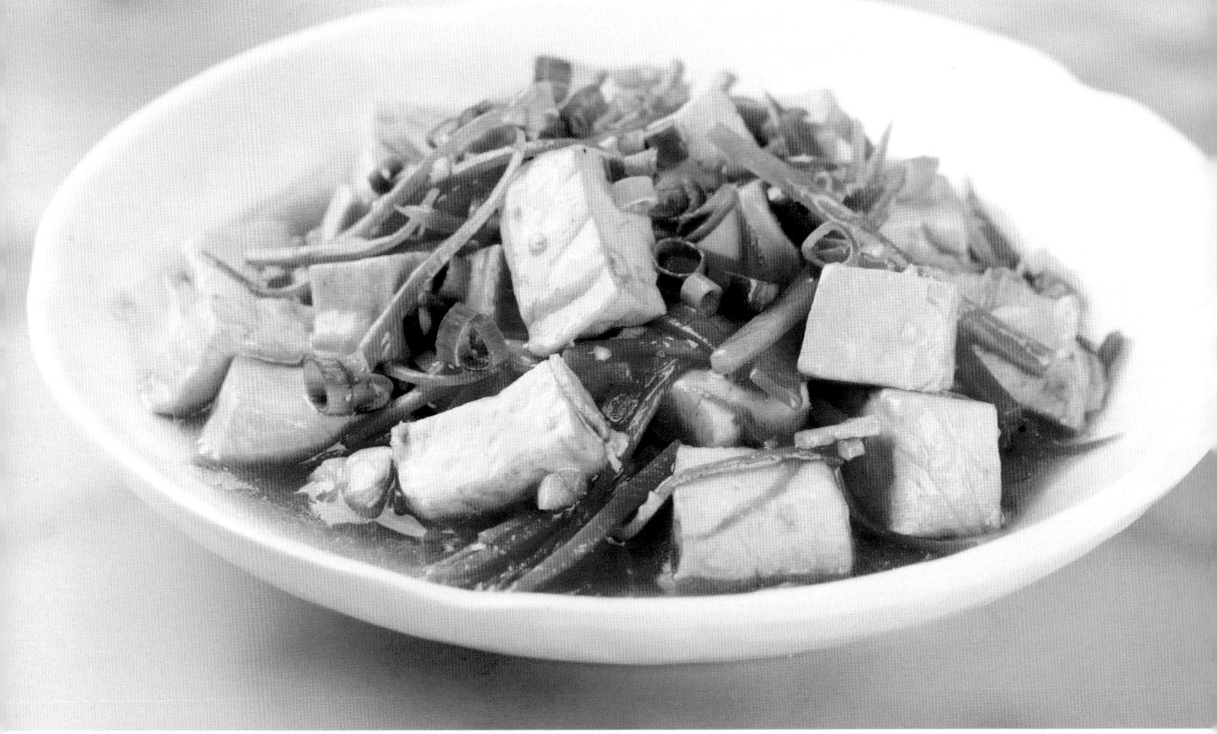

做法

1 洗好的豆腐切方块；洗净去皮的胡萝卜切细丝。

2 豆腐块、胡萝卜丝焯水，捞出，沥干水分，备用。

3 用油起锅，放蒜末爆香，放豆腐、胡萝卜丝、水、盐，拌匀。

4 加鸡粉、生抽、老抽、水淀粉炒熟，盛出，撒上葱花即成。

做法

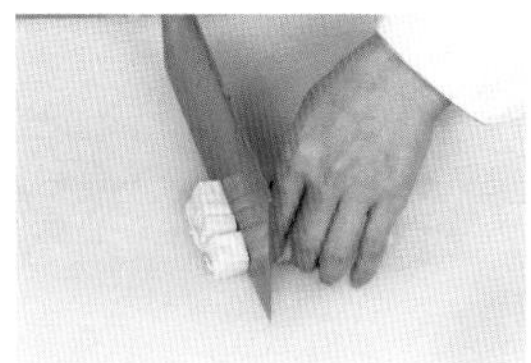

1 洗净的香菜切成段；洗好的豆腐切条，改切成小方块。

2 豆腐块焯水，捞出，沥干水分，备用。

3 用油起锅，放蒜末、葱段爆香，倒入豆腐，注入清水。

4 加生抽、盐、鸡粉、香菜，拌炒匀。

5 倒入水淀粉勾芡，盛出炒好的食材即成。

烹饪时间 Time 2分钟

香菜炒豆腐

难易度：★☆☆　2人份

原料

香菜100克，豆腐300克，蒜末、葱段各少许

调料

盐3克，鸡粉2克，生抽5毫升，水淀粉8毫升，食用油适量

烹饪小提示

豆腐先放入盐水中焯煮一会儿再炒，不仅能去除豆腥味，而且不易碎。

宫保豆腐

难易度：★★☆　　3人份

原 料

黄瓜200克，豆腐300克，红椒30克，酸笋100克，胡萝卜150克，水发花生米90克，姜片、蒜末、葱段、干辣椒各少许

调 料

盐4克，鸡粉2克，豆瓣酱15克，生抽、辣椒油、陈醋、水淀粉4毫升，食用油适量

做 法

1.黄瓜、酸笋、红椒洗净切丁；胡萝卜洗净去皮切丁；豆腐洗净切块。2.豆腐块、酸笋、胡萝卜、花生米分别焯水；花生米炸至微黄色。3.锅底留油，倒入干辣椒、姜片、蒜末、葱段、红椒、黄瓜，炒匀，放入酸笋、胡萝卜、豆腐块、豆瓣酱、生抽、鸡粉、盐、辣椒油、陈醋、花生米、水淀粉，炒入味，盛出即成。

山楂豆腐

难易度：★☆☆　　3人份

原 料

豆腐350克，山楂糕95克，姜末、蒜末、葱花各少许

调 料

盐2克，鸡粉2克，老抽2毫升，生抽3毫升，陈醋6毫升，白糖3克，水淀粉、食用油各适量

做 法

1.山楂糕、豆腐切块。2.豆腐炸香，山楂糕炸干水分，捞出。3.锅底留油烧热，倒入姜末、蒜末爆香，注水，加生抽、鸡粉、盐、陈醋、白糖，炒匀，倒入炸好的食材，淋入老抽，炒匀，煮入味，倒入水淀粉炒匀，盛出，撒上葱花即可。

西红柿炒冻豆腐

难易度：★☆☆　　2人份

原料

冻豆腐200克，西红柿170克，姜片、葱花各少许

调料

盐、鸡粉各2克，白糖少许，食用油适量

烹饪小提示

冻豆腐不宜撕得太小，以免食用时口感变差。

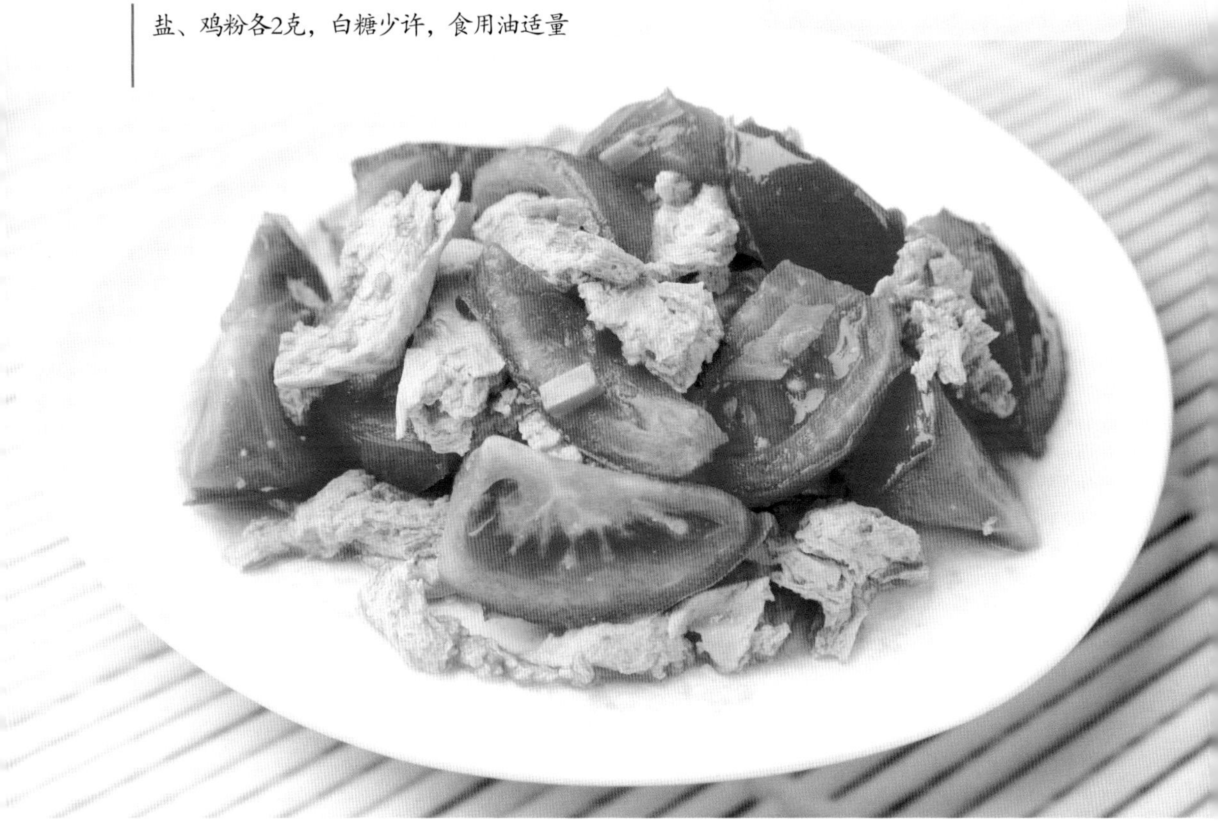

做法

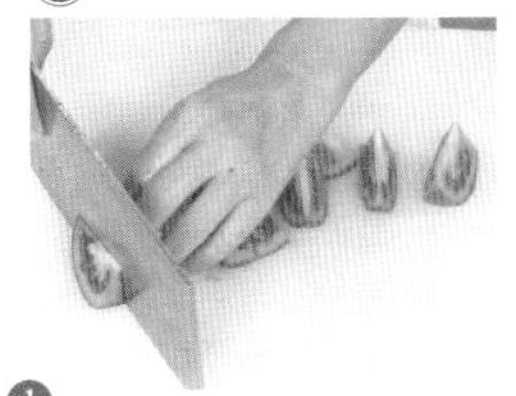

1. 把洗净的冻豆腐掰开，撕成碎片；洗好的西红柿切成小瓣。

2. 冻豆腐焯水，捞出，沥干水分，待用。

3. 用油起锅，放姜片、西红柿瓣、豆腐翻炒均匀。

4. 加盐、白糖、鸡粉，炒至食材熟软，盛出撒上葱花即可。

豆瓣酱炒脆皮豆腐

烹饪时间 Time 4分钟

难易度：★☆☆　1人份

原料

脆皮豆腐80克，豆瓣酱10克，蒜苗段、姜片、蒜末各少许

调料

鸡粉2克，生抽4毫升，水淀粉4毫升，食用油适量

做法

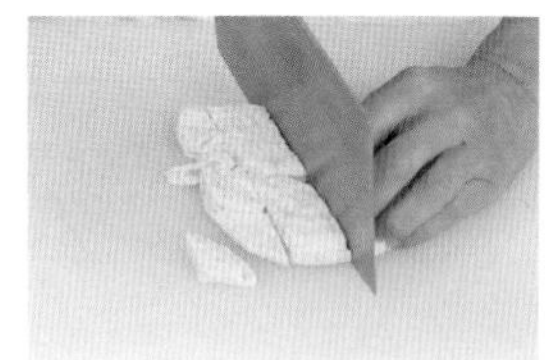

1 将备好的脆皮豆腐切成小块，备用。

2 热锅注油，倒入姜片、蒜末梗、蒜末爆香。

3 放豆瓣酱、脆皮豆腐，翻炒一会儿。

4 放蒜苗叶、鸡粉、生抽、水淀粉，炒匀。

5 续炒入味，关火后将炒好的菜肴盛出，装入盘中即可。

烹饪小提示

若喜欢清淡的口味，可以少放点豆瓣酱。

做法

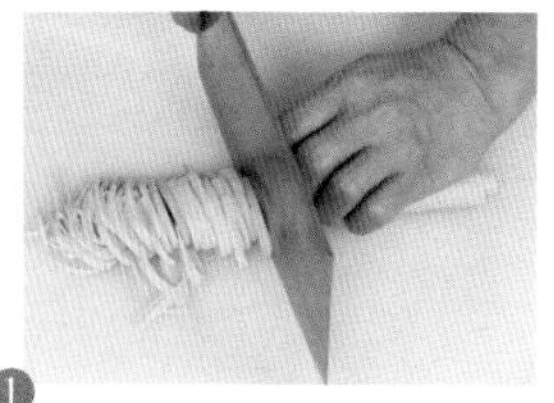

1 洗净去皮的胡萝卜切成丝；豆皮切成丝。

2 胡萝卜、豆皮丝焯水，捞出，待用。

3 用油起锅，放蒜末、豌豆苗，炒至熟软。

4 放入胡萝卜和豆皮，翻炒均匀，加入生抽、鸡粉、盐，放入葱花，炒匀调味。

5 淋入水淀粉炒匀，盛入盘中即可。

烹饪时间 Time 2分钟

豌豆苗炒豆皮丝

难易度：★★☆　2人份

原料

豌豆苗100克，豆皮200克，胡萝卜25克，蒜末、葱花各少许

调料

盐3克，鸡粉2克，生抽5毫升，水淀粉5毫升，食用油适量

烹饪小提示

豌豆苗比较嫩，不宜炒太久，否则会失去其清甜的味道。

辣椒炒脆皮豆腐

难易度：★☆☆　　1人份

原料

脆皮豆腐80克，青椒10克，红椒10克，蒜末、葱段、姜片各少许

调料

盐2克，鸡粉2克，生抽4毫升，食用油适量

烹饪小提示

脆皮豆腐可以焯一下水再炒，这样口感会更佳。

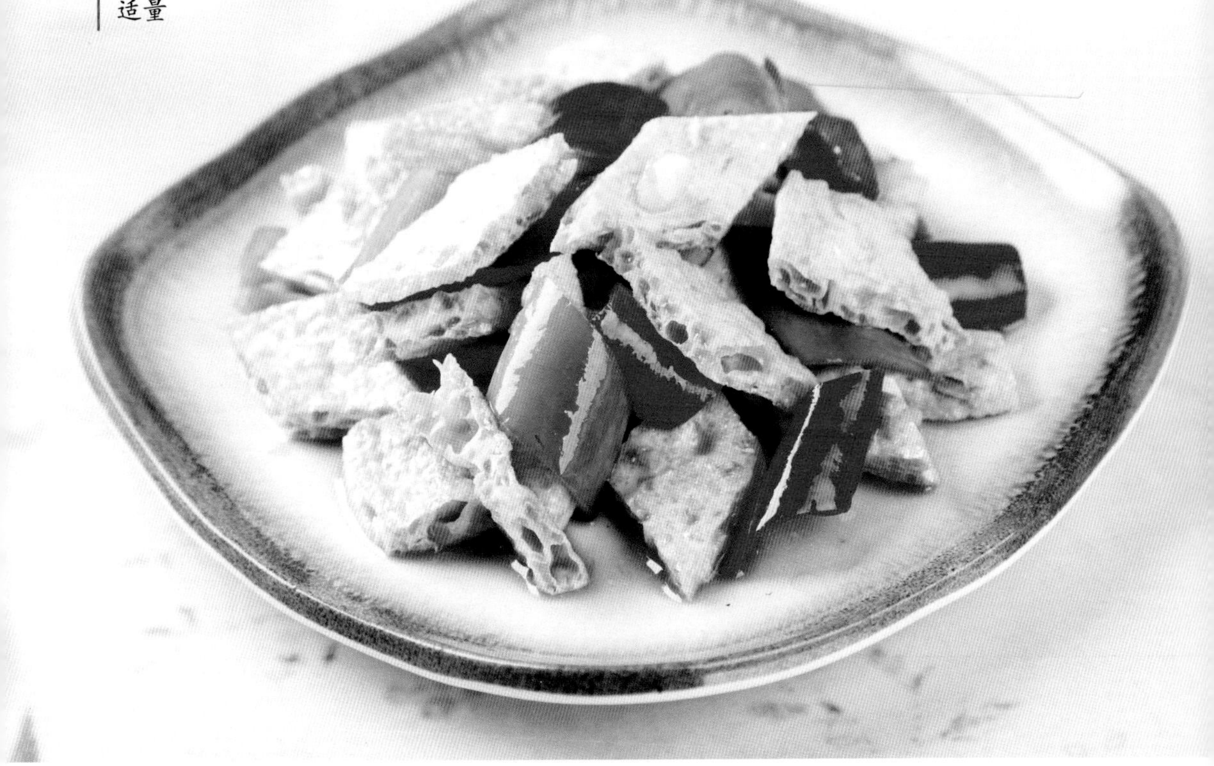

做法

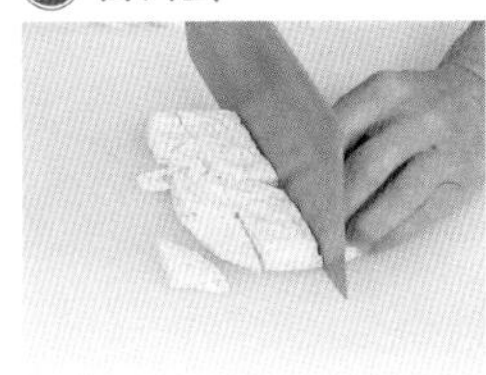

1. 将脆皮豆腐切块；洗净的青椒、红椒切成小块。

2. 热锅注油，放入备好的蒜末、姜片、葱段，爆香。

3. 倒入豆腐、青椒、红椒，注水，加盐、鸡粉、生抽，炒匀。

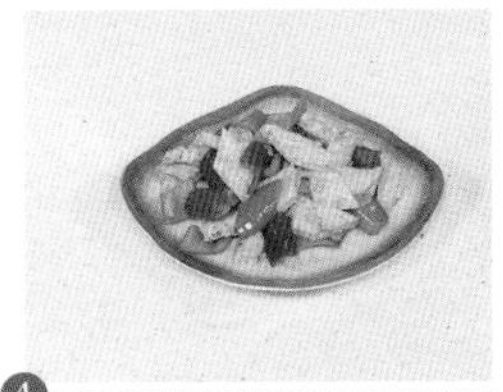

4. 关火后将炒好的菜肴盛出，装盘即可。

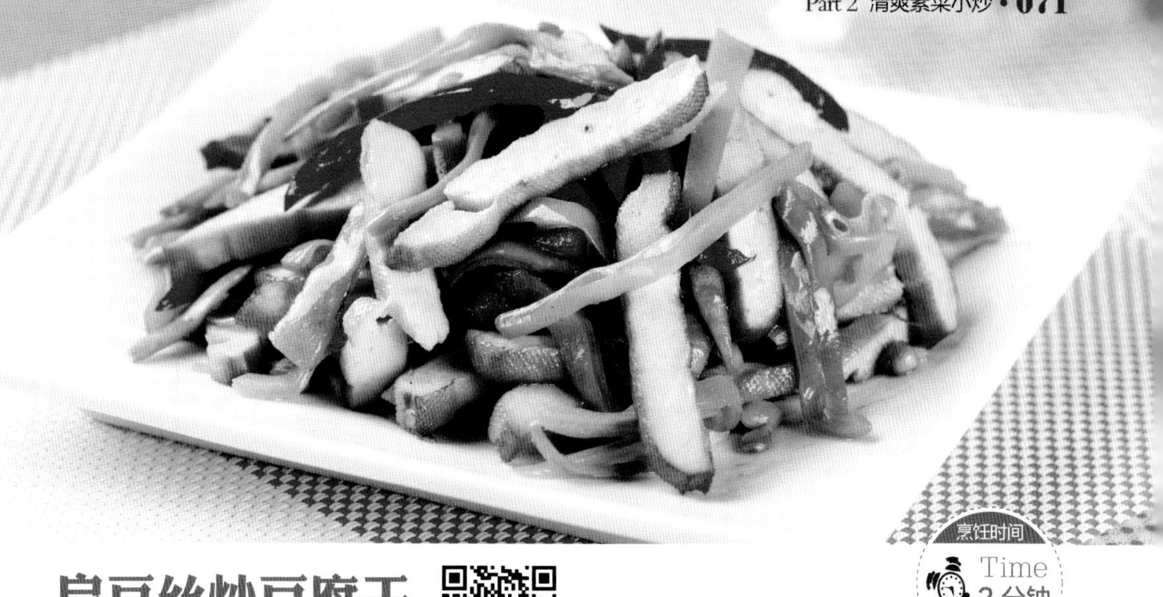

扁豆丝炒豆腐干

烹饪时间 Time 2分钟

难易度：★☆☆　　2人份

原料

豆腐干100克，扁豆120克，红椒20克，姜片、蒜末、葱白各少许

调料

盐3克，鸡粉2克，水淀粉、食用油各适量

做法

1.洗净的豆腐干、扁豆、红椒切丝。2.扁豆焯水后捞出；豆腐干炸香，捞出，沥干油。3.用油起锅，放入姜片、蒜末、葱白，倒入扁豆丝、豆腐干，翻炒片刻，加盐、鸡粉调味，倒入红椒丝，翻炒匀，倒入水淀粉，炒至食材熟透。4.盛出炒好的材料，装在盘中即成。

洋葱炒豆腐皮

烹饪时间 Time 2分钟

难易度：★☆☆　　2人份

原料 豆腐皮230克，彩椒50克，洋葱70克，瘦肉130克，葱段少许

调料 盐4克，生抽13毫升，料酒10毫升，芝麻油2毫升，水淀粉9毫升，食用油适量

做法

1.彩椒、洋葱洗净切丝；豆腐皮切条；瘦肉洗净切丝，放盐、生抽、水淀粉、食用油，腌渍。2.豆皮焯水。3.锅中注油，放瘦肉丝、料酒、洋葱、彩椒、盐、生抽、豆腐皮、葱段、水淀粉、芝麻油，炒匀。

豆皮炒青菜

难易度：★☆☆　　2人份

原 料

豆皮30克，上海青75克

调 料

盐2克，鸡粉少许，生抽2毫升，水淀粉2毫升，食用油适量

烹饪小提示

上海青不经过焯水，炒制时可以多放些食用油，这样既可以保持其颜色鲜绿，吃起来也更加嫩脆。

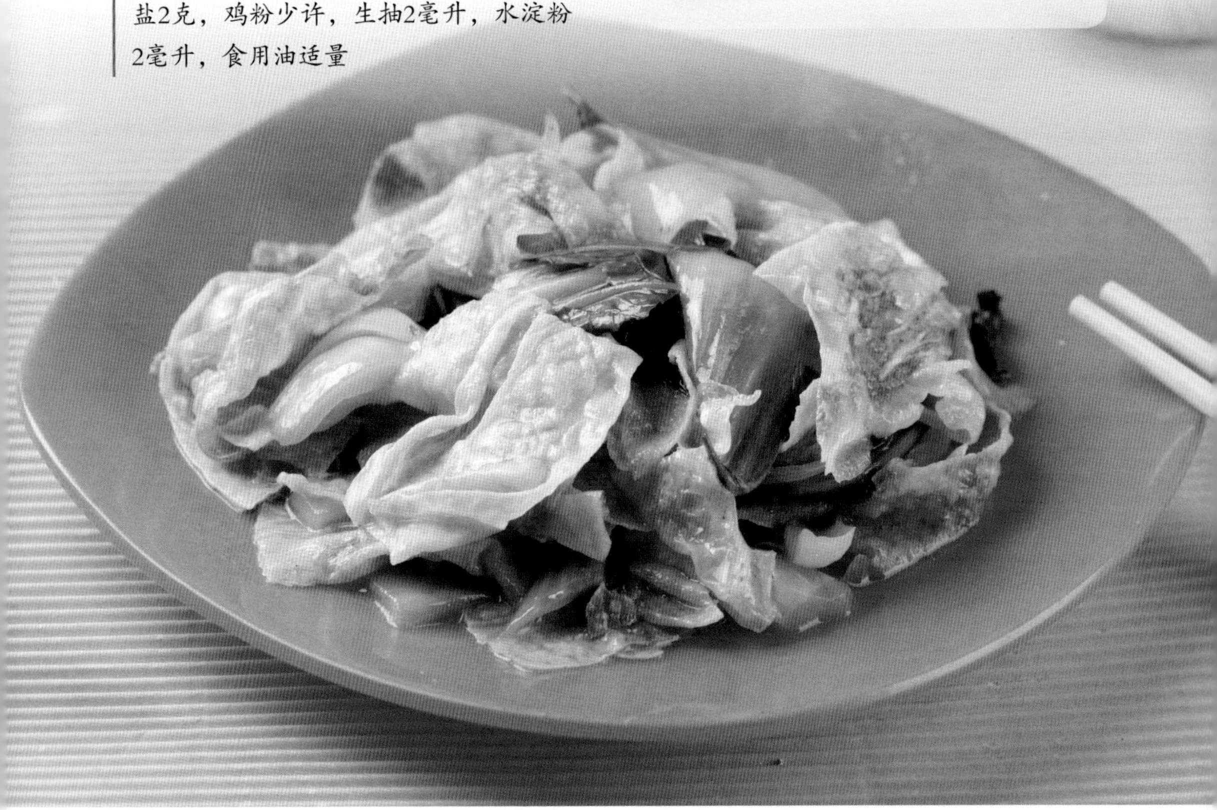

做 法

1. 将豆皮切成小块；洗净的上海青切成小块，备用。

2. 热锅注油烧热，放入豆皮，炸至酥脆，捞出，待用。

3. 锅底留油，倒入上海青炒匀，加盐、鸡粉、水、豆皮炒匀。

4. 淋入生抽，炒松软，倒入水淀粉勾芡，盛出，装入盘中即可。

做法

1 洗净的五花肉煮熟，捞出放凉；香干切片；洗净的青椒、红椒切块。

2 五花肉切薄片；香干炸香，捞出，待用。

3 锅底留油，放肉片炒出油，加生抽，炒匀。

4 放姜、蒜、葱、干辣椒、豆瓣酱、香干、盐、鸡粉、料酒炒匀。

5 放入青椒、红椒、花椒油、辣椒油，炒入味，盛出炒好的菜肴即可。

香干回锅肉

难易度：★★★　2人份

原料

五花肉300克，香干120克，青椒、红椒各20克，干辣椒、蒜末、葱段、姜片各少许

调料

盐2克，鸡粉2克，料酒4毫升，生抽5毫升，花椒油、辣椒油、豆瓣酱、食用油各适量

烹饪小提示

五花肉不要切得太厚，炒的时候更易出油。

辣炒香干

难易度：★★★　　2人份

原料

香干300克，青椒、红椒各35克，干辣椒2克，姜片、蒜末、葱花各少许

调料

盐3克，辣椒酱7克，水淀粉、料酒、鸡粉、食用油各适量

烹饪小提示

香干不可炒制太久，否则会影响其柔韧口感。

做法

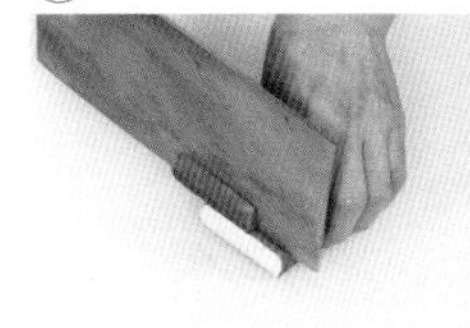

1. 洗净的青椒、红椒切成圈；洗净的香干切片，炸香，备用。

2. 锅底留油，倒入姜片、蒜末、葱白、干辣椒，爆香。

3. 倒入香干、青椒圈、红椒圈炒匀，加辣椒酱、盐、鸡粉调味。

4. 加料酒，炒入味，注水，淋入水淀粉，炒匀，盛入盘中即成。

做法

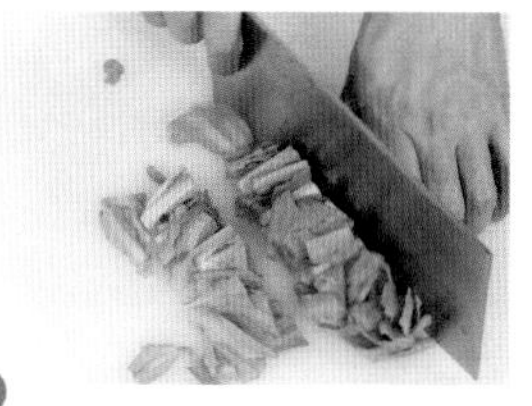

1 把豆干切成条；洗净的彩椒切成条；洗好的茼蒿切成段。

2 豆干滑油片刻，捞出。

3 锅底留油，放蒜末、彩椒、茼蒿段，炒匀。

4 放入豆干，炒至茼蒿七成熟，加入盐、生抽，淋入料酒，炒匀调味。

5 淋入水淀粉，翻炒均匀，盛出炒好的食材，装入盘中即可。

烹饪时间 Time 2分钟

茼蒿炒豆干

难易度：★★☆ 2人份

原料

茼蒿200克，豆干180克，彩椒50克，蒜末少许

调料

盐2克，料酒8毫升，水淀粉5毫升，生抽、食用油各适量

烹饪小提示

茼蒿宜用大火快炒，否则会影响茼蒿的口感。

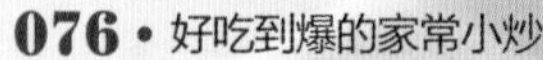

烹饪时间 Time 2 分钟

酱香黄瓜炒白豆干

难易度：★★☆　　2人份

原料

五花肉120克，黄瓜100克，白豆干80克，姜片、蒜末、葱段各少许

调料

盐、鸡粉各2克，辣椒酱7克，生抽4毫升，料酒5毫升，水淀粉、花椒油、食用油各适量

做法

1.洗净的白豆干、黄瓜、五花肉切片。2.白豆干在油锅中炸至金黄色，捞出。3.锅底留油烧热，倒入肉片，炒至变色，淋入生抽、料酒，倒入姜片、蒜末、葱段，放入黄瓜片，炒至其变软。4.放入白豆干，加鸡粉、盐、辣椒酱、花椒油、水淀粉，炒至入味，盛出即成。

烹饪时间 Time 2 分钟

松子豌豆炒香干

难易度：★☆☆　　3人份

原料

香干300克，彩椒20克，松仁15克，豌豆120克，蒜末少许

调料

盐3克，鸡粉2克，料酒4毫升，生抽3毫升，水淀粉、食用油各少许

做法

1.香干洗净切丁；彩椒洗净切块。2.豌豆、香干、彩椒焯水；松仁炸至金黄色。3.锅底留油烧热，倒入蒜末，倒入焯过水的材料，加盐、鸡粉、料酒、生抽、水淀粉，炒匀，盛入盘中，撒上松仁即可。

做法

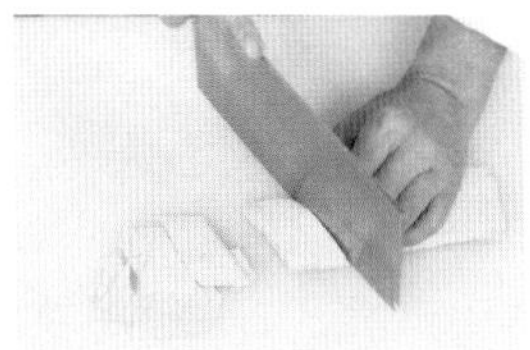

1 洗净的香菇切成粗丝；将豆腐皮切开，再切成片。

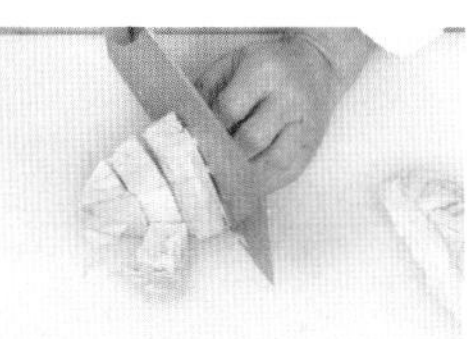

2 洗好的包菜去除硬芯，切块；豆腐皮焯水。

3 用油起锅，倒入香菇，炒香。

4 放入包菜，炒至变软，放豆腐皮、枸杞炒匀，加入盐、白糖、鸡粉。

5 翻炒均匀至食材入味，关火后盛出炒好的食材即可。

烹饪时间 Time 2分钟

豆腐皮枸杞炒包菜

难易度：★☆☆　2人份

原料

包菜200克，豆腐皮120克，水发香菇30克，枸杞少许

调料

盐、鸡粉各2克，白糖3克，食用油适量

烹饪小提示

包菜炒至八九成熟即可出锅，以免营养流失。

芹菜炒黄豆

难易度：★★☆　　2人份

原料

熟黄豆220克，芹菜梗80克，胡萝卜30克

调料

盐3克，食用油适量

烹饪小提示

制作熟黄豆时，加入少许香料，可使此道菜肴别具风味。

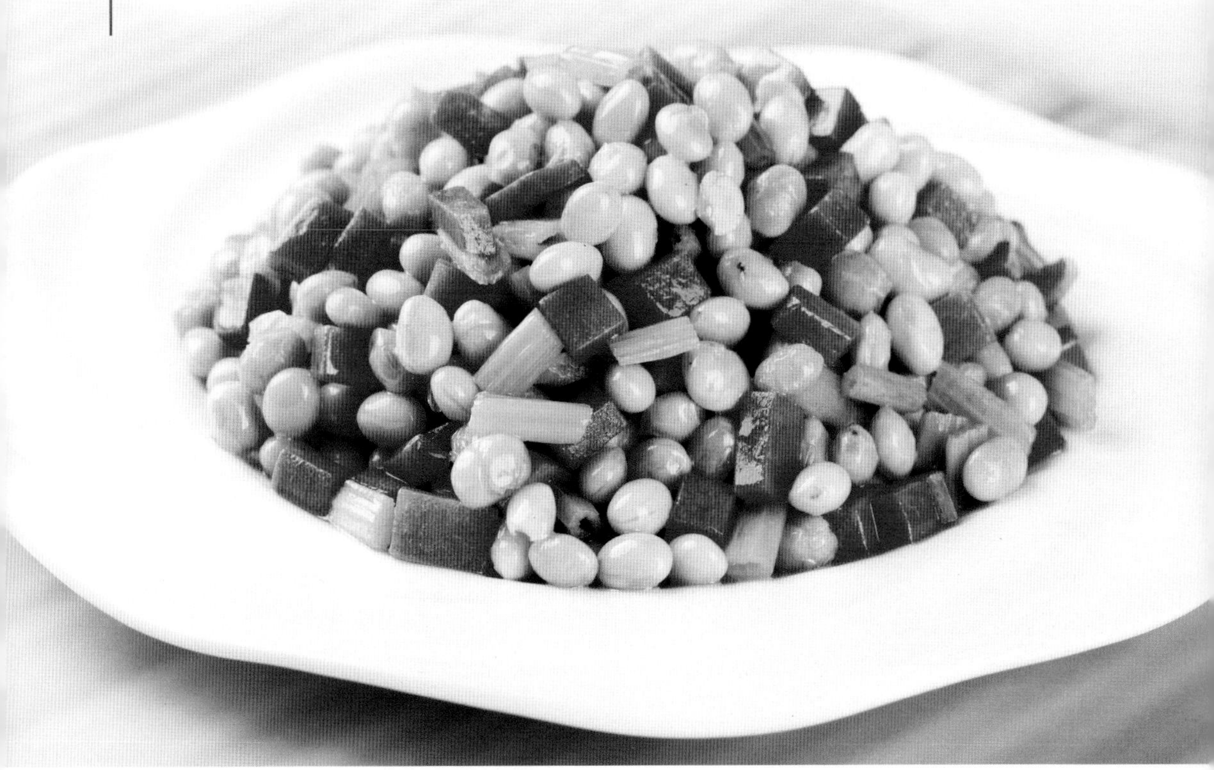

做法

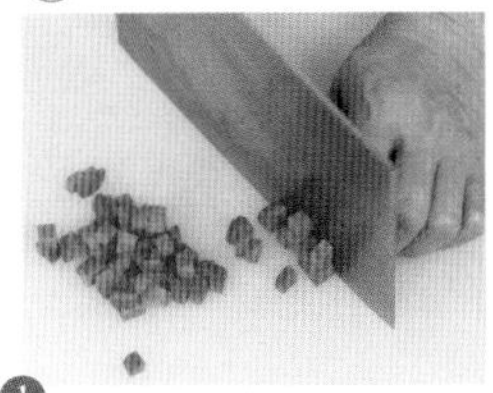

1. 洗净的芹菜梗切段；洗净去皮的胡萝卜切条形，再切成丁。

2. 胡萝卜丁焯水，捞出备用。

3. 用油起锅，倒入芹菜炒软，倒入胡萝卜丁、熟黄豆，炒熟。

4. 加入盐，炒匀调味，盛出炒好的食材，装入盘中即成。

Part 3

飘香肉禽小炒

在日常生活中，人们通过食物补充蛋白质、脂肪、碳水化合物等，以供给代谢需要，而蛋白质主要还是从肉禽类食品中摄取。肉类蛋白质的营养特点是完全蛋白质含量极高，其化学组成与人体蛋白质很接近，所以吸收率极高，生物学价值高，可达80%以上，并能供给人丰富的无机盐和维生素，是高营养的美味食品。由于这一类食品热量高，营养丰富，又可以变换花样，往往成为制作菜肴的主要原材料。

豌豆炒牛肉粒

难易度：★★☆　　2人份

原料

牛肉260克，彩椒20克，豌豆300克，姜片少许

调料

盐2克，鸡粉2克，料酒3毫升，食粉2克，水淀粉10毫升，食用油适量

烹饪小提示

腌渍牛肉时，放入少许水淀粉拌匀，可使牛肉粒更有韧性。

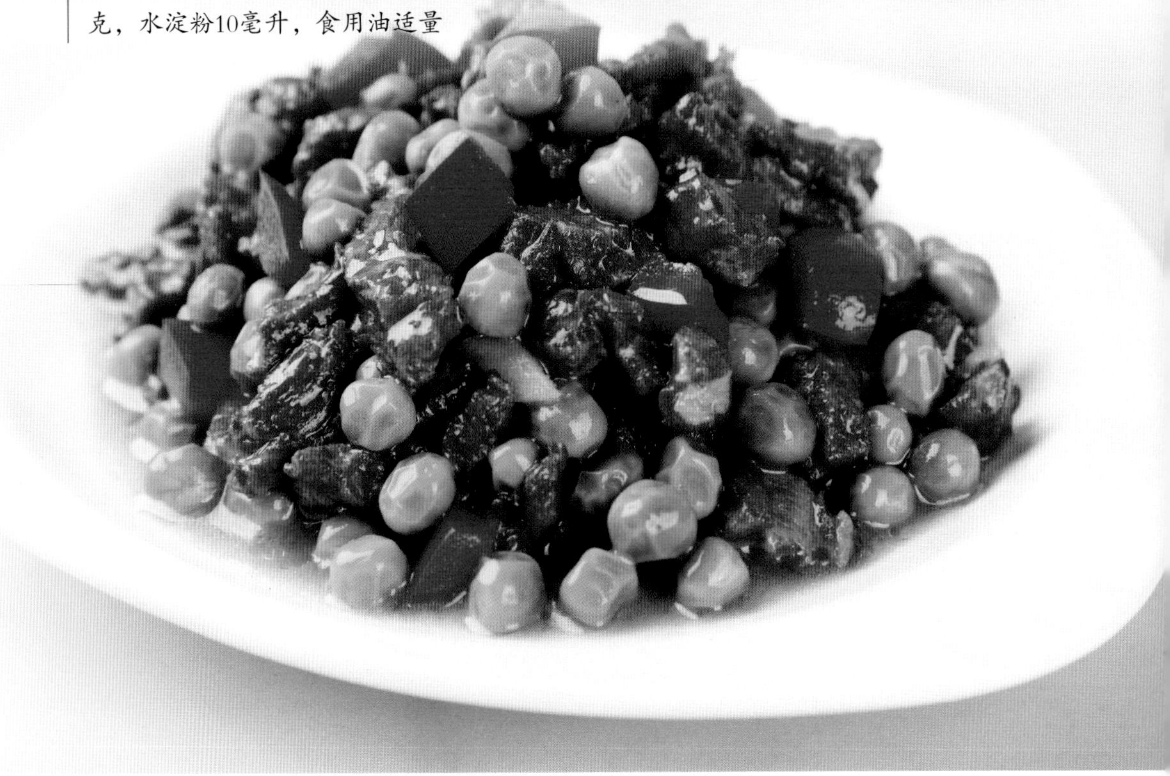

做法

1. 彩椒洗净切丁；牛肉洗净切粒，加盐、料酒、食粉、水淀粉、油腌渍。

2. 豌豆、彩椒焯水，捞出；牛肉滑油，捞出，备用。

3. 用油起锅，放姜片、牛肉、料酒、焯过水的食材，炒匀。

4. 加盐、鸡粉、料酒、水淀粉，翻炒均匀，盛出即可。

做法

1 西蓝花、彩椒洗净切块；牛肉洗净切片，放生抽、盐、鸡粉、食粉、水淀粉、油腌渍。

2 西蓝花焯水，捞出。

3 用油起锅，放姜片、蒜末、葱段、彩椒、牛肉，快速翻炒一会儿。

4 加料酒、生抽、蚝油、鸡粉、盐，炒匀调味。

5 加水淀粉快速炒匀，盛放在西蓝花上即可。

烹饪时间 Time 2分钟

西蓝花炒牛肉

难易度：★★☆ 2人份

原料

西蓝花300克，牛肉200克，彩椒40克，姜片、蒜末、葱段各少许

调料

盐4克，鸡粉4克，生抽10毫升，蚝油10克，水淀粉9克，料酒10毫升，食粉、食用油各适量

烹饪小提示

西蓝花先用淡盐水浸泡一会儿，再用清水水清洗，能很好地清除残留农药。

蚝油草菇炒牛柳

难易度：★★☆　　2人份

原料

牛肉250克，水发黑木耳85克，草菇75克，彩椒35克，姜片、蒜片、葱段各少许

调料

盐3克，鸡粉2克，生抽5毫升，老抽2毫升，食粉、料酒、水淀粉、食用油各适量

烹饪小提示

腌渍牛肉时加一些食用油，比较容易炒散，不易粘连。

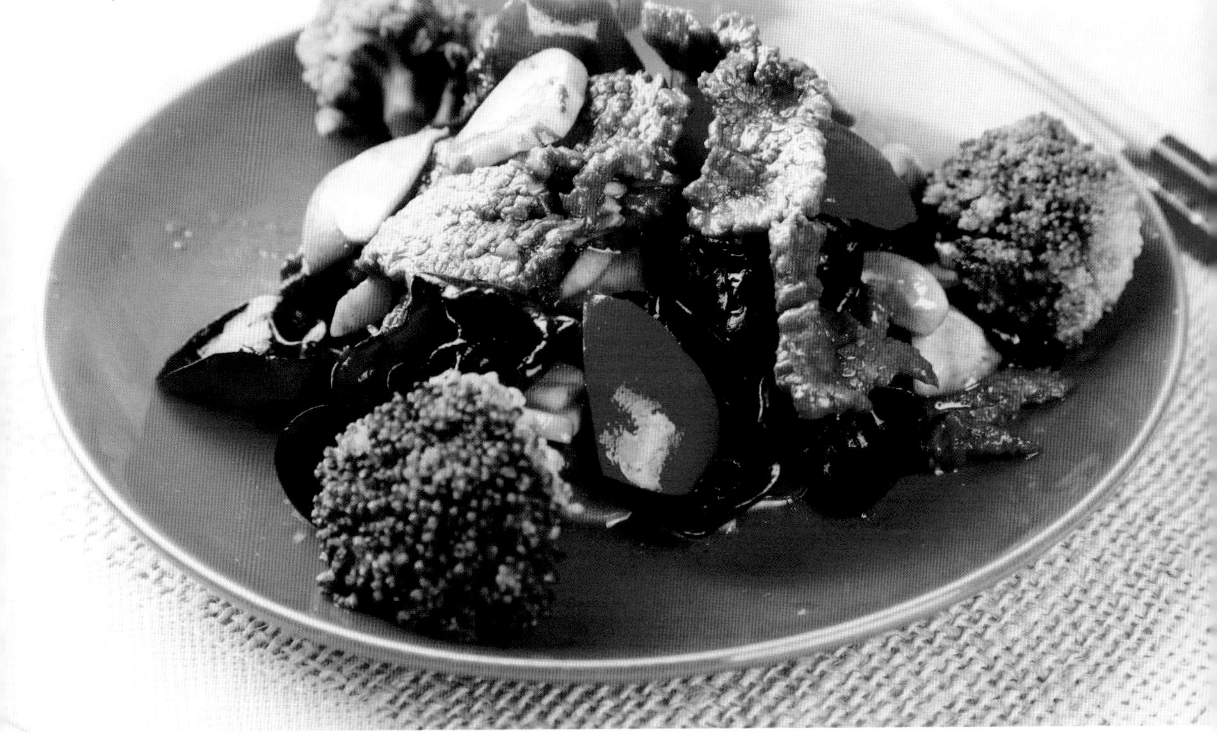

做法

1. 牛肉洗净切片，加盐、生抽、食粉、料酒、水淀粉、油，腌渍。

2. 草菇、彩椒洗净切好；草菇、彩椒、黑木耳焯水。

3. 用油起锅，放姜、蒜、葱、牛肉、料酒、焯过水的食材，炒匀。

4. 加盐、生抽、老抽、鸡粉、水淀粉，炒匀调味，盛出即可。

南瓜炒牛肉

难易度：★★☆ 2人份

原料

牛肉175克，南瓜150克，青椒、红椒各少许

调料

盐3克，鸡粉2克，料酒10毫升，生抽4毫升，水淀粉、食用油各适量

做法

1.洗好去皮的南瓜切片；洗净的青椒、红椒切条；洗净的牛肉切片，加盐、料酒、生抽、水淀粉、食用油，腌渍。2.南瓜片、青椒、红椒焯水，捞出，沥干水分。3.用油起锅，倒入牛肉，炒至变色，淋入料酒，倒入焯过水的材料，炒匀炒透，加盐、鸡粉、水淀粉，炒匀，盛出即可。

山楂菠萝炒牛肉

难易度：★★☆ 2人份

原料

牛肉片200克，水发山楂片25克，菠萝600克，圆椒少许

调料

番茄酱30克，盐3克，鸡粉2克，食粉少许，料酒6毫升，水淀粉、食用油各适量

做法

1.牛肉片加盐、料酒、食粉、水淀粉、食用油，腌渍。2.洗净的圆椒切块；洗好的菠萝制成菠萝盅，菠萝肉切块。3.牛肉、圆椒炸出香味，捞出。4.锅底留油烧热，倒入山楂片、菠萝肉、番茄酱，炒出香味，倒入滑过油的食材，淋入料酒，加入盐、鸡粉、水淀粉，炒至食材熟透，盛出炒好的菜肴，装入菠萝盅即成。

红薯炒牛肉

难易度：★★★　　2人份

烹饪时间 Time 3分钟

原料

牛肉200克，红薯100克，青椒20克，红椒20克，姜片、蒜末、葱白各少许

调料

盐4克，食粉、鸡粉、味精各适量，生抽3毫升，料酒4毫升，水淀粉10毫升，食用油适量

烹饪小提示

牛肉的纤维组织较粗，结缔组织比较多，应横切，将长纤维切断，不能顺着纤维组织切，否则不易嚼烂。

做法

1. 牛肉切片，加食粉、生抽、盐、味精、水淀粉、食用油，腌渍。

2. 红薯、青椒、红椒洗净切片，焯水，牛肉焯水。

3. 用油起锅，放姜、蒜、葱、牛肉、料酒、红薯、青椒、红椒炒匀。

4. 加生抽、盐、鸡粉、水淀粉翻炒匀，盛出即可。

蒜薹木耳炒肉丝

烹饪时间 Time 5分钟

难易度：★★★　3人份

原料

蒜薹300克，猪瘦肉200克，彩椒50克，水发木耳40克

调料

盐3克，鸡粉2克，生抽6毫升，水淀粉、食用油各适量

做法

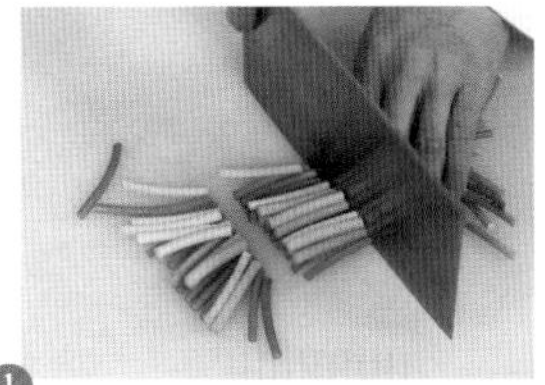

1 木耳洗净切块；彩椒洗净切丝；蒜薹洗净切段。

2 猪瘦肉洗净切丝，放盐、鸡粉、水淀粉、食用油，腌渍入味。

3 蒜薹、木耳、彩椒焯水。

4 用油起锅，放肉丝、生抽，倒入焯煮过的材料，用中火炒至熟软。

5 加入鸡粉、盐，炒匀调味，淋入水淀粉，翻炒匀，盛入盘中即成。

烹饪小提示

蒜薹根部较硬，切时应去除，以免影响菜肴的口感。

包菜炒肉丝

烹饪时间 Time 2分钟

难易度：★☆☆　2人份

原料

猪瘦肉200克，包菜200克，红椒15克，蒜末、葱段各少许

调料

盐3克，白醋2毫升，白糖4克，料酒、鸡粉、水淀粉、食用油各适量

做法

1.洗净的包菜、红椒切丝；洗净的猪瘦肉切丝，加盐、鸡粉、水淀粉、食用油，腌渍入味。2.包菜焯水，捞出。3.用油起锅，放入蒜末，倒入肉丝、料酒，炒至转色，倒入包菜、红椒、白醋、盐、白糖，炒匀调味，放入葱段，倒入水淀粉，拌炒均匀，盛出即可。

西芹黄花菜炒肉丝

烹饪时间 Time 2分钟

难易度：★★☆　2人份

原料 西芹80克，水发黄花菜80克，彩椒60克，瘦肉200克，蒜、葱少许

调料 盐3克，鸡粉3克，生抽5毫升，水淀粉5毫升，食用油适量

做法

1.泡好的黄花菜去蒂；洗净的彩椒、瘦肉、西芹切丝。2.肉丝加盐、鸡粉、水淀粉、食用油，腌渍入味。3.黄花菜焯水。4.用油起锅，放蒜末、肉丝、西芹、黄花菜、彩椒、盐、鸡粉、生抽、葱段，炒熟即成。

白菜粉丝炒五花肉

烹饪时间 Time 3 分钟

难易度：★☆☆ 2人份

原料

白菜160克，五花肉150克，水发粉丝240克，蒜末、葱段各少许

调料

盐2克，鸡粉2克，生抽5毫升，老抽2毫升，料酒3毫升，胡椒粉、食用油各适量

做法

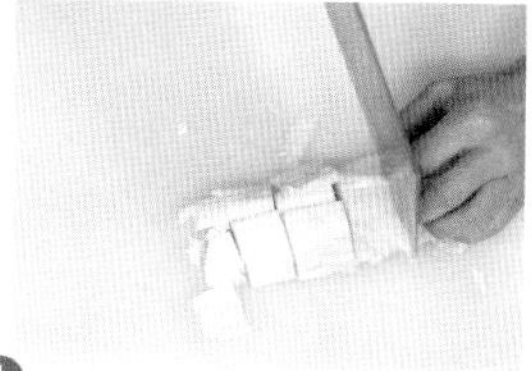

1. 粉丝洗净切段；白菜洗净去根，切段；五花肉洗净切片。

2. 用油起锅，倒入五花肉，炒至变色。

3. 加老抽，炒匀上色，放入蒜末、葱段，炒香。

4. 倒入白菜，炒至变软，放粉丝、盐、鸡粉、生抽、料酒。

5. 撒上胡椒粉，炒匀调味即可。

烹饪小提示

白菜炒的时间不宜过长，以免降低其营养价值。

茶树菇炒五花肉

难易度：★★☆　　2人份

原料

茶树菇90克，五花肉200克，红椒40克，姜片、蒜末、葱段各少许

调料

盐2克，生抽5毫升，鸡粉2克，料酒10毫升，水淀粉5毫升，豆瓣酱15克，食用油适量

烹饪小提示

茶树菇本身有鲜味，因此可以适量少放些鸡粉。

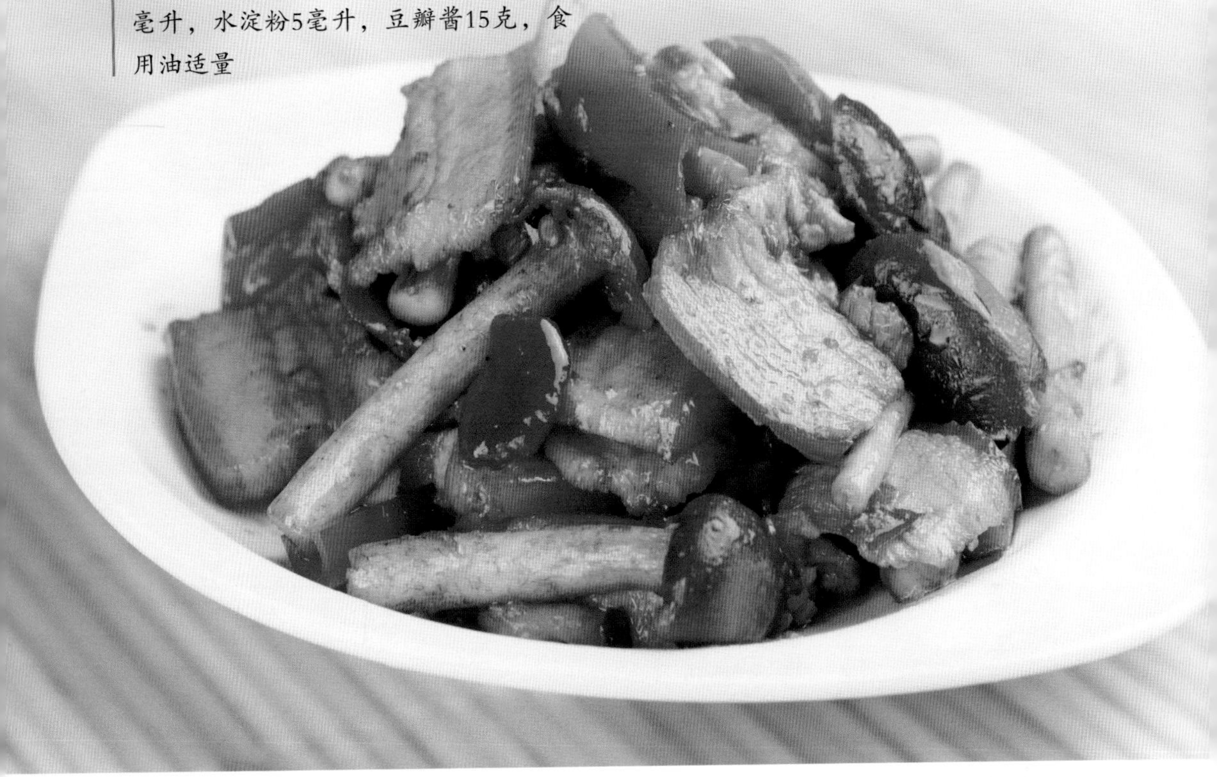

做法

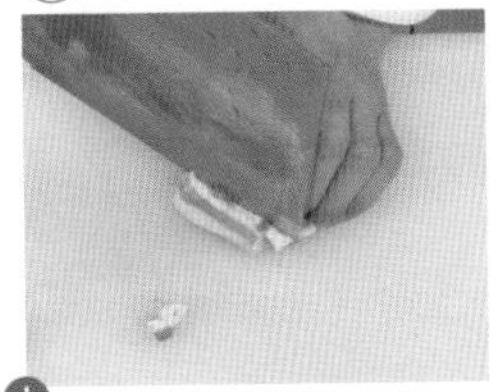

1. 红椒洗净切块；茶树菇洗净，去根切段；五花肉洗净切片。

2. 茶树菇焯水，捞出。

3. 用油起锅，放五花肉、生抽、豆瓣、姜片、蒜末、葱段炒匀。

4. 加料酒、茶树菇、红椒、盐、鸡粉、水淀粉，炒匀盛出即可。

烹饪时间 Time 5分钟

莴笋炒回锅肉

难易度：★★☆　2人份

原料

莴笋180克，红椒10克，五花肉160克，姜片、蒜片、葱段各少许

调料

白糖2克，鸡粉2克，料酒8毫升，豆瓣酱10克，食用油适量

做法

1 洗净的五花肉煮熟。

2 捞出五花肉，放凉切片；洗好去皮的莴笋切薄片，洗净的红椒切开，去籽，再切成块。

3 用油起锅，倒入五花肉，炒匀，倒入姜片、蒜片、葱段，爆香。

4 放豆瓣酱、料酒、红椒、莴笋片，炒熟。

5 加白糖、鸡粉，炒匀调味即可。

烹饪小提示

莴笋最好切得薄厚一致，以使其受热均匀。

烹饪时间
Time
4分钟

肉末西芹炒胡萝卜

难易度：★☆☆　2人份

原料

西芹160克，胡萝卜120克，肉末65克

调料

料酒4毫升，盐2克，鸡粉2克，水淀粉4毫升，食用油适量

做法

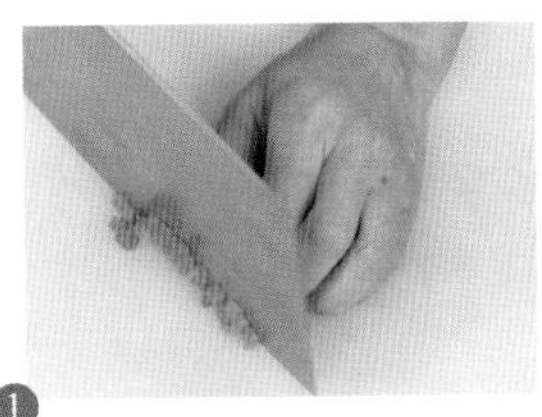

1 洗净的西芹切粒；洗净去皮的胡萝卜切成粒，备用。

2 胡萝卜焯水，待用。

3 用油起锅，倒入肉末，翻炒至变色，淋入料酒，倒入西芹，炒匀，放入胡萝卜。

4 翻炒片刻至其变软，加入适量盐、鸡粉、水淀粉。

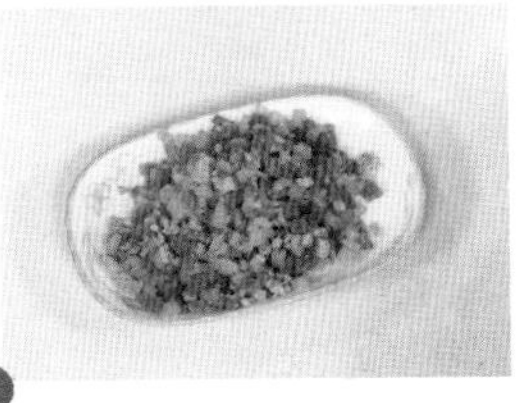

5 炒至食材入味，关火后盛出炒好的菜肴即可。

烹饪小提示

胡萝卜焯水的时间不要太久，以免其营养流失。

干煸芹菜肉丝

难易度：★★☆　2人份

原料

猪里脊肉220克，芹菜50克，干辣椒8克，青椒20克，红小米椒10克，葱段、姜片、蒜末各少许

调料

豆瓣酱12克，鸡粉、胡椒粉各少许，生抽5毫升，花椒油、食用油各适量

烹饪小提示

煸炒肉丝时，要用小火快炒，这样能避免将肉质煸老了。

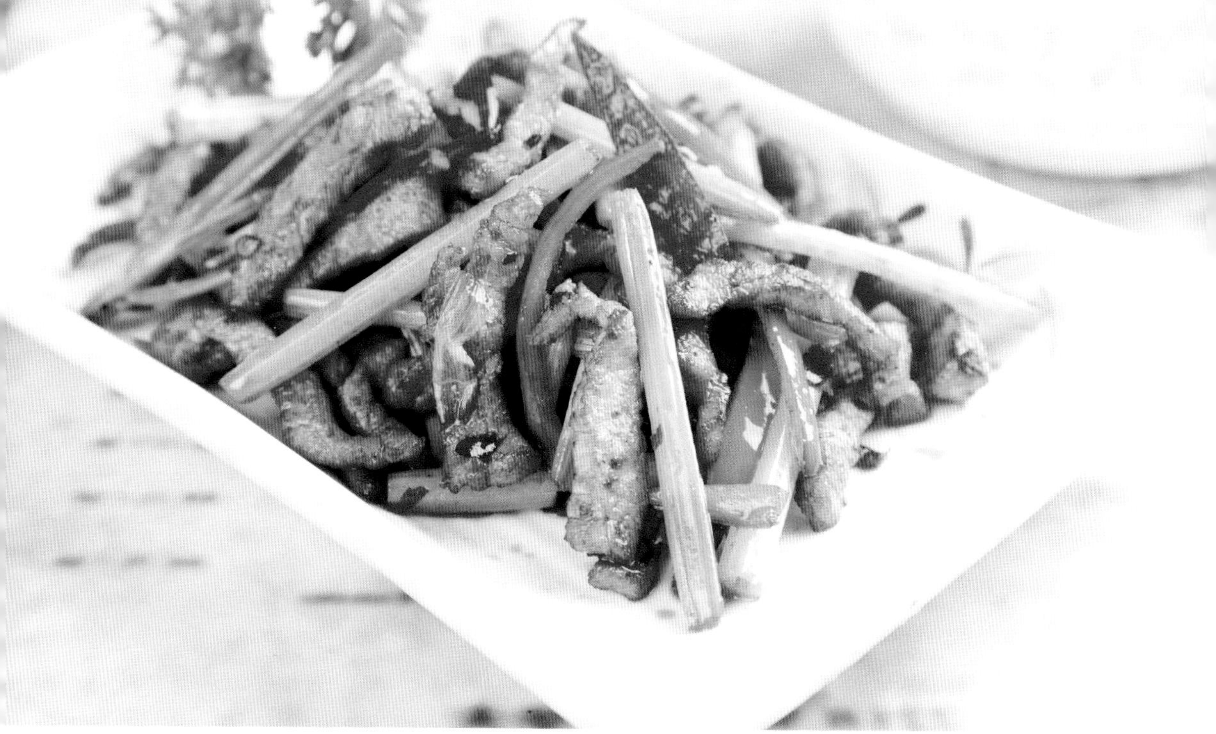

做法

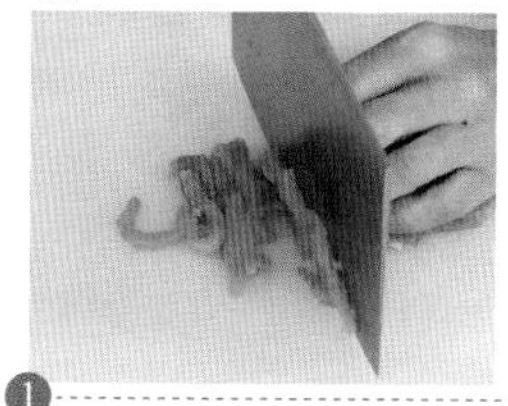

1. 青椒、红小米椒洗净切丝；芹菜洗净切段；猪里脊肉洗净切丝。

2. 肉丝煸干，盛出；用油起锅，放干辣椒炸香，盛出，放葱、姜、蒜爆香。

3. 加豆瓣酱、肉丝、料酒、红小米椒、芹菜段、青椒丝，炒熟。

4. 加生抽、鸡粉、胡椒粉、花椒油，炒入味即成。

西芹炒肉丝

难易度：★☆☆　3人份

烹饪时间 Time 2分钟

原料

猪肉240克，西芹90克，彩椒20克，胡萝卜片少许

调料

盐3克，鸡粉2克，水淀粉9毫升，料酒3毫升，食用油适量

烹饪小提示

炒肉丝时火候不要太大，以免炒煳。

做法

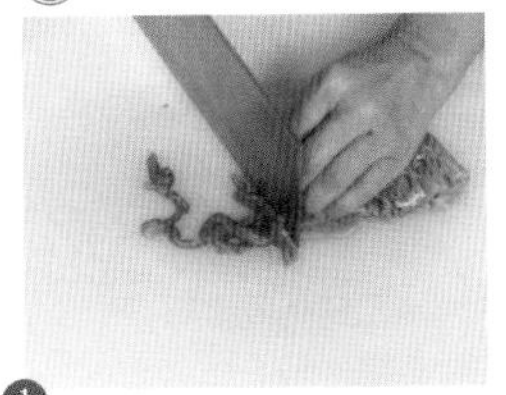

1. 胡萝卜片、西芹洗净切条；彩椒洗净切丝；猪肉洗净切丝。

2. 肉丝加盐、料酒、水淀粉、油，腌渍；胡萝卜、西芹、彩椒焯水。

3. 用油起锅，倒入肉丝，翻炒片刻。

4. 倒入焯过水的食材，加盐、鸡粉、水淀粉调味，盛出即可。

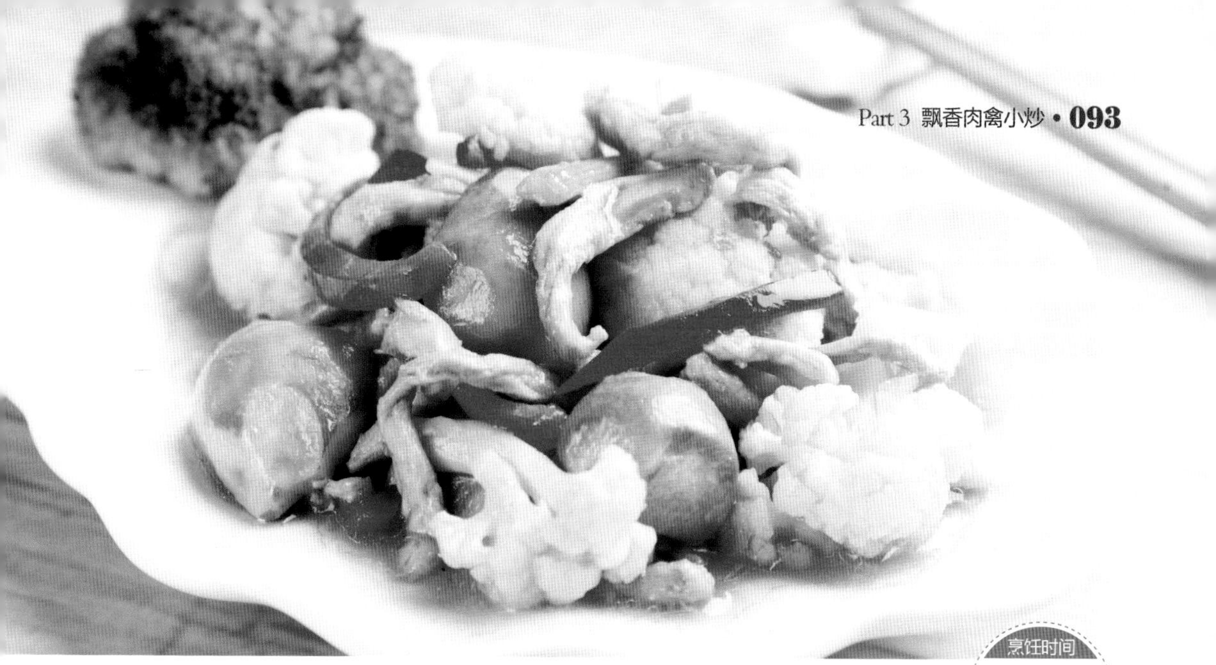

烹饪时间 Time 3 分钟

草菇花菜炒肉丝

难易度：★★☆　3人份

原 料

草菇70克，彩椒20克，花菜180克，猪瘦肉240克，姜片、蒜末、葱段各少许

调 料

盐3克，生抽4毫升，料酒8毫升，蚝油、水淀粉、食用油各适量

做 法

1.草菇洗净对半切开；洗净的彩椒切丝，洗好的花菜切小朵；洗净的猪瘦肉切丝，加料酒、盐、水淀粉、食用油，腌渍入味。2.草菇、花菜、彩椒焯水。3.用油起锅，倒入肉丝、姜片、蒜末、葱段，倒入焯过水的食材，加盐、生抽、料酒、蚝油、水淀粉，炒熟即可。

白菜木耳炒肉丝

难易度：★☆☆　2人份

原 料

白菜80克，水发木耳60克，猪瘦肉100克，红椒10克，葱姜蒜少许

调 料

盐、鸡粉2克，生抽3毫升，料酒5毫升，水淀粉6毫升，白糖3克，油适量

做 法

1.白菜洗净切丝；木耳洗净切块；红椒洗净切条；猪瘦肉洗净切丝，加盐、生抽、料酒、水淀粉，拌匀腌渍。2.用油起锅，放肉丝、姜末、蒜末、葱段、红椒、料酒、木耳、白菜、盐、白糖、鸡粉、水淀粉，炒熟即成。

芦笋鲜蘑菇炒肉丝

难易度：★★☆　　2人份

原料

芦笋75克，口蘑60克，猪肉110克，蒜末少许

调料

盐2克，鸡粉2克，料酒5毫升，水淀粉、食用油各适量

烹饪小提示

宜将芦笋根部的老皮去除，这样口感会更好。

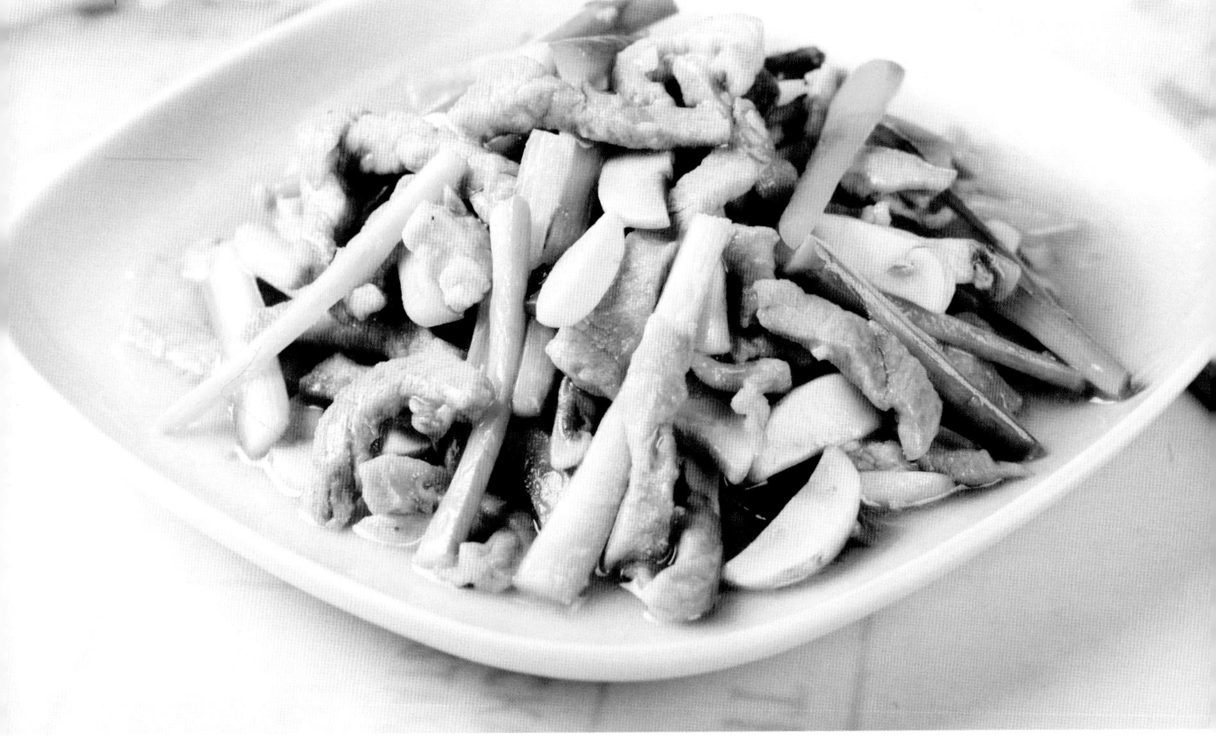

做法

1. 猪肉洗净切丝，加盐、鸡粉、水淀粉、食用油，腌渍。

2. 口蘑、芦笋洗净切条，焯水，捞出；肉丝滑油，捞出。

3. 锅底留油烧热，倒入蒜末、焯过水的食材、猪肉丝、料酒炒匀。

4. 加盐、鸡粉、水淀粉，炒至食材入味，盛出即可。

做法

1 茶树菇洗净去老茎；彩椒洗净切条；猪瘦肉洗净切条，加料酒、盐、鸡粉、生抽、水淀粉、芝麻油，拌匀腌渍。

2 茶树菇、彩椒焯水；核桃仁炸出香味，捞出。

3 锅底留油，倒入肉片、姜片、蒜末，炒匀。

4 加茶树菇、彩椒、生抽、盐、鸡粉，炒匀。

5 加水淀粉炒匀，装盘中，放上核桃仁即可。

烹饪时间 Time 3 分钟

茶树菇核桃仁小炒肉

难易度：★★☆　2人份

原料

水发茶树菇70克，猪瘦肉120克，彩椒50克，核桃仁30克，姜片、蒜末各少许

调料

盐2克，鸡粉2克，生抽4毫升，料酒5毫升，芝麻油2毫升，水淀粉7毫升，食用油适量

烹饪小提示

茶树菇比较吸油，炒制此菜时可适量多放点食用油。

肉末豆角

难易度：★★☆　　2人份

原料

肉末120克，豆角230克，彩椒80克，姜片、蒜末、葱段各少许

调料

食粉2克，盐2克，鸡粉2克，蚝油5克，水淀粉5毫升，生抽、料酒、食用油各适量

烹饪小提示

豆角焯水时间不宜过久，否则会影响其脆嫩的口感。

做法

1. 豆角洗净切段，焯水；彩椒洗净切丁。

2. 用油起锅，放肉末，快速炒松散，淋入料酒、生抽，翻炒匀。

3. 放姜片、蒜末、葱段、彩椒丁、豆角，翻炒均匀。

4. 加盐、鸡粉、蚝油，翻炒至食材入味，盛出即可。

口蘑炒火腿

难易度：★☆☆　2人份

原料

口蘑100克，火腿肠180克，青椒25克，姜片、蒜末、葱段各少许

调料

盐2克，鸡粉2克，生抽、料酒、水淀粉、食用油各适量

做法

1.洗净的口蘑切片；洗好的青椒切块；火腿肠去除外包装，切片。2.口蘑、青椒焯水。3.热锅注油，烧至四成热，倒入火腿肠，炸约半分钟，捞出。4.锅底留油，放入姜片、蒜末、葱段，倒入口蘑和青椒，放入火腿肠，加入料酒、生抽、盐、鸡粉，炒匀调味，倒入水淀粉，翻炒均匀，盛出，装入盘中即可。

西芹炒油渣

难易度：★☆☆　2人份

原料

猪肥肉200克，西芹120克，腰果35克，红椒10克

调料

盐、鸡粉各2克，水淀粉、食用油各适量

做法

1.洗好的西芹切段；洗净的红椒切块；洗好的猪肥肉切薄片。2.锅中注水烧开，倒入食用油，倒入西芹、红椒，煮约1分钟，捞出，沥干水分；腰果在油锅炸至金黄色，捞出。3.锅底留油烧热，倒入肥肉，炒至出油，盛出多余的油分，倒入焯过水的食材，加入盐、鸡粉，炒匀，倒入水淀粉勾芡，放入腰果，翻炒均匀，盛出炒好的菜肴即可。

荷兰豆炒猪肚

难易度：★★☆　2人份

原料

熟猪肚150克，荷兰豆100克，洋葱40克，彩椒35克，姜片、蒜末、葱段各少许

调料

盐3克，鸡粉2克，料酒10毫升，水淀粉5毫升，食用油适量

烹饪小提示

荷兰豆不宜焯煮过久，以免破坏其口感和营养。

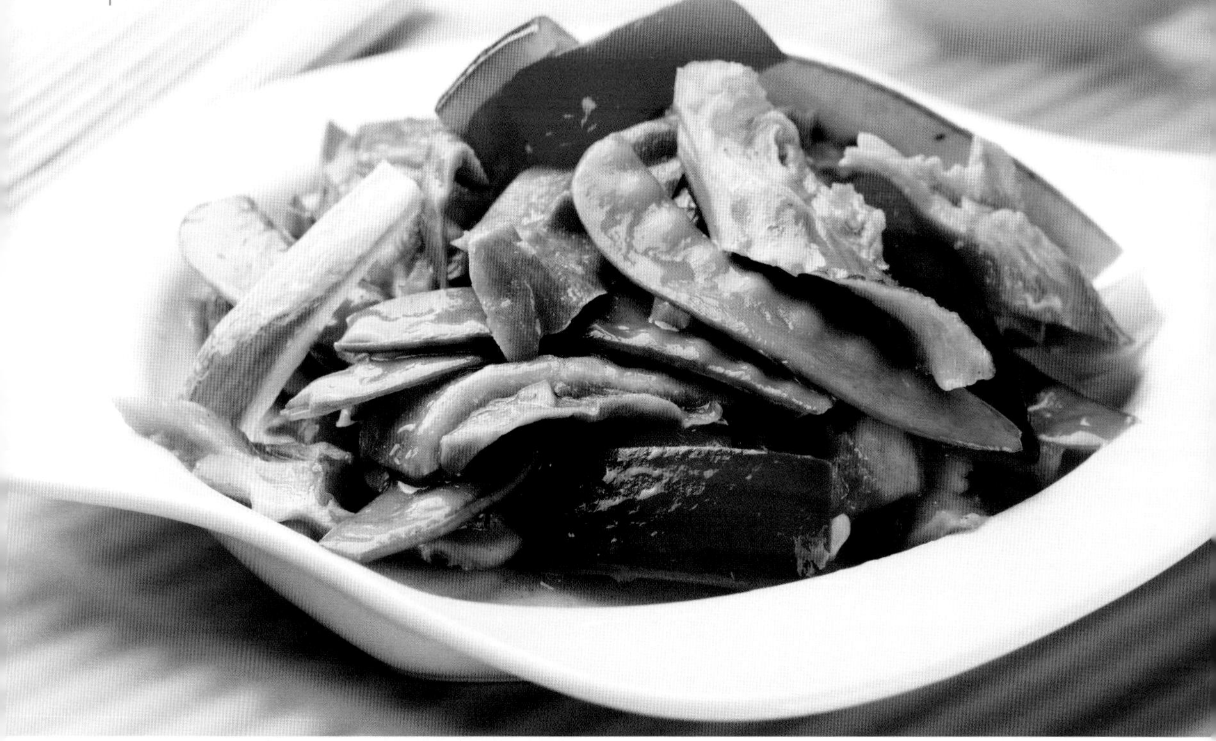

做法

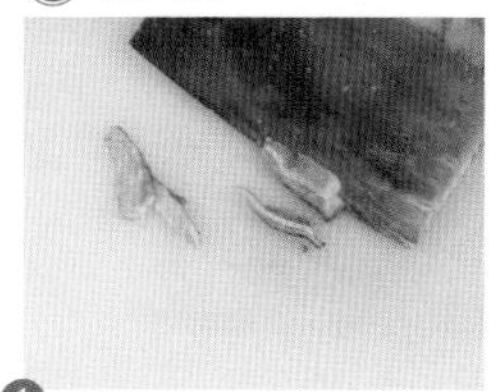

1. 洋葱洗净切条；洗净的彩椒去籽，切成块；熟猪肚切成片。

2. 荷兰豆、洋葱、彩椒焯水，捞出，沥干。

3. 用油起锅，放姜、蒜、葱、猪肚、料酒、生抽、荷兰豆炒匀。

4. 加洋葱、彩椒、鸡粉、盐、水淀粉，翻炒均匀，盛出即可。

丝瓜炒猪心

难易度：★★☆　2人份

烹饪时间 Time 2分钟

原料

丝瓜120克，猪心110克，胡萝卜片、姜片、蒜末、葱段各少许

调料

盐3克，鸡粉2克，蚝油5克，料酒4毫升，水淀粉、食用油各适量

做法

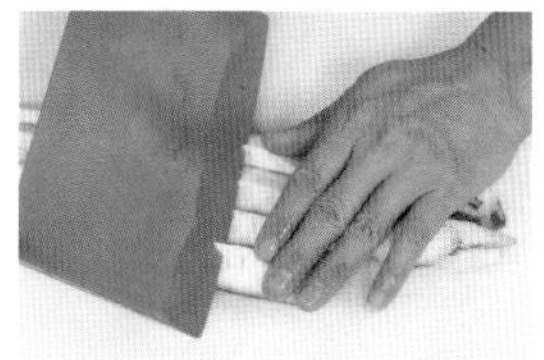

1 丝瓜洗净切块。

2 丝瓜洗净切块；猪心洗净切片，加盐、鸡粉、料酒、水淀粉腌渍。

3 丝瓜、猪心分别焯水，捞出。

4 用油起锅，放胡萝卜片、姜、蒜、葱、丝瓜、猪心、蚝油炒匀。

5 加鸡粉、盐、水淀粉，炒入味，盛入盘中即成。

烹饪小提示

丝瓜不宜直切，用斜刀切块，炒制时才更容易熟透。

烹饪时间 Time 5分钟

猪肝炒花菜

难易度：★★☆　2人份

原料

猪肝160克，花菜200克，胡萝卜片、姜片、蒜末、葱段各少许

调料

盐3克，鸡粉2克，生抽3毫升，料酒6毫升，水淀粉、食用油各适量

烹饪小提示

清洗猪肝时，加少许白醋，不仅能有效去除其表面黏液，还可防止滑刀。

做法

1 花菜洗净切小朵；猪肝洗净切片，加盐、鸡粉、料酒、油、腌渍。

2 花菜焯水后捞出。

3 用油起锅，放胡萝卜片、姜片、蒜末、葱段、猪肝，炒至松散。

4 放花菜、料酒、盐、鸡粉，淋入生抽，炒匀。

5 淋入水淀粉，翻炒均匀，关火后盛出炒好的菜肴，放在盘中即成。

做法

1 胡萝卜、青椒洗净切丝；猪肝洗净切丝，放盐、鸡粉、料酒、水淀粉、油，腌渍入味。

2 胡萝卜丝、青椒焯水。

3 用油起锅，放姜片、蒜末、葱段、猪肝、料酒，炒香。

4 放胡萝卜、青椒、盐、鸡粉、生抽、水淀粉。

5 将锅中食材快速拌炒均匀，盛出即可。

烹饪时间 Time 3 分钟

青椒炒肝丝

难易度：★★☆　2人份

原料

青椒80克，胡萝卜40克，猪肝100克，姜片、蒜末、葱段各少许

调料

盐3克，鸡粉3克，料酒5毫升，生抽2毫升，水淀粉、食用油各适量

烹饪小提示

切猪肝时要将猪肝的筋膜除去，否则不易嚼烂、消化。

菠菜炒猪肝

难易度：★☆☆　　2人份

烹饪时间 Time 2分钟

原料

菠菜200克，猪肝180克，红椒10克，姜片、蒜末、葱段各少许

调料

盐2克，鸡粉3克，料酒7毫升，水淀粉、食用油各适量

做法

1.洗净的菠菜切成段；洗好的红椒切小块；洗净的猪肝切片，放盐、鸡粉、料酒、水淀粉、食用油，腌渍入味。2.用油起锅，放入姜片、蒜末、葱段，放入红椒，倒入猪肝，淋入料酒，放入菠菜，炒至熟软。3.加入盐、鸡粉，炒匀调味，倒入水淀粉，拌炒均匀，盛出，装盘即可。

烹饪时间 Time 3分钟

芹菜炒猪皮

难易度：★★☆　　2人份

原料

芹菜70克，红椒30克，猪皮110克，姜片、蒜末、葱段各少许

调料

豆瓣酱6克，盐4克，鸡粉2克，白糖3克，老抽2毫升，生抽3毫升，料酒4毫升，水淀粉、食用油各适量

做法

1.猪皮、红椒洗净切丝；洗好的芹菜切小段。2.猪皮焯水。3.用油起锅，放入姜片、蒜末、葱段，倒入猪皮，淋入料酒，加入老抽、白糖、生抽，炒匀。4.倒入红椒、芹菜，翻炒至断生，注水，加入豆瓣酱、盐、鸡粉，翻炒至食材入味，倒入水淀粉勾芡，盛出即成。

韭黄炒腰花

难易度：★★☆　2人份

烹饪时间 Time 2分钟

原料

猪腰150克，韭黄150克，红椒20克，蒜末少许

调料

生抽6毫升，料酒10毫升，鸡粉3克，盐3克，水淀粉4毫升，生粉、油各适量

做法

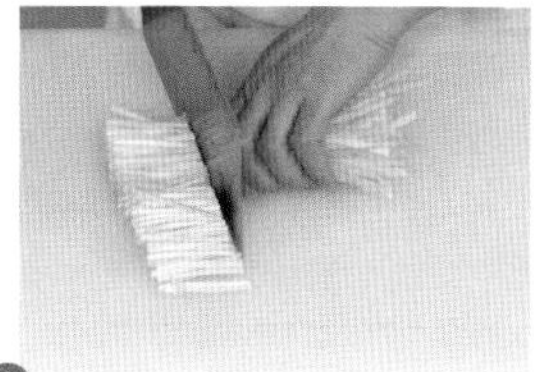

1 洗好的韭黄切长段；洗净的红椒切细丝。

2 猪腰洗净切条，加生抽、盐、鸡粉、料酒、生粉，拌匀腌渍。

3 猪腰焯水，捞出备用。

4 用油起锅，放蒜末、猪腰、料酒、生抽、韭黄、红椒、盐、鸡粉炒匀。

5 淋入水淀粉，翻炒入味，盛出即可。

烹饪小提示

烹制此菜的关键是要油量足，并用大火快炒。

韭菜炒猪血

难易度：★★☆　　2人份

原 料

韭菜150克，猪血200克，彩椒70克，姜片、蒜末各少许

调 料

盐4克，鸡粉2克，沙茶酱15克，水淀粉8毫升，食用油适量

烹饪小提示

韭菜含有的硫化物遇热易挥发，因此烹调韭菜时宜旺火快炒。

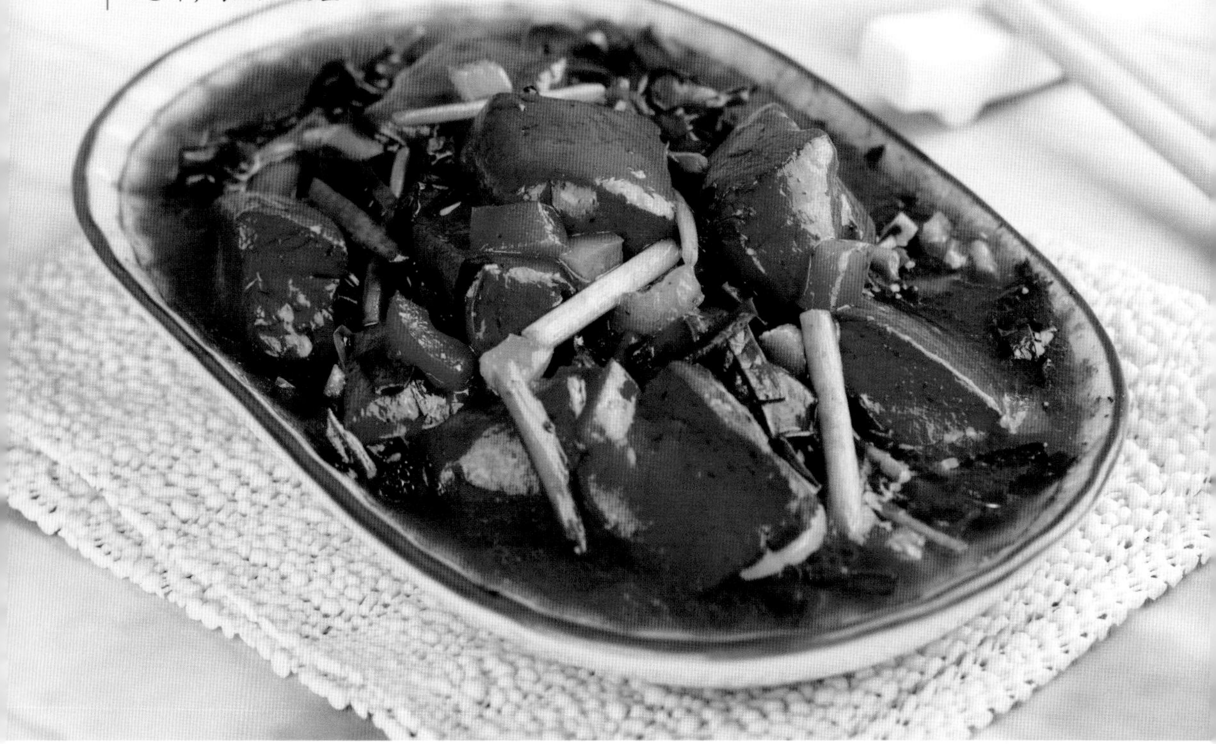

做 法

1. 洗净的韭菜切段；洗好的彩椒切粒；洗净的猪血切块，焯水。

2. 用油起锅，放姜片、蒜末、彩椒、韭菜段、沙茶酱，炒匀。

3. 倒入猪血，加入清水，翻炒匀，放入少许盐、鸡粉调味。

4. 淋入水淀粉，快速炒匀，盛入盘中即可。

做 法

1 彩椒洗净切块；羊肉洗净切片，加食粉、盐、鸡粉、生抽、水淀粉腌渍。

2 豌豆、彩椒、胡萝卜片焯水，捞出。

3 松仁炸香；羊肉滑油至变色，捞出。

4 锅底留油，放姜片、葱段、焯过水的食材、羊肉、料酒，炒匀。

5 加入鸡粉、盐、水淀粉，炒入味盛出即可。

烹饪时间 Time 3 分钟

松仁炒羊肉

难易度：★★☆　2人份

原 料

羊肉400克，彩椒60克，豌豆80克，松仁50克，胡萝卜片、姜片、葱段各少许

调 料

盐4克，鸡粉4克，食粉1克，生抽5毫升，料酒10毫升，水淀粉13毫升，食用油适量

烹饪小提示

羊肉滑油时要注意火候与时间，时间太长会影响口感。

山楂马蹄炒羊肉

烹饪时间 Time 2分钟

难易度：★★☆　　2人份

原料

羊肉150克，山楂35克，马蹄肉30克，姜片、蒜末、葱段各少许

调料

盐3克，鸡粉、白糖各少许，料酒6毫升，生抽7毫升，水淀粉、食用油各适量

做法

1.洗净的山楂去头尾，去核，切块；洗好的马蹄肉切片；洗净的羊肉切片，加盐、鸡粉、料酒、水淀粉、食用油，腌渍入味。2.山楂焯水；羊肉滑油。3.山楂切碎，用油起锅，放姜片、蒜末、葱段、马蹄片、羊肉片、盐、鸡粉、生抽、白糖、料酒、山楂末，炒熟即成。

韭菜炒羊肝

难易度：★★☆　　2人份

原料 韭菜120克，姜片20克，羊肝250克，红椒45克

调料 盐3克，鸡粉3克，生粉5克，料酒16毫升，生抽4毫升，食用油适量

做法

1.洗好的韭菜切段；洗净的红椒切条；处理干净的羊肝切片，放姜片、料酒、盐、鸡粉、生粉，腌渍入味。2.羊肝焯水。3.用油起锅，放羊肝、料酒、生抽，倒入韭菜、红椒、盐、鸡粉，炒熟即可。

尖椒炒羊肚

难易度：★★☆　2人份

原料

羊肚500克，青椒20克，红椒10克，胡萝卜50克，姜片、葱段、八角、桂皮各少许

调料

盐2克，鸡粉3克，胡椒粉、水淀粉、料酒、食用油各适量

做法

1 胡萝卜、红椒、青椒洗净切丝；羊肚焯水。

2 起将羊肚加葱段、八角、桂皮、料酒略煮。

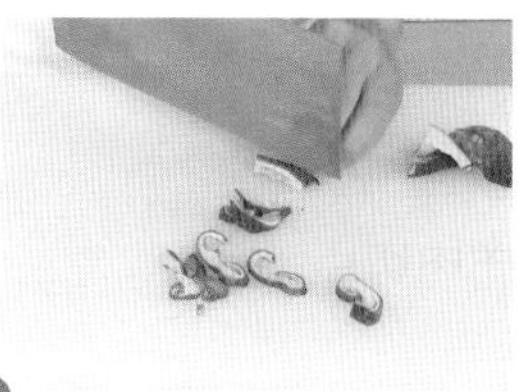

3 将羊肚捞出后切丝。

4 用油起锅，放入姜片、葱段，爆香，放胡萝卜、青椒、红椒、羊肚，翻炒均匀。

5 加料酒、盐、鸡粉、胡椒粉、水淀粉炒匀调味即可。

烹饪小提示

翻炒食材时锅如果有点干，可适当放些水，以免炒糊。

西葫芦炒肚片

难易度：★☆☆　　2人份

烹饪时间 Time 3分钟

原料

熟猪肚170克，西葫芦260克，彩椒30克，姜片、蒜末、葱段各少许

调料

盐2克，白糖2克，鸡粉2克，水淀粉5毫升，料酒3毫升，食用油适量

烹饪小提示

西葫芦切得厚薄均匀，这样菜肴的口感才好。

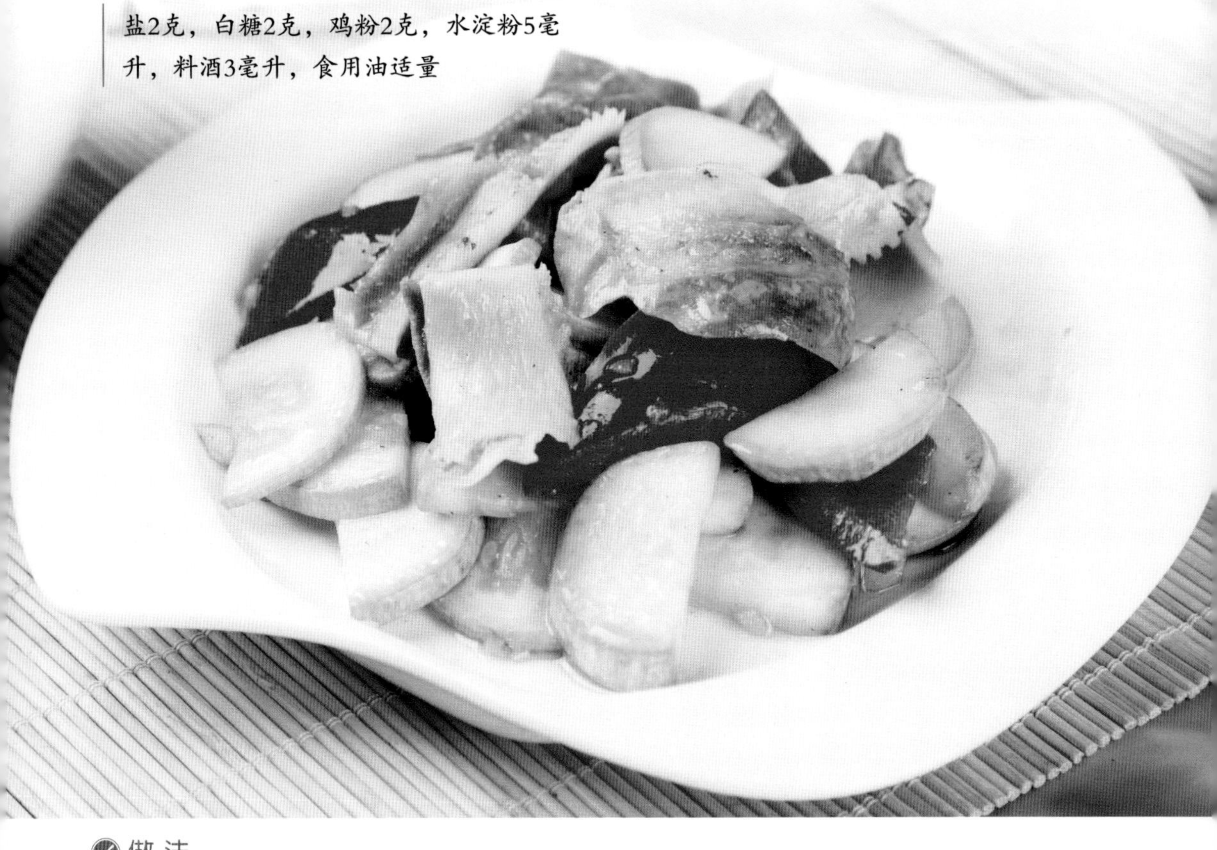

做法

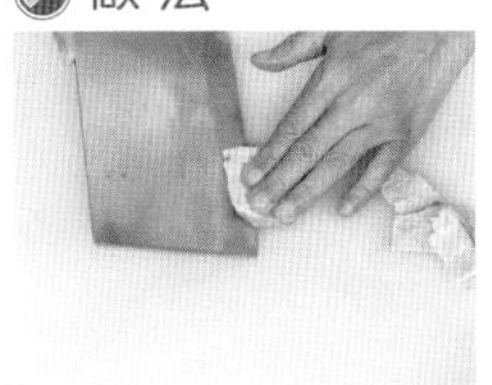

1. 洗净的西葫芦切片；洗好的彩椒切块；熟猪肚用斜刀切片。
2. 用油起锅，姜片、蒜末、葱段，爆香，倒入猪肚，炒匀。
3. 加料酒，炒匀，倒入彩椒，炒香，放入西葫芦，炒至变软。
4. 加入盐、白糖、鸡粉、水淀粉，炒匀入味，盛出即可。

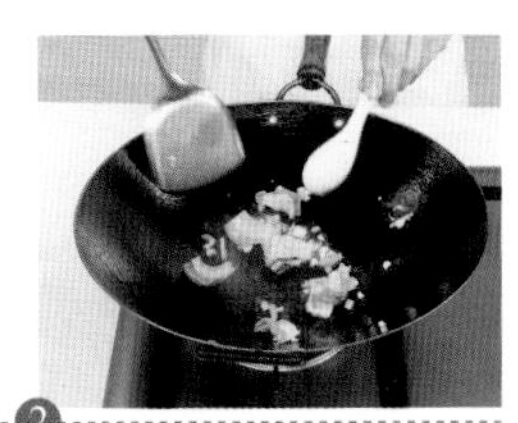

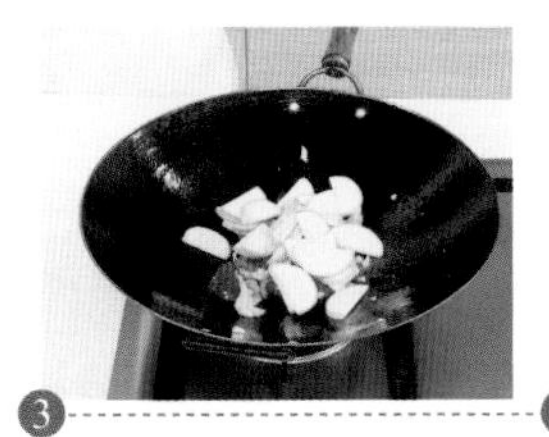

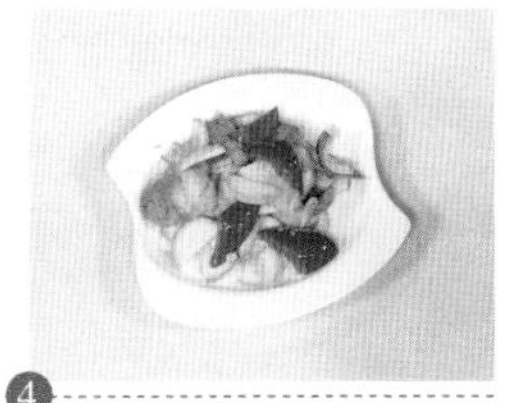

西芹白果炒肚条

难易度：★☆☆　2人份

烹饪时间 Time 3 分钟

原料

熟猪肚200克，西芹50克，白果20克，红椒10克

调料

盐、鸡粉、胡椒粉各2克，料酒、水淀粉各少许，食用油适量

做法

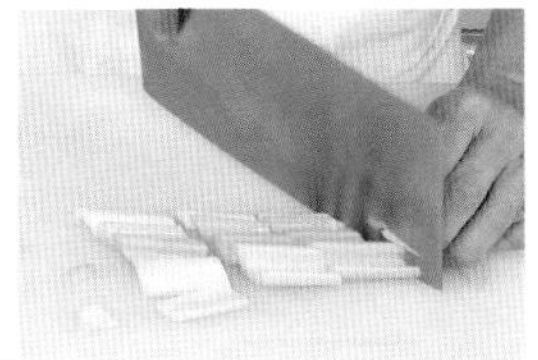

1 洗好的西芹用斜刀切成段；洗净的红椒切块。

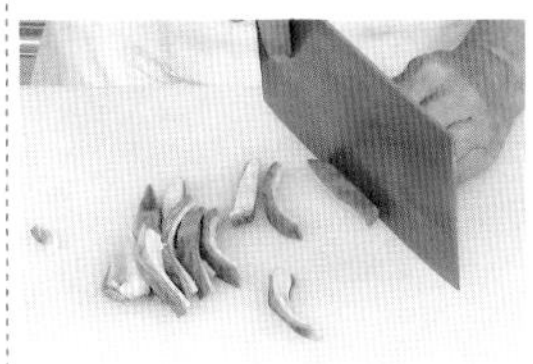

2 将熟猪肚切条。

3 白果、西芹、红椒焯水。

4 用油起锅，倒入猪肚，加入料酒，炒匀；倒入白果、西芹、红椒，炒至食材熟透。

5 加入盐、鸡粉、胡椒粉，炒匀，用水淀粉勾芡即可。

烹饪小提示

猪肚可以用粗盐反复搓洗，这样能有效去除黏液和污物。

鸡丁炒鲜贝

难易度：★★☆　2人份

原料

鸡胸肉180克，香干70克，干贝85克，青豆65克，胡萝卜75克，姜末、蒜末、葱段各少许

调料

盐5克，鸡粉3克，料酒4毫升，水淀粉、食用油各适量

做法

1.洗净的香干切丁；去皮洗好的胡萝卜切丁；将洗净的鸡胸肉切成丁，放盐、鸡粉、水淀粉、食用油，腌渍入味。2.青豆、香干、胡萝卜、干贝焯水。3.用油起锅，放入姜末、蒜末、葱段、鸡肉，淋入料酒，倒入焯过水的食材，加入盐、鸡粉，炒匀调味，盛出，装入盘中即成。

鸡丝豆腐干

难易度：★☆☆　2人份

原料

鸡胸肉150克，豆腐干120克，红椒30克，姜片、蒜末、葱段各少许

调料

盐2克，鸡粉3克，生抽2毫升，水淀粉、食用油各适量

做法

1.洗净的豆腐干切成条；洗好的红椒切成丝；洗好的鸡胸肉切成丝，放入盐、鸡粉、水淀粉、食用油，腌渍入味。2.香干在油锅中炸出香味，捞出。3.锅底留油，放入红椒、姜片、蒜末、葱段，倒入鸡肉丝，淋入料酒，倒入香干，拌炒匀，加入盐、鸡粉、生抽、水淀粉炒匀，盛出，装盘即可。

花菜炒鸡片

难易度：★★☆　2人份

原料

花菜200克，鸡胸肉180克，彩椒40克，姜片、蒜末、葱段各少许

调料

盐4克，鸡粉3克，料酒、蚝油、水淀粉、食用油各适量

烹饪小提示

鸡片滑油的时间不要太长，以免使其肉质变老。

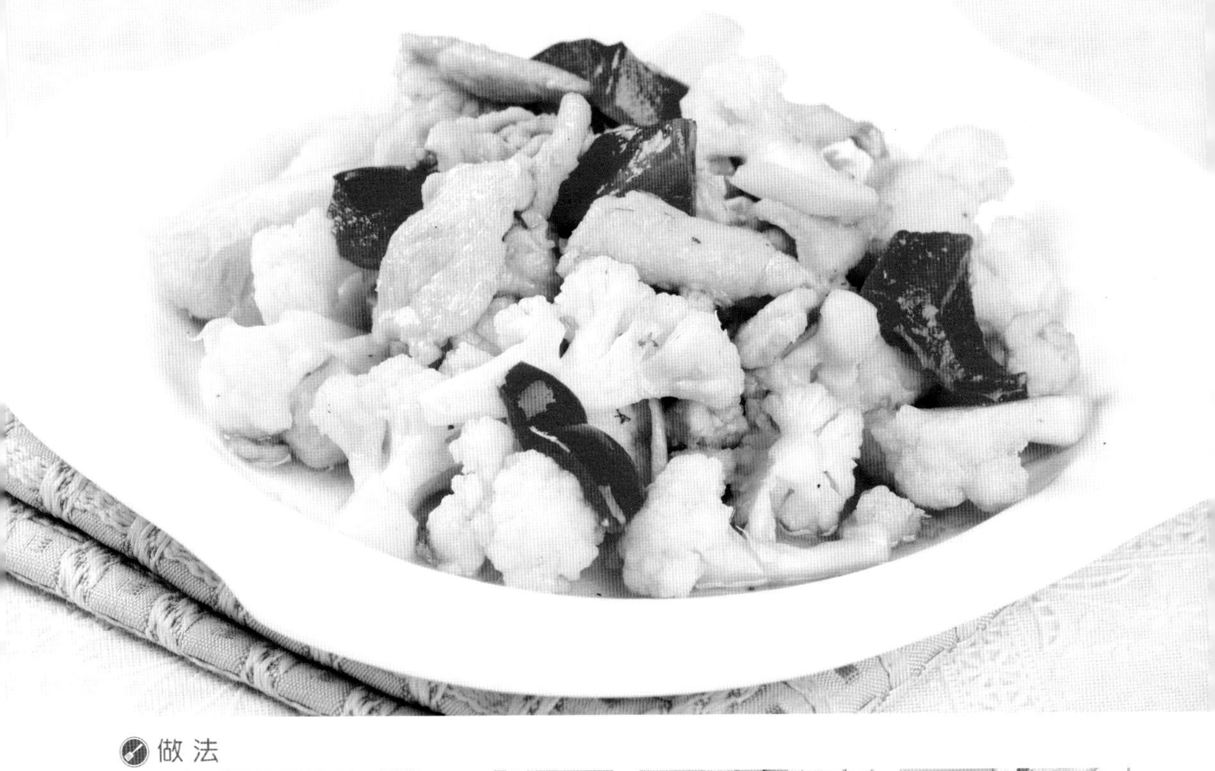

做法

1. 花菜、彩椒洗净切块；鸡胸肉洗净切片，加盐、鸡粉、水淀粉、油，腌渍。

2. 花菜、红椒焯水；鸡肉片滑油至变色，捞出备用。

3. 用油起锅，放姜、蒜、葱、花菜、红椒、鸡肉片、料酒炒匀。

4. 加盐、鸡粉、蚝油，炒匀调味；倒入水淀粉炒匀即成。

烹饪时间 Time 2分钟

鸡丁萝卜干

难易度：★★☆ 2人份

原料

鸡胸肉150克，萝卜干160克，红椒片30克，姜片、蒜末、葱段各少许

调料

盐3克，鸡粉2克，料酒5毫升，水淀粉、食用油各适量

烹饪小提示

萝卜干焯好后用凉开水清洗一下，不仅能洗去盐分，还能使其变得清爽脆口。

做法

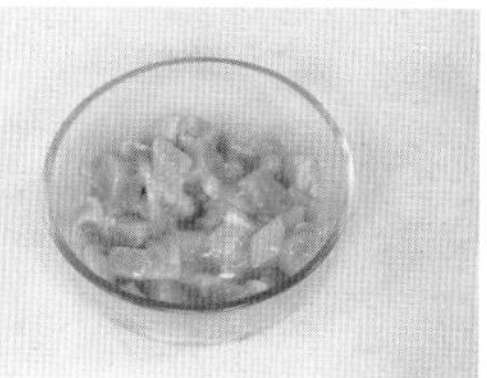

1 洗好的萝卜干切丁；洗净的鸡胸肉切丁，加盐、鸡粉、水淀粉、食用油，腌渍入味。

2 萝卜丁焯水，捞出。

3 用油起锅，放姜片、蒜末、葱段、鸡肉丁，翻炒至其转色。

4 加料酒、萝卜丁、红椒片，炒至熟透。

5 加盐、鸡粉，炒匀，关火后盛出即成。

做法

1 白萝卜、红椒洗净切丝；鸡胸肉洗净切丝，放鸡粉、盐、水淀粉、食用油，腌渍入味。

2 白萝卜、红椒焯水。

3 用油起锅，放姜丝、蒜末、鸡肉丝、料酒炒香。

4 放白萝卜、红椒、盐、鸡粉、生抽、枸杞，炒匀。

5 放入葱段，倒入水淀粉，将锅中食材快速炒匀，盛出即可。

烹饪时间 Time 3分钟

枸杞萝卜炒鸡丝

难易度：★★☆　2人份

原料

白萝卜120克，鸡胸肉100克，红椒30克，枸杞12克，姜丝、葱段、蒜末各少许

调料

盐4克，鸡粉3克，料酒、生抽、水淀粉、食用油各适量

烹饪小提示

炒白萝卜时，可以加入少许食醋，能使成品口感更鲜美，也利于消化吸收。

西蓝花炒鸡片

难易度：★★☆　 2人份

烹饪时间 Time 3分钟

原料

西蓝花200克，鸡胸肉100克，胡萝卜50克，姜片、蒜末、葱白各少许

调料

盐8克，鸡粉4克，料酒5毫升，水淀粉、食用油各适量

做法

1.西蓝花洗净切小朵；胡萝卜洗净切片；鸡胸肉洗净切片，加盐、鸡粉、水淀粉、食用油，腌渍。2.胡萝卜、西蓝花焯水，捞出。3.用油起锅，放胡萝卜片、姜片、蒜末、葱白、肉片、料酒、水、盐、鸡粉，炒匀。4.倒入水淀粉勾芡，取西蓝花摆盘，盛出锅中食材即成。

木耳炒鸡片

难易度：★☆☆　1人份

原料 木耳40克，鸡胸肉100克，彩椒40克，姜片、蒜末、葱段各少许

调料 盐3克，鸡粉3克，生抽、料酒、水淀粉、食用油各适量

做法

1.洗净的木耳、彩椒切块，焯水；洗净的鸡胸肉切片，加盐、鸡粉、水淀粉、食用油，腌渍入味，滑油。2.锅底留油，放姜片、蒜末、葱段、木耳、彩椒、鸡片、料酒、生抽、盐、鸡粉、水淀粉，炒熟即可。

白灵菇炒鸡丁

难易度：★★☆　2人份

烹饪时间 Time 2分钟

原料

白灵菇200克，彩椒60克，鸡胸肉230克，姜片、蒜末、葱段各少许

调料

盐4克，鸡粉4克，料酒5毫升，水淀粉12毫升，食用油适量

做法

1. 彩椒、白灵菇、鸡胸肉洗净切丁；鸡肉丁加盐、鸡粉、水淀粉、食用油，腌渍入味。

2. 白灵菇、彩椒焯水。

3. 鸡肉丁滑油，捞出；锅底留油，放姜片、蒜末、葱花，爆香。

4. 放彩椒、白灵菇、鸡肉丁、料酒、盐、鸡粉，炒匀调味。

5. 淋入水淀粉炒匀即可。

烹饪小提示

鸡丁滑油的时间不能太长，以免炒的时候变老。

黑椒苹果牛肉粒

烹饪时间 Time 6分钟

难易度：★★☆　2人份

原料

苹果120克，牛肉100克，芥蓝梗45克，洋葱30克，黑胡椒粒4克，姜片、蒜末、葱段各少许

调料

盐3克，鸡粉、食粉各少许，老抽2毫升，料酒、生抽各3毫升，水淀粉、食用油各适量

烹饪小提示

芥蓝梗的根部切上十字花刀，炒制时才更容易入味。

做法

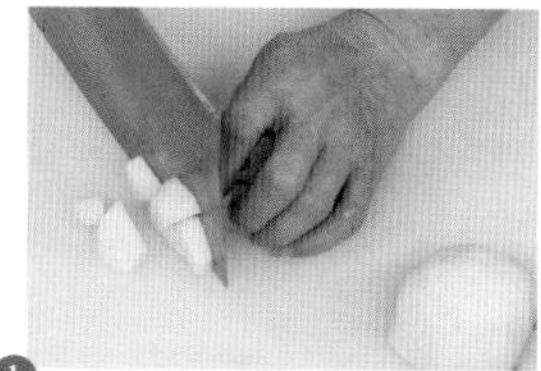

1 洋葱、苹果洗净去皮切块；芥蓝梗洗净切段。

2 牛肉洗净切丁，加盐、鸡粉、生抽、食粉、水淀粉、油，腌渍；芥蓝、苹果、牛肉焯水。

3 用油起锅，放姜片、蒜末、葱段、黑胡椒粒、洋葱丁，炒软。

4 放牛肉丁、料酒、生抽、老抽、芥兰梗、苹果丁炒熟。

5 加盐、鸡粉、水淀粉炒匀即成。

咖喱鸡丁炒南瓜

难易度：★☆☆　2人份

原料

南瓜300克，鸡胸肉100克，姜片、蒜末、葱段各少许

调料

咖喱粉10克，盐、鸡粉各2克，料酒4毫升，水淀粉、食用油各适量

烹饪小提示

咖喱粉很呛鼻，可事先用少许清水调匀后再使用。

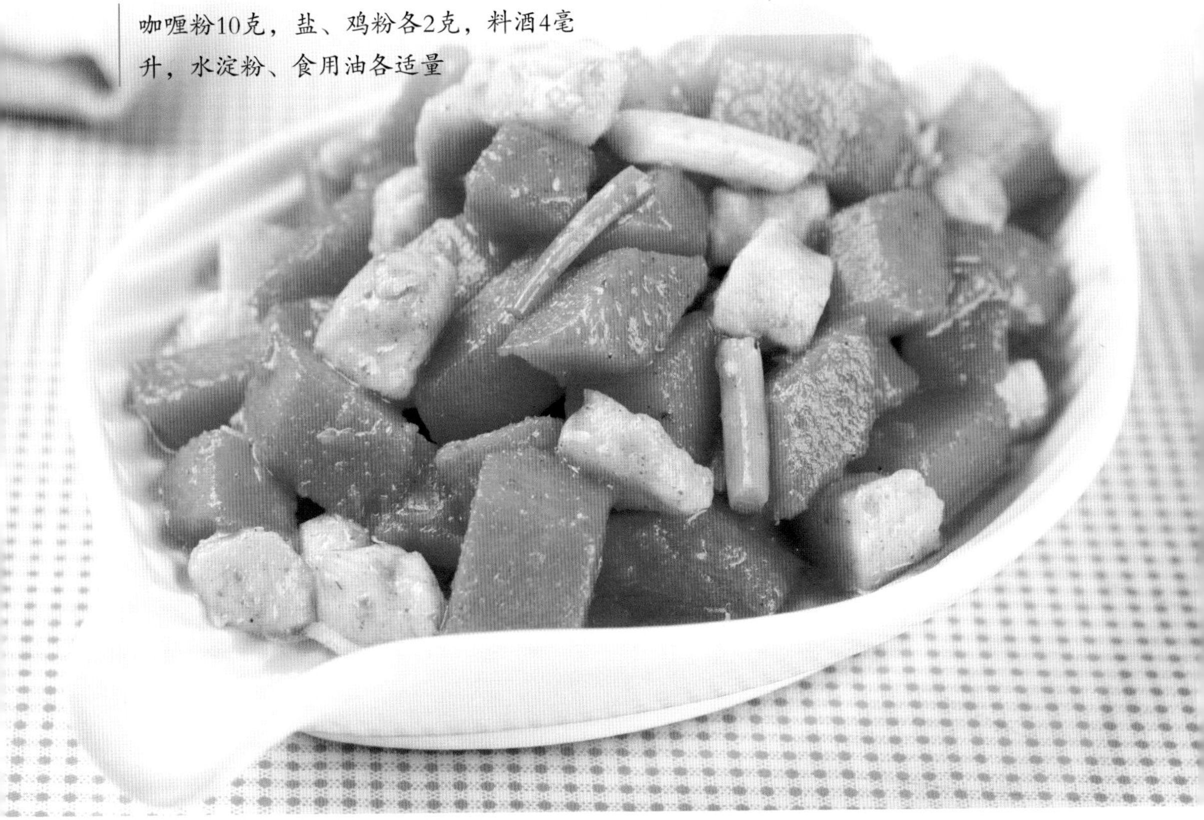

做法

1. 鸡胸肉洗净切丁，加鸡粉、盐、水淀粉、油，腌渍。

2. 南瓜洗净去皮，切丁炸香；用油起锅，放姜、蒜、鸡肉丁炒匀。

3. 加料酒、水、南瓜丁、咖喱粉，加鸡粉、盐，炒熟。

4. 用大火收汁，放水淀粉、葱段，炒熟盛出即成。

青椒炒鸡丝

难易度：★☆☆　2人份

原 料

鸡胸肉150克，青椒55克，红椒25克，姜丝、蒜末各少许

调 料

盐2克，鸡粉3克，豆瓣酱5克，料酒、水淀粉、食用油各适量

做 法

1.洗净的红椒、青椒切成丝；洗净的鸡胸肉切成丝，放入盐、鸡粉、水淀粉、食用油，腌渍入味。2.锅中注水烧开，加入食用油，放入红椒、青椒，煮至七成熟，捞出，装盘备用。3.用油起锅，放入姜丝、蒜末，倒入鸡肉丝，翻炒至变色，放入青椒、红椒，加入豆瓣酱、盐、鸡粉、料酒，炒匀，盛入碗中即可。

扁豆鸡丝

难易度：★☆☆　2人份

原 料

扁豆100克，鸡胸肉180克，红椒20克，姜片、蒜末、葱段各少许

调 料

料酒3毫升，盐、鸡粉、水淀粉、食用油各适量

做 法

1.择洗干净的扁豆切丝；洗好的红椒切成丝；洗净的鸡胸肉切成丝，放入盐、鸡粉、水淀粉、食用油，腌渍入味。2.扁豆丝、红椒丝焯水。3.用油起锅，倒入姜片、蒜末、葱段、鸡肉丝，炒至松散，淋入料酒，倒入扁豆和红椒，翻炒均匀。4.放入盐、鸡粉、水淀粉，将锅中食材翻炒均匀，盛出，装入盘中即可。

香菜炒鸡丝

难易度：★★☆　2人份

烹饪时间 Time 1分钟

原料

鸡胸肉400克，香菜120克，彩椒80克

调料

盐3克，鸡粉2克，水淀粉4毫升，料酒10毫升，食用油适量

做法

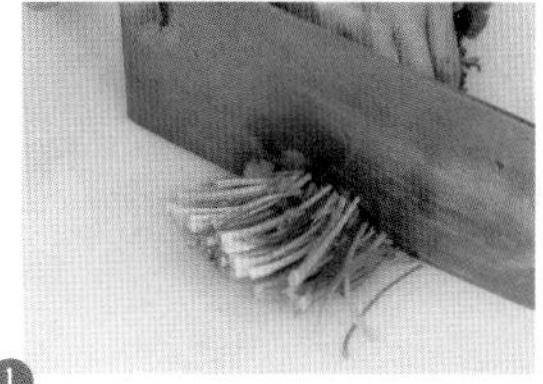

1 洗净的香菜去根、切段，洗好的彩椒切丝。

2 鸡胸肉洗净切丝，加盐、鸡粉、水淀粉、油，拌匀腌渍。

3 鸡肉丝滑油，捞出。

4 锅底留油，倒入彩椒丝，放鸡肉丝、料酒，加入鸡粉、盐，炒匀。

5 放入香菜，翻炒均匀，关火后盛出炒好的食材，装盘即可。

烹饪小提示

香菜入锅后，宜用大火快炒，若太熟会影响口感。

茄汁莲藕炒鸡丁

难易度：★★☆　　2人份

原料

西红柿100克，莲藕130克，鸡胸肉200克，蒜末、葱段各少许

调料

盐3克，鸡粉少许，水淀粉4毫升，白醋8毫升，番茄酱10克，白糖10克，料酒、食用油各适量

烹饪小提示

莲藕焯水时加入适量白醋，可以防止莲藕在炒制时变黑。

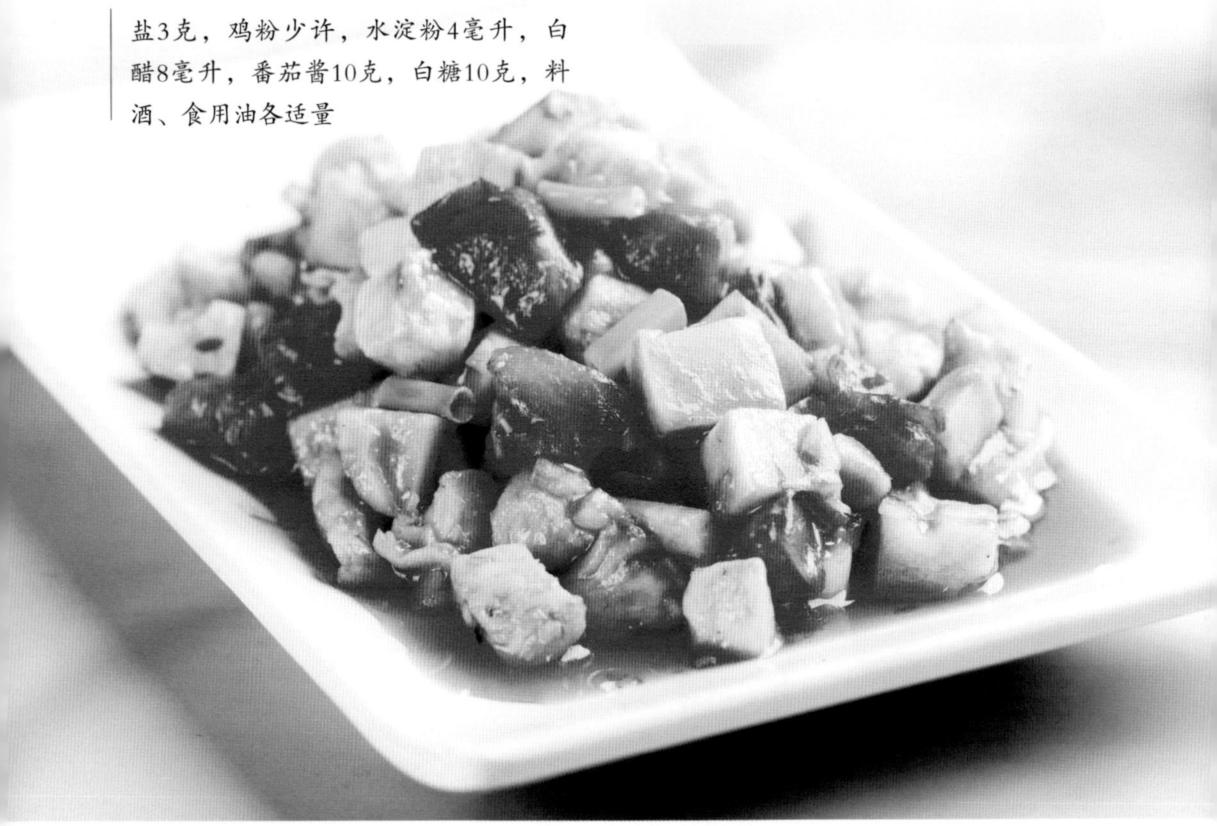

做法

1. 洗净去皮的莲藕切丁；洗好的西红柿切块，备用。

2. 鸡胸肉洗净切丁，加盐、鸡粉、水淀粉、油，腌渍；藕丁焯水。

3. 用油起锅，放入蒜末、葱段、鸡肉丁、料酒，略炒片刻。

4. 放入西红柿、莲藕、番茄酱、盐、白糖调味，盛出即可。

茭白鸡丁

难易度：★☆☆　3人份

原料

鸡胸肉250克，茭白100克，黄瓜100克，胡萝卜90克，圆椒50克，蒜末、姜片、葱段各少许

调料

盐3克，鸡粉3克，水淀粉9毫升，料酒8毫升，食用油适量

做法

1.洗净去皮的胡萝卜、茭白切丁；洗好的黄瓜切丁；洗好的圆椒切块；洗好的鸡胸肉切丁，放入盐、鸡粉、水淀粉、食用油，腌渍。2.胡萝卜、茭白、鸡丁分别焯水。3.用油起锅，放入姜片、蒜末、葱段、鸡肉丁，淋入料酒，倒入黄瓜丁、胡萝卜、茭白、圆椒，翻炒匀，加入盐、鸡粉，淋入水淀粉，快速炒匀，盛出即可。

豌豆苗炒鸡片

难易度：★☆☆　2人份

原料

豌豆苗200克，鸡胸肉200克，彩椒40克，蒜末、葱段各少许

调料

盐3克，鸡粉3克，水淀粉9毫升，食用油适量

做法

1.洗净的彩椒切块；洗好的鸡胸肉切片，加盐、鸡粉、水淀粉、食用油，腌渍入味。2.鸡肉片焯水。3.用油起锅，倒入蒜末、葱段、彩椒、鸡肉片，翻炒均匀，倒入洗好的豌豆苗，炒至全部食材熟软。4.加入盐、鸡粉，炒匀调味，倒入适量水淀粉，快速翻炒均匀，盛出，装入盘中即可。

小炒鸡爪

难易度：★★☆　　2人份

原料

鸡爪200克，蒜苗90克，青椒70克，红椒50克，姜片、葱段各少许

调料

料酒16毫升，豆瓣酱15克，生抽5毫升，老抽3毫升，辣椒油5毫升，水淀粉5毫升，鸡粉2克，盐、食用油各适量

烹饪小提示

蒜苗不宜烹制得过烂，以免辣素被破坏，杀菌作用降低。

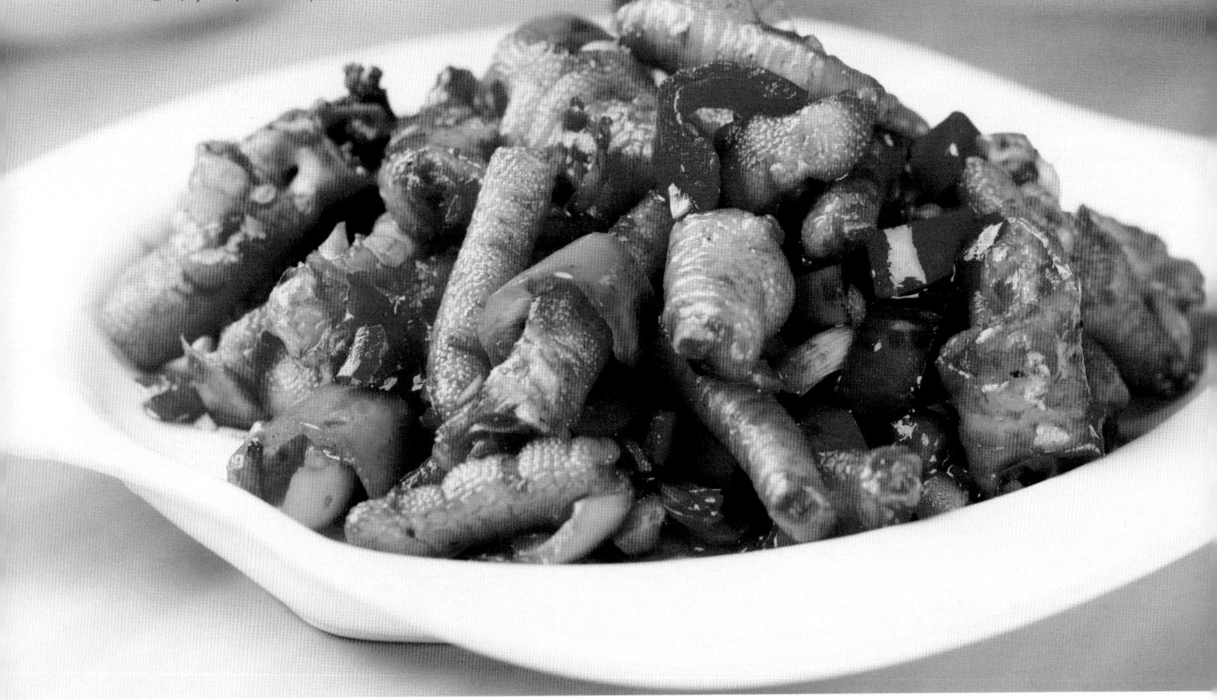

做法

1. 青椒、蒜苗洗净切段，红椒洗净切块，鸡爪洗净切块，焯水。

2. 用油起锅，放姜片、葱段、鸡爪、料酒、豆瓣酱、生抽、老抽炒匀。

3. 加入清水，淋入辣椒油，炒至食材入味，放鸡粉、盐炒匀。

4. 倒入青椒、红椒、蒜苗、水淀粉，翻炒匀，盛出即可。

烹饪时间 Time 2分钟

尖椒炒鸡心

难易度：★★☆ 2人份

原料

鸡心100克，青椒60克，红椒25克，姜片、蒜末、葱段各少许

调料

豆瓣酱5克，盐3克，鸡粉2克，料酒、生抽各4毫升，水淀粉、食用油各适量

做法

1 青椒、红椒洗净切块；鸡心洗净切块，加盐、鸡粉、料酒、水淀粉，腌渍。

2 青椒、红椒、鸡心焯水。

3 用油起锅，放入姜片、蒜末、葱段，爆香。

4 放鸡心、料酒、豆瓣酱、生抽，炒香。

5 倒入红椒和青椒，加盐、鸡粉、水淀粉，炒匀，盛出即成。

烹饪小提示

青椒、红椒焯煮时间不可过长，以免营养物质流失过多。

胡萝卜炒鸡肝

难易度：★★☆　　2人份

烹饪时间 Time 2分钟

原料

鸡肝200克，胡萝卜70克，芹菜65克，姜片、蒜末、葱段各少许

调料

盐3克，鸡粉3克，料酒8毫升，水淀粉3毫升，食用油适量

烹饪小提示

切鸡肝前，可将其用冷水浸泡再清洗干净，以溶解鸡肝中可溶的有毒物质。

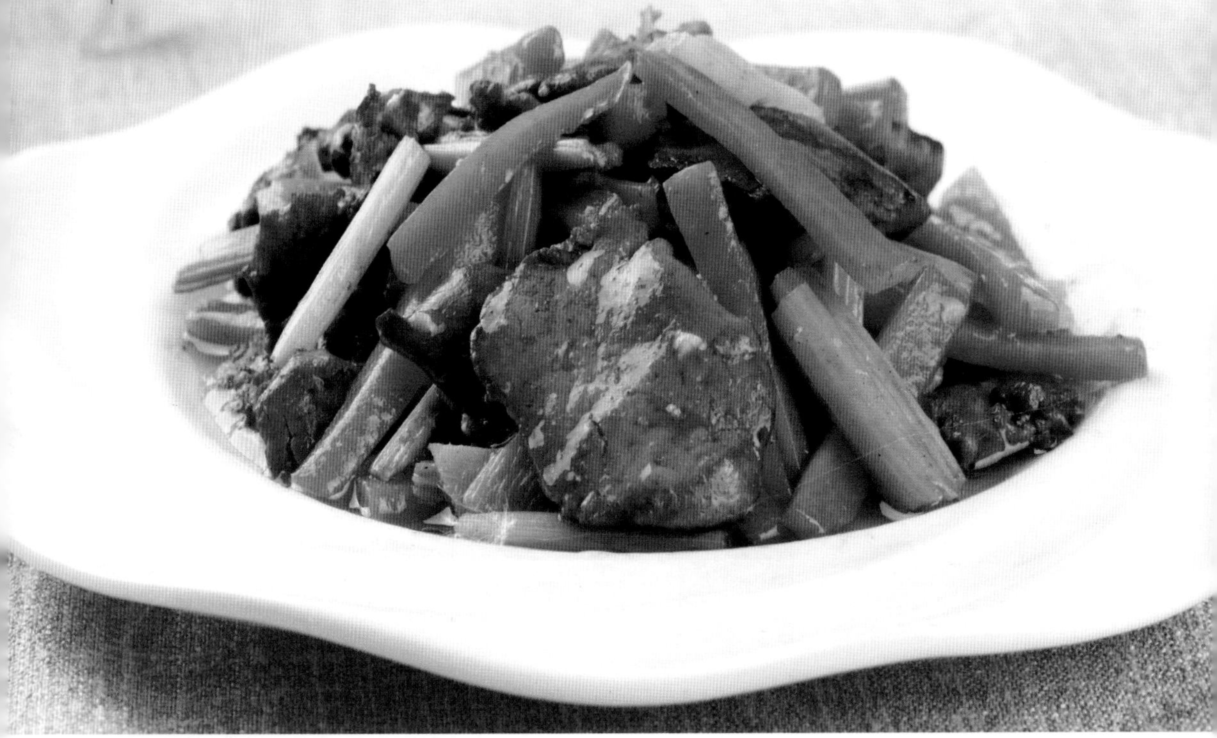

做法

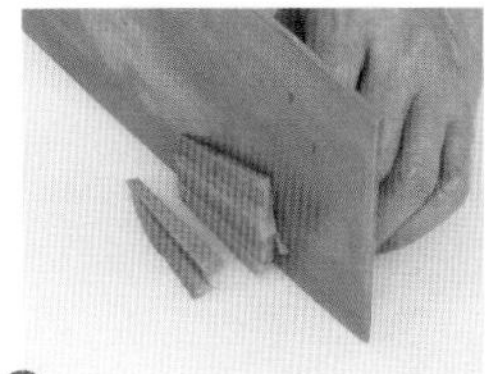

1. 芹菜洗净切段；胡萝卜洗净切条，焯水。

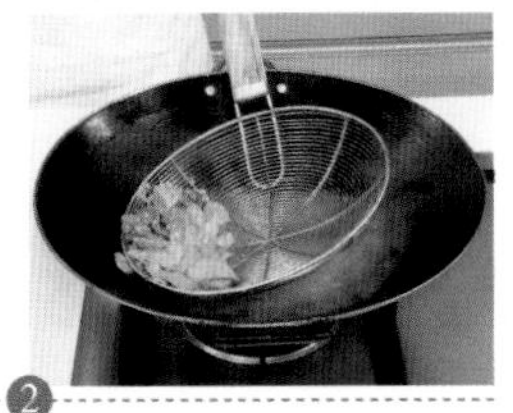

2. 鸡肝洗净切片，放盐、鸡粉、料酒，腌渍，焯水。

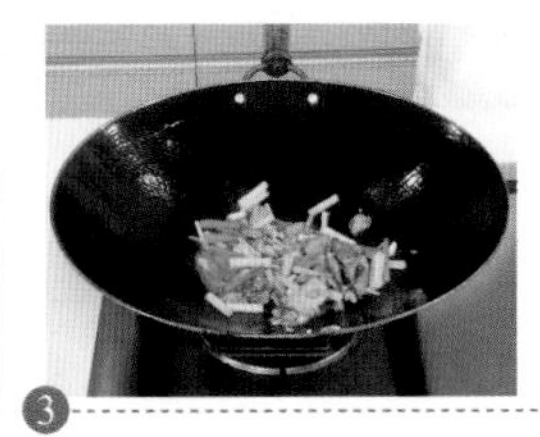

3. 用油起锅，放姜、蒜、葱、鸡肝片、料酒、胡萝卜、芹菜炒匀。

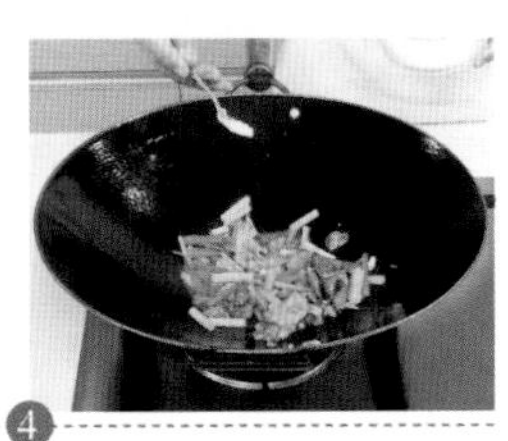

4. 加盐、鸡粉，炒匀调味，倒入水淀粉，勾芡，盛出即可。

爽脆鸡胗

难易度：★★☆　　2人份

原 料

鸡胗120克，大葱50克，芹菜45克，红椒40克，香菜10克，蒜末少许

调 料

盐4克，鸡粉5克，料酒12毫升，生抽9毫升，生粉5克，辣椒油5毫升，花椒粉2克，水淀粉5毫升，食用油适量

做 法

1.洗净的芹菜、香菜切段；洗净的红椒、大葱切丝；鸡胗洗净切片，加盐、鸡粉、生抽、料酒、生粉，腌渍，焯水。2.用油起锅，放入蒜末、鸡胗、料酒，加入盐、鸡粉、生抽、芹菜、红椒、辣椒油、花椒粉，炒匀。3.倒入水淀粉勾芡，放入大葱、香菜，炒匀即可。

胡萝卜豌豆炒鸭丁

烹饪时间 Time 2 分钟

难易度：★☆☆　　3人份

原 料 鸭肉300克，豌豆120克，胡萝卜60克，圆椒20克，彩椒20克，葱姜蒜少许

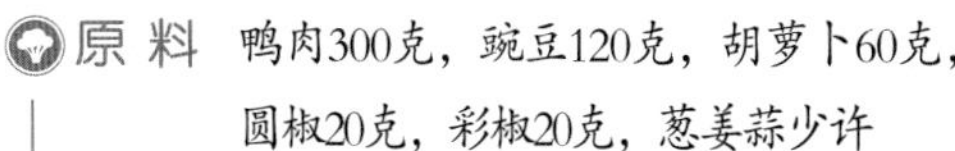

调 料 盐、白糖3克，胡椒粉、鸡粉2克，生抽、料酒、水淀粉、食用油适量

做 法

1.胡萝卜、圆椒、彩椒洗净切丁；鸭肉洗净切丁，加盐、生抽、料酒、水淀粉、油腌渍。2.胡萝卜、豌豆、彩椒、圆椒焯水。3.用油起锅，放姜、葱、鸭肉、蒜、料酒、焯过水的食材，炒匀。4.加盐、白糖、鸡粉、胡椒粉、水淀粉，炒熟即可。

滑炒鸭丝

烹饪时间 Time 2分钟

难易度：★★☆　2人份

原料

鸭肉160克，彩椒60克，香菜梗、姜末、蒜末、葱段各少许

调料

盐3克，鸡粉1克，生抽4毫升，料酒4毫升，水淀粉、食用油各适量

烹饪小提示

炒制鸭肉时，加入少许陈皮，不仅能有效去除鸭肉的腥味，而且还能为菜品增香。

做法

1 彩椒洗净切条；香菜梗洗净切段；鸭肉洗净切丝，加生抽、料酒、盐、鸡粉、水淀粉、食用油，腌渍入味。

2 用油起锅，下蒜末、姜末、葱段，爆香。

3 放鸭肉丝、料酒、生抽，炒匀。

4 下彩椒、盐、鸡粉、水淀粉炒匀。

5 放入香菜段，炒匀，将炒好的菜盛出，装入盘中即可。

蒜薹炒鸭片

难易度：★★☆　　2人份

原料

蒜薹120克，彩椒30克，鸭肉150克，姜片、葱段各少许

调料

盐2克，鸡粉2克，白糖2克，生抽6毫升，料酒8毫升，水淀粉9毫升，食用油适量

烹饪小提示

鸭肉腥味较重，可以适量多加一些料酒去腥。

做法

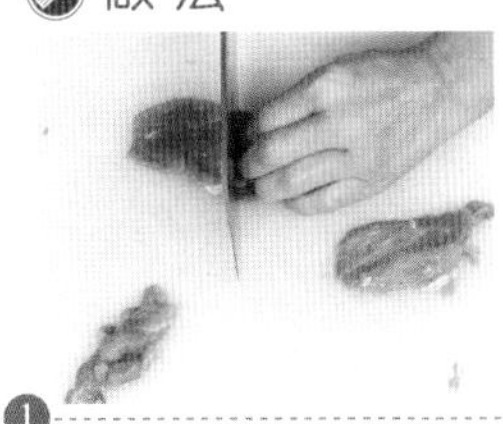

1. 蒜薹洗净切段，彩椒洗净切条；鸭肉洗净去皮，切块。

2. 鸭肉加生抽、料酒、水淀粉、食用油，腌渍入味。

3. 蒜薹、彩椒焯水；用油起锅，放姜片、葱段、鸭肉、料酒，炒香。

4. 倒入焯好的食材，加盐、白糖、鸡粉、生抽、水淀粉，炒熟即可。

菠萝炒鸭丁

难易度：★★☆　　2人份

烹饪时间 Time 4 分钟

原 料

鸭肉200克，菠萝肉180克，彩椒50克，姜片、蒜末、葱段各少许

调 料

盐4克，鸡粉2克，蚝油5克，料酒6毫升，生抽8毫升，水淀粉、食用油各适量

烹饪小提示

鸭肉的腥味较重，腌渍时调味品的用量可以适当多一些，以去除其异味。

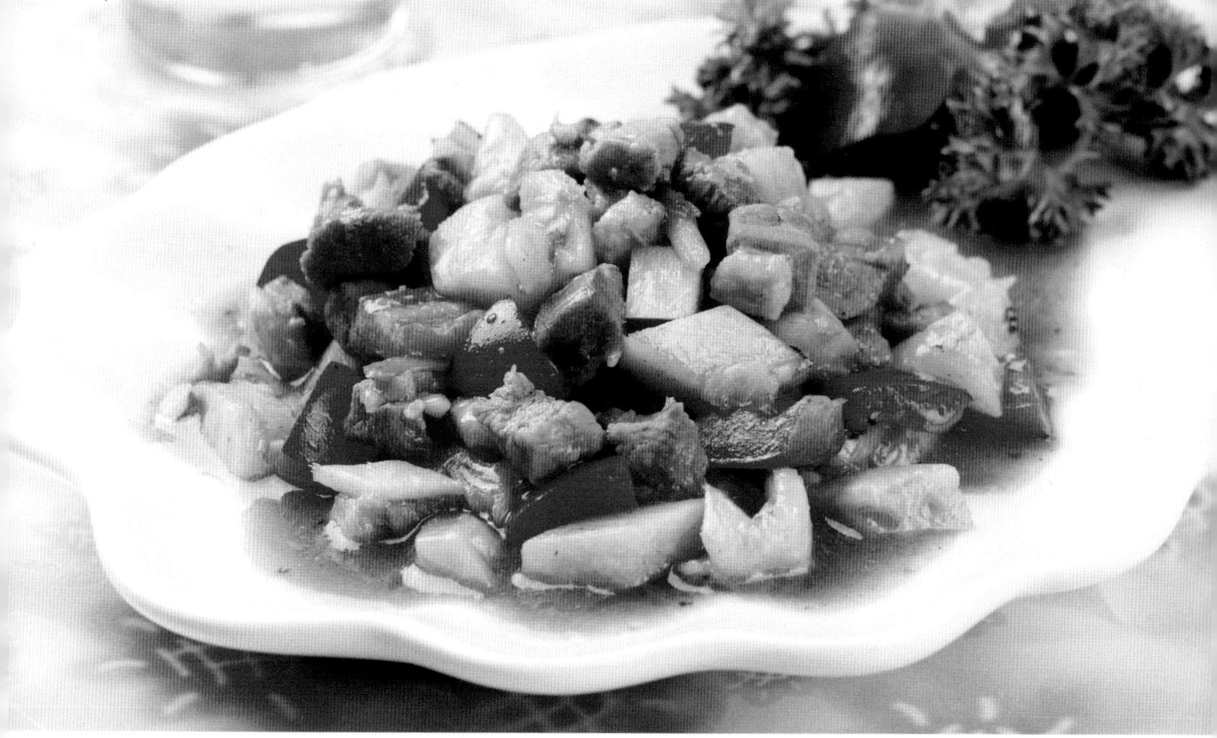

做 法

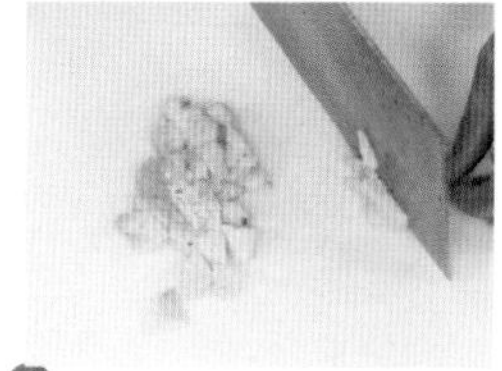

① 菠萝肉切成丁；洗净的彩椒切小块，分别焯水。

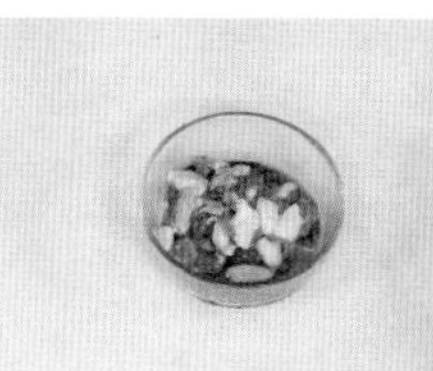

② 鸭肉洗净切块，加生抽、料酒、盐、鸡粉、水淀粉、油，腌渍。

③ 用油起锅，放姜、蒜、葱、鸭肉块、料酒、焯煮好的食材翻炒。

④ 加蚝油、生抽、盐、鸡粉、水淀粉，炒匀即成。

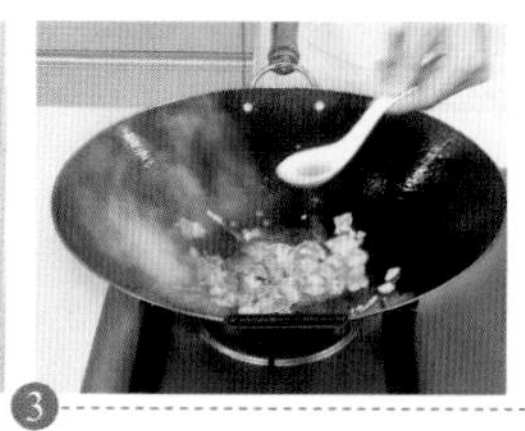

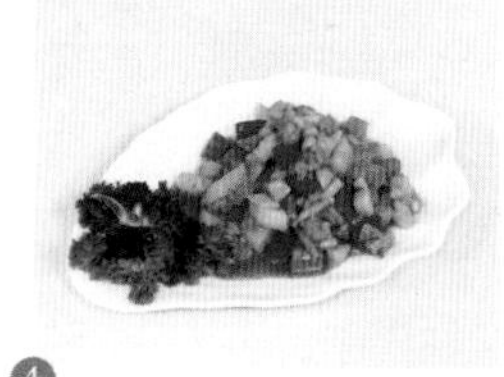

彩椒炒鸭肠

难易度：★☆☆　1人份

原料

鸭肠70克，彩椒90克，姜片、蒜末、葱段各少许

调料

豆瓣酱5克，盐3克，鸡粉2克，生抽3毫升，料酒5毫升，水淀粉、食用油各适量

做法

1.洗净的彩椒切粗丝；洗好的鸭肠切段，加盐、鸡粉、料酒、水淀粉，搅匀，腌渍入味。2.鸭肠焯水，捞出沥干。3.用油起锅，放入姜片、蒜末、葱段、鸭肠，翻炒匀，淋入料酒，加入生抽，倒入彩椒丝，炒至断生，注入少许清水，加入鸡粉、盐、豆瓣酱，翻炒至食材入味。4.倒入水淀粉勾芡，盛出即成。

玉米炒鸭丁

难易度：★☆☆　2人份

原料

鸭肉150克，玉米粒200克，胡萝卜40克，彩椒、圆椒、蒜末、姜片各适量

调料

盐、白糖3克，生抽4毫升，料酒10毫升，水淀粉8毫升，鸡粉、胡椒粉2克，油适量

做法

1.洗净去皮的胡萝卜切丁；洗好的圆椒、彩椒切成丁；鸭肉切成丁，加入盐、生抽、料酒、水淀粉、食用油，腌渍入味。2.胡萝卜、玉米粒、彩椒、圆椒焯水。3.用油起锅，倒入姜片、鸭肉，炒至变色，放入蒜末，倒入焯过水的食材，翻炒至变软。4.加入盐、鸡粉、白糖、胡椒粉、水淀粉，炒入味，盛出即可。

彩椒黄瓜炒鸭肉

难易度：★☆☆　　2人份

原 料

鸭肉180克，黄瓜90克，彩椒30克，姜片、葱段各少许

调 料

生抽5毫升，盐2克，鸡粉2克，水淀粉8毫升，料酒、食用油各适量

烹饪小提示

鸭肉油脂含量较少，因此炒制时间不要过久，以免影响口感。

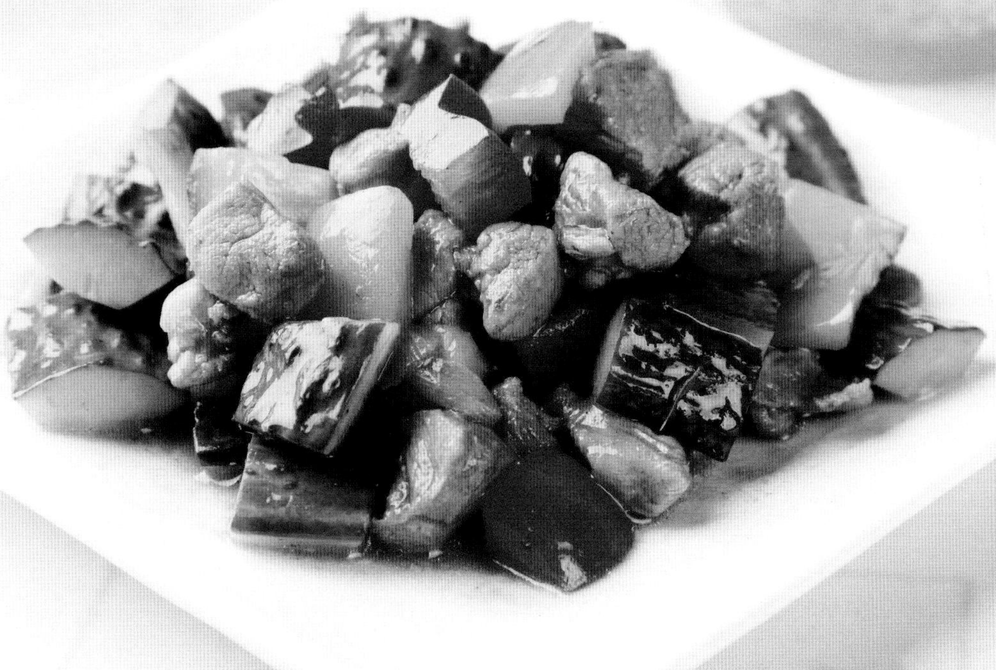

做 法

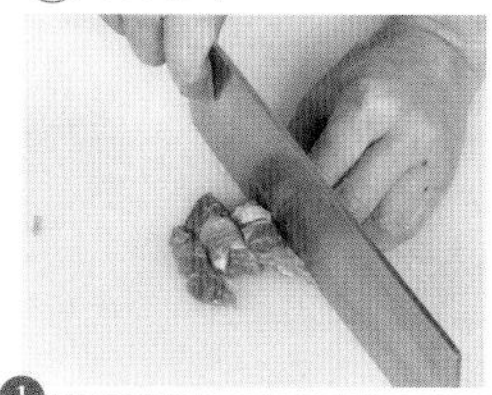

1. 洗净的彩椒、黄瓜切块；处理干净的鸭肉去皮，切成丁。

2. 将鸭肉装入碗中，淋入生抽、料酒，加入水淀粉，腌渍入味。

3. 用油起锅，放姜片、葱段、鸭肉、料酒，炒香，翻炒均匀。

4. 放彩椒、黄瓜、盐、鸡粉、生抽、水淀粉，炒入味即成。

做法

1 蒜薹洗净切段；红椒洗净切丝；鸭胗洗净切花刀，切片，加生抽、盐、鸡粉、食粉、水淀粉、料酒，腌渍入味。

2 蒜薹焯水，捞出。

3 鸭胗焯水，捞出。

4 用油起锅，放红椒丝、姜片、葱段、鸭胗、生抽、料酒、蒜薹、盐、鸡粉炒匀。

5 倒入水淀粉，炒入味，盛出即可。

烹饪时间 Time 2分钟

蒜薹炒鸭胗

难易度：★★☆　2人份

原料

蒜薹120克，鸭胗230克，红椒5克，姜片、葱段各少许

调料

盐4克，鸡粉3克，生抽7毫升，料酒7毫升，食粉、水淀粉、食用油各适量

烹饪小提示

炒鸭胗时宜用大火快炒，这样炒出的鸭胗口感更佳。

烹饪时间 Time 3 分钟

洋葱炒鸭胗

难易度：★☆☆　　2人份

原 料

鸭胗170克，洋葱80克，彩椒60克，姜片、蒜末、葱段各少许

调 料

盐3克，鸡粉3克，料酒5毫升，蚝油5克，生粉、水淀粉、食用油各适量

做 法

1.洗净的彩椒、洋葱切小块；洗净的鸭胗切小块，加入料酒、盐、鸡粉、生粉，拌匀，腌渍约10分钟。2.鸭胗焯水，捞出。3.用油起锅，倒入姜片、蒜末、葱段、鸭胗、料酒、洋葱、彩椒，炒至熟软。4..加盐、鸡粉、蚝油、水、水淀粉，拌炒至食材完全入味，盛出即可。

烹饪时间 Time 2 分钟

榨菜炒鸭胗

难易度：★☆☆　　2人份

原 料

榨菜200克，鸭胗150克，红椒10克，姜片、蒜末各少许

调 料

盐、鸡粉各2克，白糖3克，蚝油4克，料酒5毫升，水淀粉、食粉、油适量

做 法

1.鸭胗、榨菜洗净切片；红椒洗净切圈。2.鸭胗加食粉、盐、鸡粉、水淀粉、食用油，腌渍；榨菜焯水。3.用油起锅，放姜片、蒜末、鸭胗、料酒、榨菜、红椒圈、盐、鸡粉、白糖、蚝油、水淀粉炒熟即成。

做法

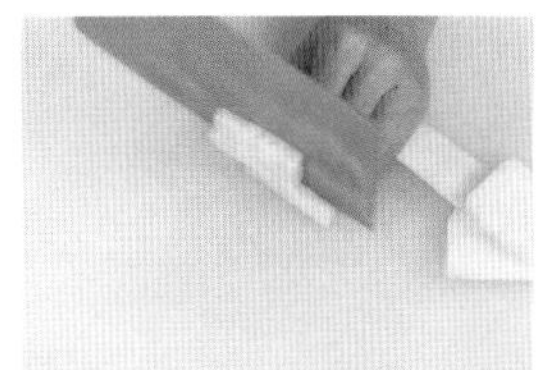

1 酸萝卜、彩椒洗净切条；鸭心洗净切片。

2 鸭心加盐、料酒、水淀粉，腌渍入味；酸萝卜、彩椒焯水。

3 用油起锅，倒入鸭心炒匀；淋入少许料酒，炒匀，放入葱段，炒香。

4 倒入焯过水的材料、白糖、鸡粉炒匀。

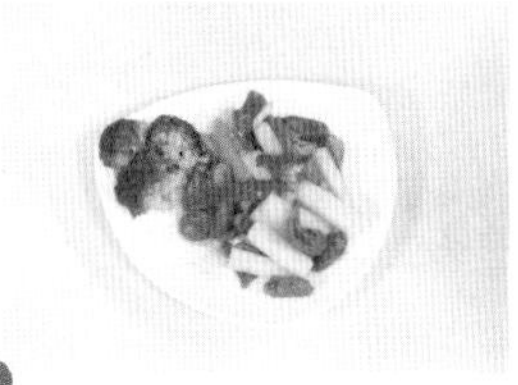

5 关火后盛出炒好的菜肴，摆好盘即可。

烹饪时间 Time 3分钟

酸萝卜炒鸭心

难易度：★★☆　2人份

原料

鸭心180克，酸萝卜200克，彩椒20克，葱段少许

调料

盐、鸡粉、白糖各2克，料酒、水淀粉各少许，食用油适量

烹饪小提示

鸭心可用牛奶浸泡一会儿再炒，能使其更鲜嫩。

鸭胗炒上海青

难易度：★★☆　　2人份

烹饪时间 Time 2分钟

原料

卤鸭胗120克，上海青150克

调料

盐、鸡粉各2克，水淀粉、料酒各少许，食用油适量

烹饪小提示

焯煮上海青时，加入少许食用油和盐，能使其更加翠绿。

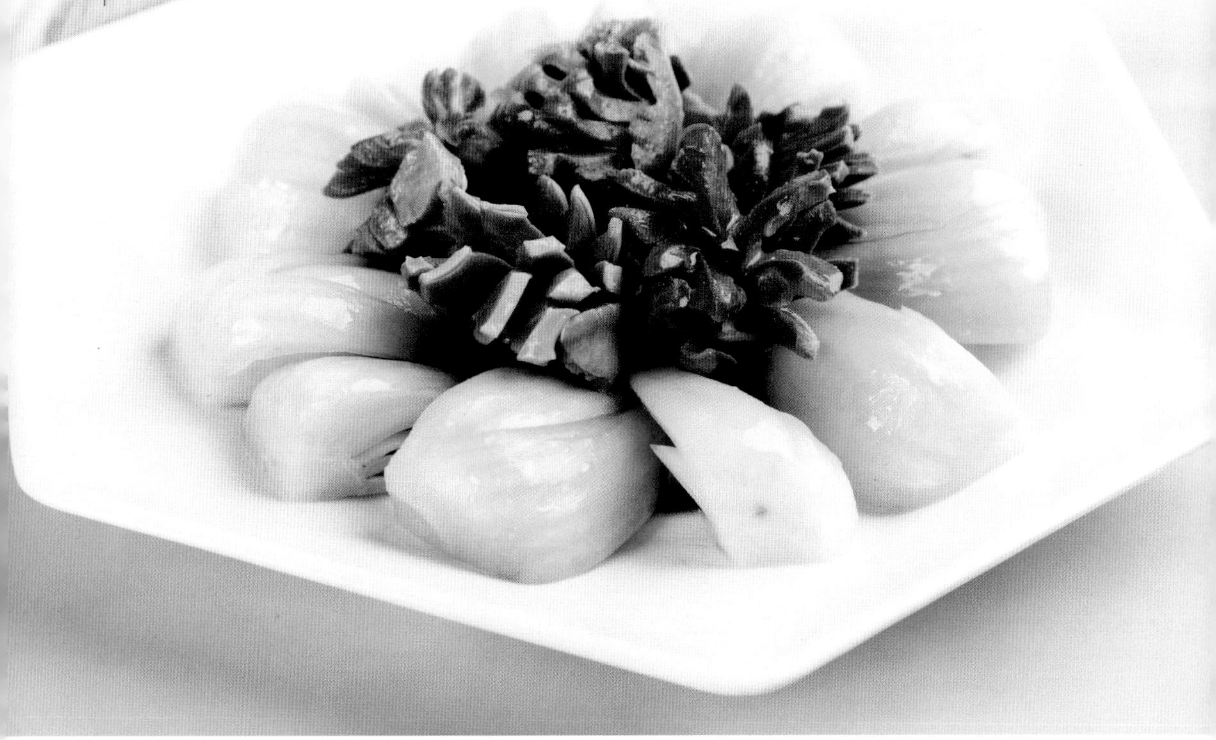

做法

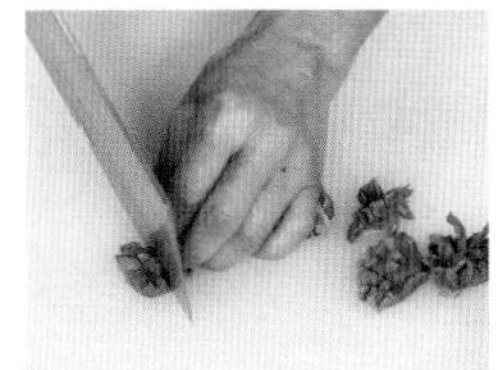

1. 上海青洗净切瓣；卤鸭胗切块。

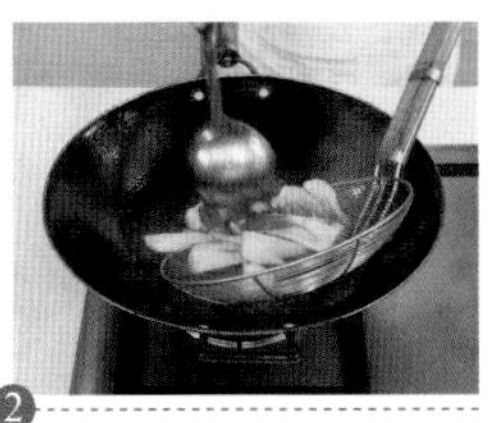

2. 上海青焯水，捞出，沥干水分，待用。

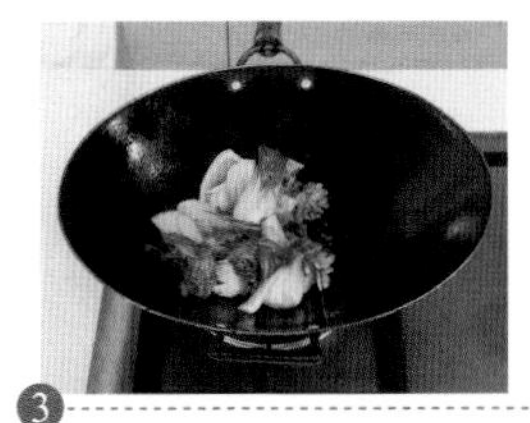

3. 用油起锅，放鸭胗、料酒、上海青，用大火快炒。

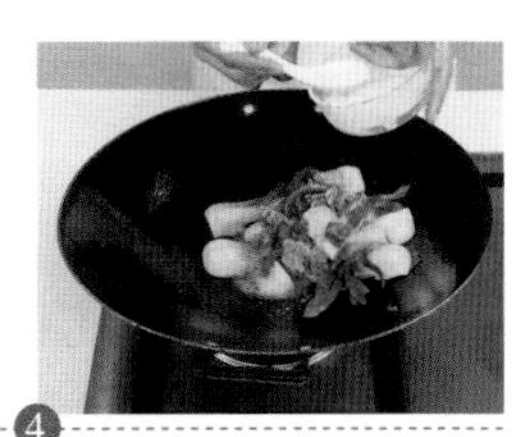

4. 加入盐、鸡粉，淋入水淀粉，炒匀炒透，盛入盘中即可。

Part 4

营养蛋类小炒

蛋类小炒是一种食用广泛，营养丰富，深受广大消费者喜爱的美味佳肴。蛋的主要化学成分有蛋白质、脂肪、多种维生素等。蛋中含有多种蛋白质，最主要和最多的是蛋白中的卵白蛋白和蛋黄中的卵黄磷蛋白。蛋中的脂肪绝大部分集中在蛋黄内，大部分为中性脂肪，容易消化，含有多量的磷脂，其中约有一半是卵磷脂，这些成分对人体的脑及神经组织的发育有重大作用。本章推荐多款简单又营养的蛋类小炒，让你轻松下厨，享受美味与健康。

牛肉炒鸡蛋

难易度：★☆☆　　2人份

原 料

牛肉200克，鸡蛋2个，葱花少许

调 料

盐2克，鸡粉2克，料酒、生抽、水淀粉、食用油各适量

烹饪小提示

切牛肉时，应顺着牛肉的纤维纹路横切，这样炒出的牛肉口感更佳。

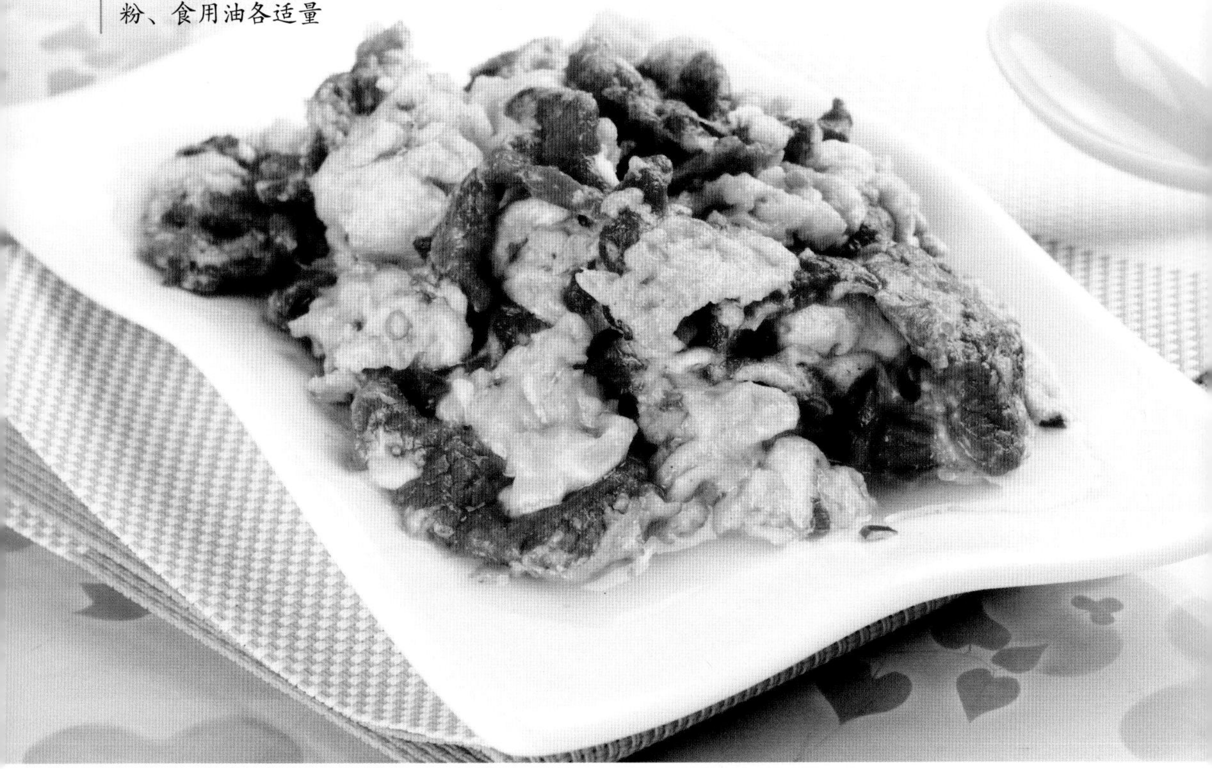

做 法

1. 洗净的牛肉切片，加生抽、盐、鸡粉、水淀粉、油，腌渍入味，

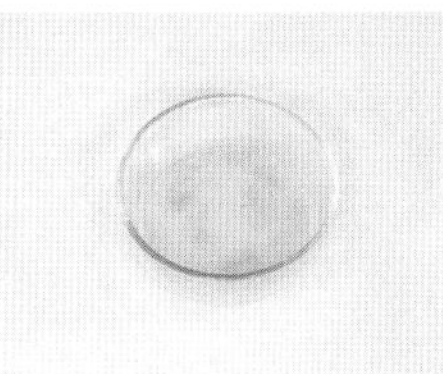

2. 鸡蛋打散调匀。

3. 加盐、鸡粉、水淀粉调匀，牛肉下油锅炒匀，淋料酒炒香。

4. 倒入蛋液，拌炒至熟，撒入葱花，炒香，盛出装盘即可。

做法

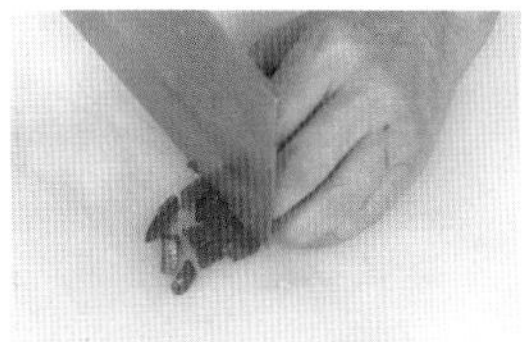

1 洗净的彩椒切开，去籽，切成丁。

2 洗好的菠菜切成粒。

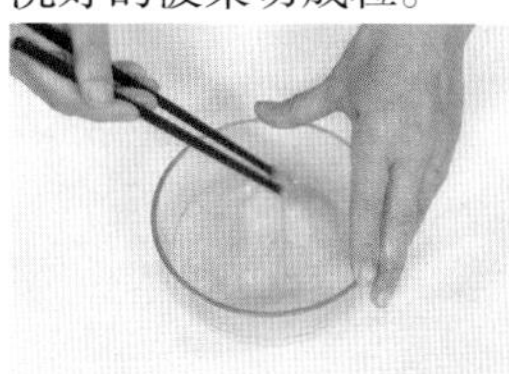

3 鸡蛋打入碗中，加适量盐、鸡粉，搅匀打散，制成蛋液；用油起锅，倒入蛋液，翻炒均匀。

4 加入彩椒，翻炒匀，倒入菠菜粒，炒至熟软。

5 关火后盛出炒好的菜肴，装入盘中即可。

烹饪时间 Time 2分钟

菠菜炒鸡蛋

难易度：★☆☆　2人份

原料

菠菜65克，鸡蛋2个，彩椒10克

调料

盐2克，鸡粉2克，食用油适量

烹饪小提示

菠菜可先焯一下再炒，口感会更好。

烹饪时间 Time 3分钟

萝卜干肉末炒鸡蛋

难易度：★☆☆　2人份

原料

萝卜干120克，鸡蛋2个，肉末30克，干辣椒5克，葱花少许

调料

盐、鸡粉各2克，生抽3毫升，水淀粉、食用油各适量

做法

1.鸡蛋打入碗中，加盐、鸡粉、水淀粉，制成蛋液；萝卜干切丁。2.锅中注水烧开，倒入萝卜丁，焯煮片刻，捞出；用油起锅，倒入蛋液，炒好盛出。3.锅底留油烧热，放入肉末，加入生抽、干辣椒、萝卜丁、鸡蛋炒散。4.加盐、鸡粉炒入味，盛出装盘，撒上葱花即成。

烹饪时间 Time 3分钟

葫芦瓜炒鸡蛋

难易度：★☆☆　2人份

原料 葫芦瓜300克，鸡蛋2个，蒜末、葱段各少许

调料 盐3克，鸡粉4克，水淀粉4毫升，食用油适量

做法

1.葫芦瓜洗净去皮切丝；鸡蛋打入碗中，加鸡粉、盐调匀。2.用油起锅，倒入蛋液，炒熟盛出；锅底留油，放入蒜末、葱段爆香，倒入葫芦瓜、清水炒软，加入鸡蛋炒匀。4加盐、鸡粉、水淀粉炒匀即可。

做法

1 洗净去皮的佛手瓜切成片；鸡蛋打入碗中，加入少许盐、鸡粉搅匀。

2 锅中注水烧开，倒入佛手瓜，煮片刻，捞出。

3 用油起锅，倒入蛋液炒匀，倒入佛手瓜，加入盐、鸡粉。

4 翻炒均匀，倒入葱花，炒出葱香味。

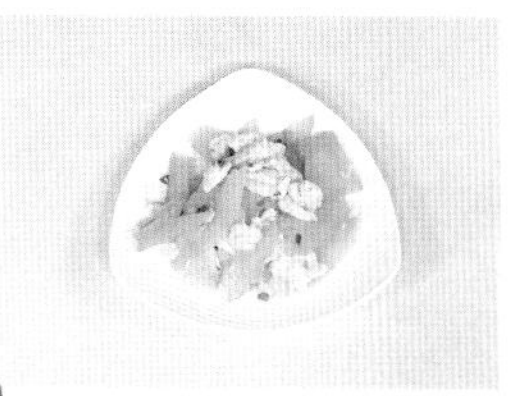

5 关火后盛出炒好的食材，装入盘中即可。

烹饪时间 Time 2分钟

佛手瓜炒鸡蛋

难易度：★★☆　2人份

原料

佛手瓜100克，鸡蛋2个，葱花少许

调料

盐4克，鸡粉3克，食用油适量

烹饪小提示

鸡蛋炒至稍微凝固时就可以倒进佛手瓜，不能放太晚，否则鸡蛋容易炒老。

木耳鸡蛋西蓝花

难易度：★★☆　　2人份

原料

水发木耳40克，鸡蛋2个，西蓝花100克，蒜末、葱段各少许

调料

盐4克，鸡粉2克，生抽5毫升，料酒10毫升，水淀粉4毫升，食用油适量

烹饪小提示

炒鸡蛋时，油温要高一点，这样炒出的鸡蛋比较嫩滑。

做法

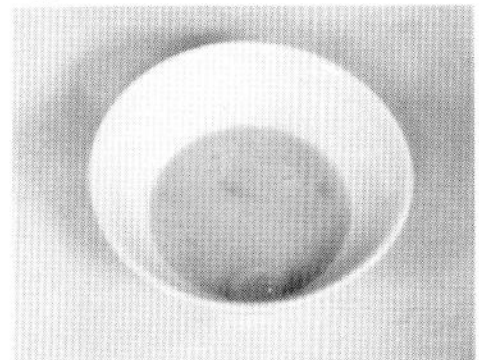

1. 木耳、西蓝花切小块；鸡蛋打入碗中，加入盐打散、调匀。

2. 木耳、西蓝花焯水捞出；蛋液下油锅，炒至五成熟，盛出。

3. 用油起锅，放入食材炒匀，加入调味料炒入味即可。

4. 倒入水淀粉，快速翻炒均匀，盛出装入盘中即可。

松仁鸡蛋炒茼蒿

难易度：★☆☆　2人份

原 料

松仁30克，鸡蛋2各，茼蒿200克，枸杞12克，葱花少许

调 料

盐、鸡粉各2克，水淀粉4毫升，食用油适量

做 法

1.鸡蛋打入碗中，加入盐、鸡粉、葱花，打散；洗净的茼蒿切碎。2.松仁在油锅中炸出香味，捞出，沥干油；锅底留油，倒入蛋液，炒熟，盛出。3.锅中加入少许食用油烧热，倒入茼蒿，炒至熟软，加入盐、鸡粉，倒入鸡蛋，翻炒匀。4.放入枸杞，淋入水淀粉，快速翻炒均匀，盛出装入盘中，撒上松仁即可。

秋葵炒蛋

难易度：★☆☆　2人份

原 料

秋葵180克，鸡蛋2个，葱花少许

调 料

盐少许，鸡粉2克，水淀粉、食用油各适量

做 法

1.将洗净的秋葵对半切开，切成块；鸡蛋打入碗中，打散调匀，放入少许盐、鸡粉，倒入适量水淀粉，搅拌匀。2.用油起锅，倒入切好的秋葵，炒匀，撒入少许葱花，炒香，倒入鸡蛋液，翻炒至熟，将炒好的秋葵鸡蛋盛出，装盘即可。

烹饪时间
Time
2 分钟

西葫芦炒鸡蛋

难易度：★★☆　2人份

原料

鸡蛋2个，西葫芦120克，葱花少许

调料

盐2克，鸡粉2克，水淀粉3毫升，食用油适量

烹饪小提示

鸡蛋本身就含有谷氨酸钠，味精的主要成分也是谷氨酸钠，炒鸡蛋时不要放味精，以免鸡蛋的鲜味被味精掩盖。

做法

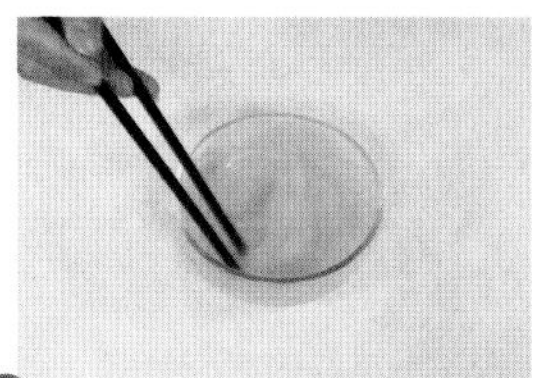

1. 洗净的西葫芦切成片；鸡蛋打入碗中，加入盐、鸡粉调匀。

2. 锅中注水烧开，倒入西葫芦，煮片刻，捞出。

3. 另起锅，注油烧热，倒入蛋液炒熟，倒入西葫芦，翻炒均匀。

4. 加入盐、鸡粉、水淀粉快熟炒匀。

5. 放入备好的葱花，拌炒均匀，盛出装盘即可。

洋葱木耳炒鸡蛋

难易度：★☆☆　　2人份

原料

鸡蛋2个，洋葱45克，水发木耳40克，蒜末、葱段各少许

调料

盐3克，料酒5毫升，水淀粉、食用油各适量

烹饪小提示

鸡蛋易熟，最好选用大火快炒，这样不仅能缩短烹饪时间，还能保持其鲜嫩口感。

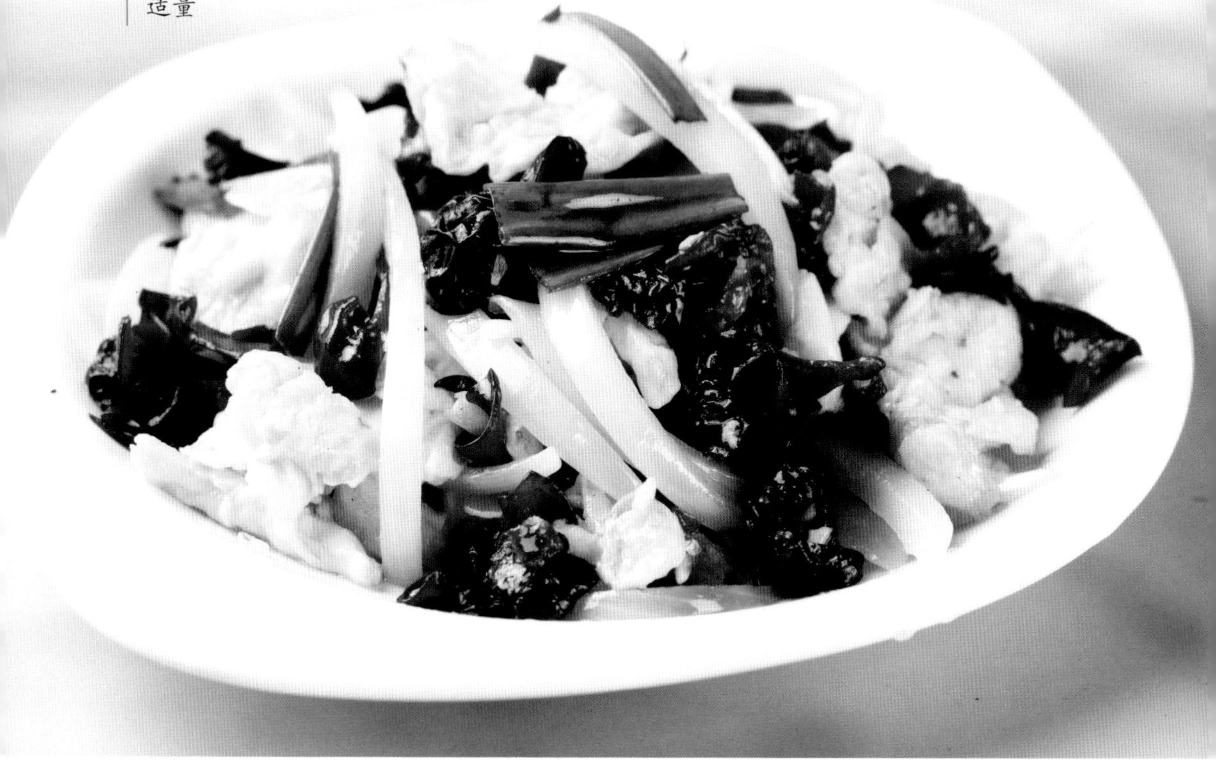

做法

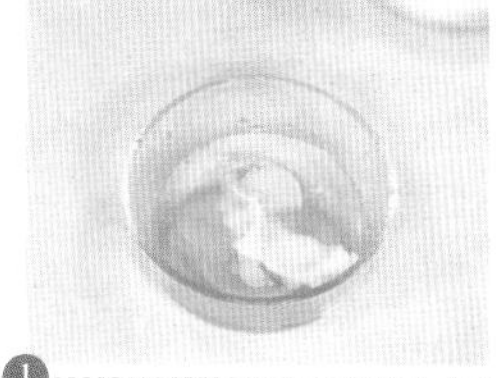

1. 洋葱切细丝；木耳切小块；鸡蛋加盐、水淀粉，制成蛋液。

2. 木耳焯水，捞出；蛋液入油锅翻炒至七成熟，盛出。

3. 蒜、洋葱丝、木耳下油锅炒匀，加料酒、盐、蛋液炒熟即可。

4. 撒上葱段，炒香，倒入水淀粉勾芡；盛出装入盘中即成。

软炒蚝蛋

难易度：★☆☆　2人份

原料

生蚝肉120克，鸡蛋2个，马蹄肉、香菇、肥肉各少许

调料

鸡粉4克，盐3克，水淀粉4毫升，料酒9毫升，食用油适量

做法

1.洗净的香菇、马蹄肉、肥肉切成粒。2.把生蚝肉装碗，加鸡粉、盐、料酒拌匀；鸡蛋加鸡粉、盐、水淀粉调匀。3.生蚝肉，焯水1分钟，捞出。4.香菇、马蹄，焯水1分钟，捞出。5.用油起锅，放入肥肉、马蹄和香菇炒匀，放入生蚝肉，淋入料酒，加入盐、鸡粉，倒入蛋液，翻炒至熟，盛出，装入盘中即可。

马齿苋炒鸡蛋

难易度：★☆☆　2人份

原料

马齿苋100克，鸡蛋2个，葱花少许

调料

盐2克，水淀粉5毫升，食用油适量

做法

1.洗净的马齿苋切成段；鸡蛋打入碗中，放入葱花，加入少许盐，用筷子打散、调匀，倒入适量水淀粉，用筷子搅匀，备用。2.锅中注入适量食用油烧热，倒入切好的马齿苋，炒至熟软，再倒入备好的蛋液，翻炒至熟，盛出炒好的食材，装入盘中即可。

烹饪时间 Time 2 分钟

海带虾仁炒鸡蛋

难易度：★★☆　2人份

原料

海带85克，虾仁75克，鸡蛋3个，葱段少许

调料

盐3克，鸡粉4克，料酒12毫升，生抽4毫升，水淀粉4毫升，芝麻油、油各适量

做法

1 海带切块；虾仁放料酒、盐、鸡粉、水淀粉、芝麻油腌渍入味。

2 鸡蛋加盐、鸡粉打散，倒入油锅炒至凝固。

3 海带焯水片刻，捞出；虾仁下油锅，炒变色。

4 加海带、鸡蛋，下料酒、生抽、鸡粉炒匀。

5 放入葱段，翻炒匀，使食材更入味即可。

烹饪小提示

炒虾仁时要宜用旺火快炒，这样才能更好地保持虾仁鲜嫩爽口的口感。

西瓜翠衣炒鸡蛋

难易度：★★☆　　3人份

烹饪时间
Time
2分钟

原料

西瓜皮200克，芹菜70克，西红柿120克，鸡蛋2个，蒜末、葱段各少许

调料

盐3克，鸡粉3克，食用油适量

烹饪小提示

西瓜皮不要切得太细，否则成品会发软，影响口感。

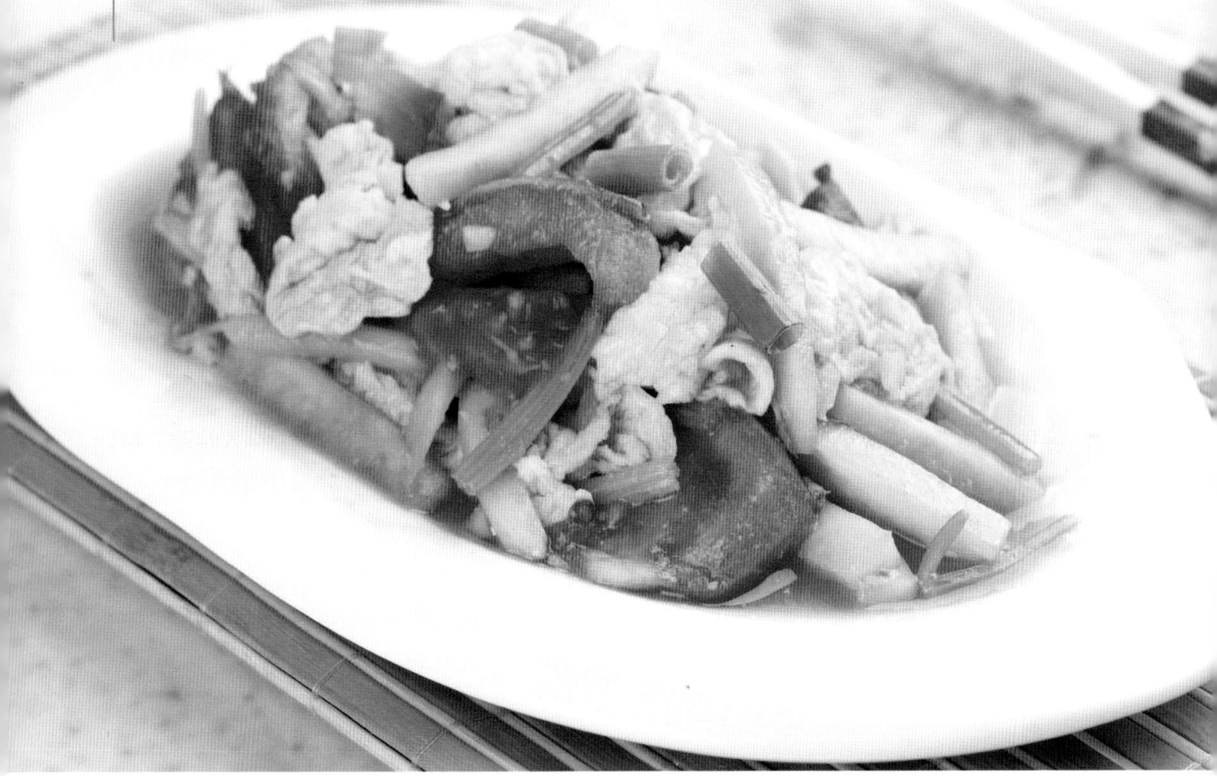

做法

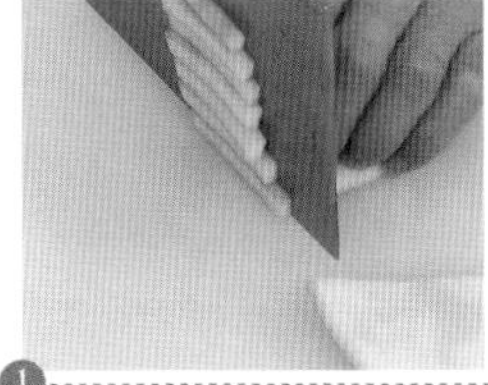

1. 芹菜切段；西瓜皮切条；西红柿切瓣；鸡蛋放盐、鸡粉调匀。

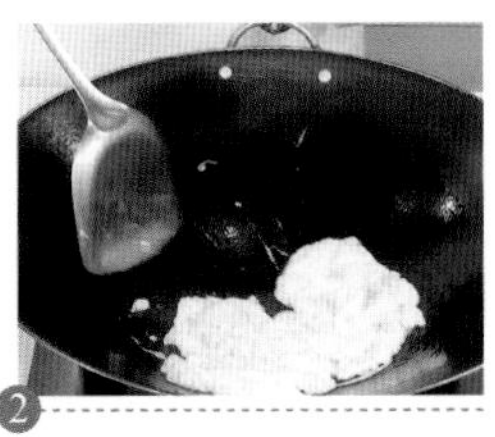

2. 蛋液下锅炒熟，盛出；油锅烧热，倒入蒜末、芹菜，炒匀。

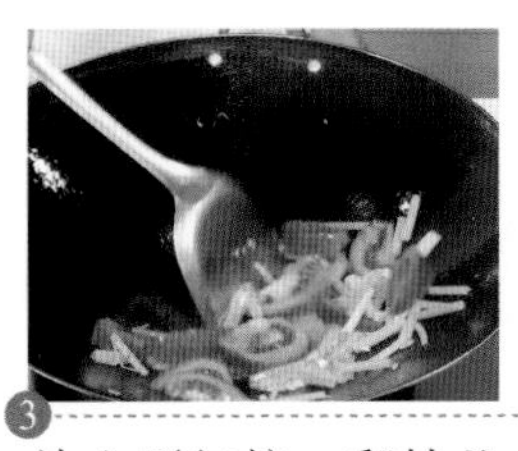

3. 放入西红柿，翻炒几下，加入西瓜皮，倒入鸡蛋，略炒片刻。

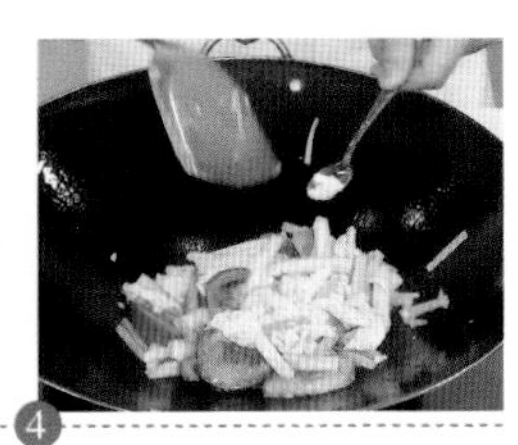

4. 放入盐、鸡粉，炒匀调味，盛出装入盘中，撒上葱段即可。

茭白炒鸡蛋

烹饪时间 Time 2分钟

难易度：★☆☆　2人份

原 料

茭白200克，鸡蛋3个，葱花少许

调 料

盐3克，鸡粉3克，水淀粉5毫升，食用油适量

做 法

1.洗净去皮的茭白切成片；鸡蛋加盐、鸡粉，打散调匀。2.锅中注水烧开，加盐、食用油、茭白，煮至断生，捞出；炒锅注油烧热，倒入蛋液，炒至熟，盛出。3.锅底留油，倒入茭白，翻炒片刻，加盐、鸡粉，倒入鸡蛋，略炒几下，加葱花，淋入水淀粉，快速炒匀即可。

银耳枸杞炒鸡蛋

烹饪时间 Time 2分钟

难易度：★☆☆　3人份

原 料　水发银耳100克，鸡蛋3个，枸杞10克，葱花少许

调 料　盐3克，鸡粉2克，水淀粉14毫升，食用油适量

做 法

1.银耳切去黄色根部，切成小块；鸡蛋加盐、鸡粉、水淀粉调匀。2.银耳焯至断生捞出；蛋液下油锅炒熟，盛出。3.锅底留油，倒入银耳、鸡蛋、枸杞、葱花炒匀。4.加盐、鸡粉、水淀粉炒匀，盛出即可。

烹饪时间 Time 2 分钟

火腿炒蛋白

难易度：★☆☆　2人份

原料

鸡蛋2个，火腿30克，虾米25克

调料

盐少许，水淀粉4毫升，料酒2毫升，食用油适量

烹饪小提示

虾米和火腿本身都有盐分，所以炒制时可少放盐。

做法

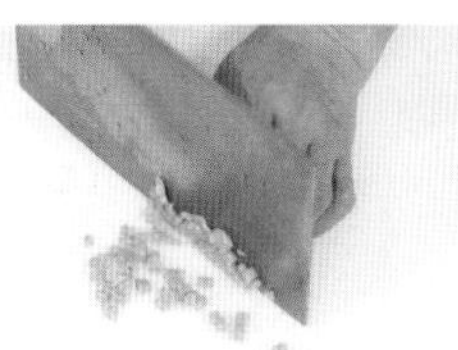

1 将火腿切片，再切成丝，改切成粒。

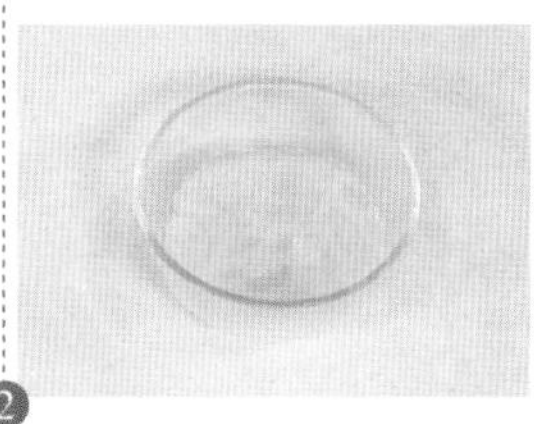

2 洗净的虾米剁碎，鸡蛋打开，取蛋清，放入少许盐、水淀粉调匀。

3 用油起锅，倒入虾米，炒出香味。

4 下入火腿，炒匀，淋入适量料酒，炒香。

5 倒入备好的蛋清，翻炒均匀，将炒好的菜肴盛出，装入碗中即可。

桂圆炒鸡蛋

烹饪时间 Time 2分钟

难易度：★☆☆　2人份

原料

鸡蛋3个，鲜桂圆肉60克，枸杞10克，葱花少许

调料

盐2克，鸡粉2克，水淀粉、食用油各适量

做法

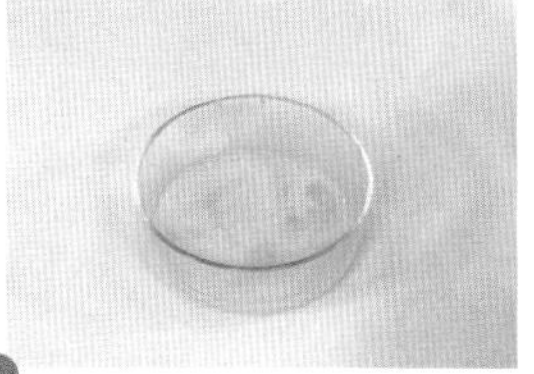

1 鸡蛋打入碗中，加少许盐、鸡粉、水淀粉，打散、调匀。

2 用油起锅，倒入调好的蛋液，炒至成形。

3 放入鲜桂圆肉，翻炒匀。

4 加入泡发好的枸杞，炒至入味。

5 关火后将炒好的食材盛出，装入盘中，撒上葱花即可。

烹饪小提示

炒鸡蛋时宜用中火，若火候太大容易把鸡蛋炒老。

彩椒玉米炒鸡蛋

烹饪时间 Time 3分钟

难易度：★☆☆　2人份

原料

鸡蛋2个，玉米粒85克，彩椒10克

调料

盐3克，鸡粉2克，食用油适量

做法

1.洗净的彩椒切成丁；鸡蛋打入碗中，加入盐、鸡粉，搅匀，制成蛋液。2.锅中注水烧开，倒入玉米粒、彩椒，加入盐，煮至断生，捞出，沥干水分。3.用油起锅，倒入蛋液，翻炒均匀，倒入焯过水的食材，快速翻炒均匀，盛出装盘，撒上葱花即可。

鸡蛋炒百合

烹饪时间 Time 1分钟

难易度：★☆☆　2人份

原料 鲜百合140克，胡萝卜25克，鸡蛋2个，葱花少许

调料 盐、鸡粉各2克，白糖3克，食用油适量

做法

1.洗净去皮的胡萝卜切片；鸡蛋加盐、鸡粉，制成蛋液。2.锅中注水烧开，倒入胡萝卜、百合拌匀，加入白糖，煮片刻，捞出。3.用油起锅，倒入蛋液炒匀，放入焯过水的材料炒匀，撒上葱花，炒香即可。

做 法

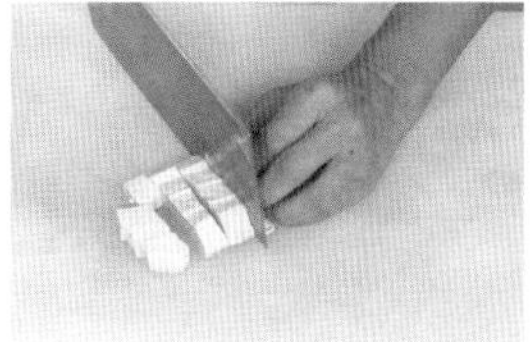

1 洗净的豆腐、彩椒切小块；培根切成小块。

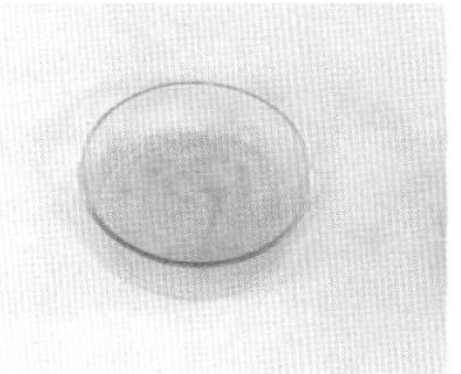

2 把鸡蛋打入碗中，加盐、鸡粉，调成蛋液。

3 豆腐块下锅煎至焦黄色，撒上盐，倒入培根，炒香。

4 放入彩椒炒熟，盛出。

5 用油起锅，倒入蛋液，用小火煎一会，倒入炒过的食材，炒匀，盛出装盘即成。

烹饪时间 Time 4 分钟

鸡蛋包豆腐

难易度：★★☆　3人份

原 料

鸡蛋3个，豆腐230克，培根25克，彩椒10克，葱花少许

调 料

盐3克，鸡粉少许，食用油适量

烹饪小提示

鸡蛋不可煎得太老，这样菜肴的外形更美观。

鸡蛋炒豆渣

难易度：★★☆　　2人份

原料

豆渣120克，彩椒35克，鸡蛋3个

调料

盐、鸡粉各2克，食用油适量

烹饪小提示

豆渣不宜用大火炒，以免将其炒糊了，影响口感。

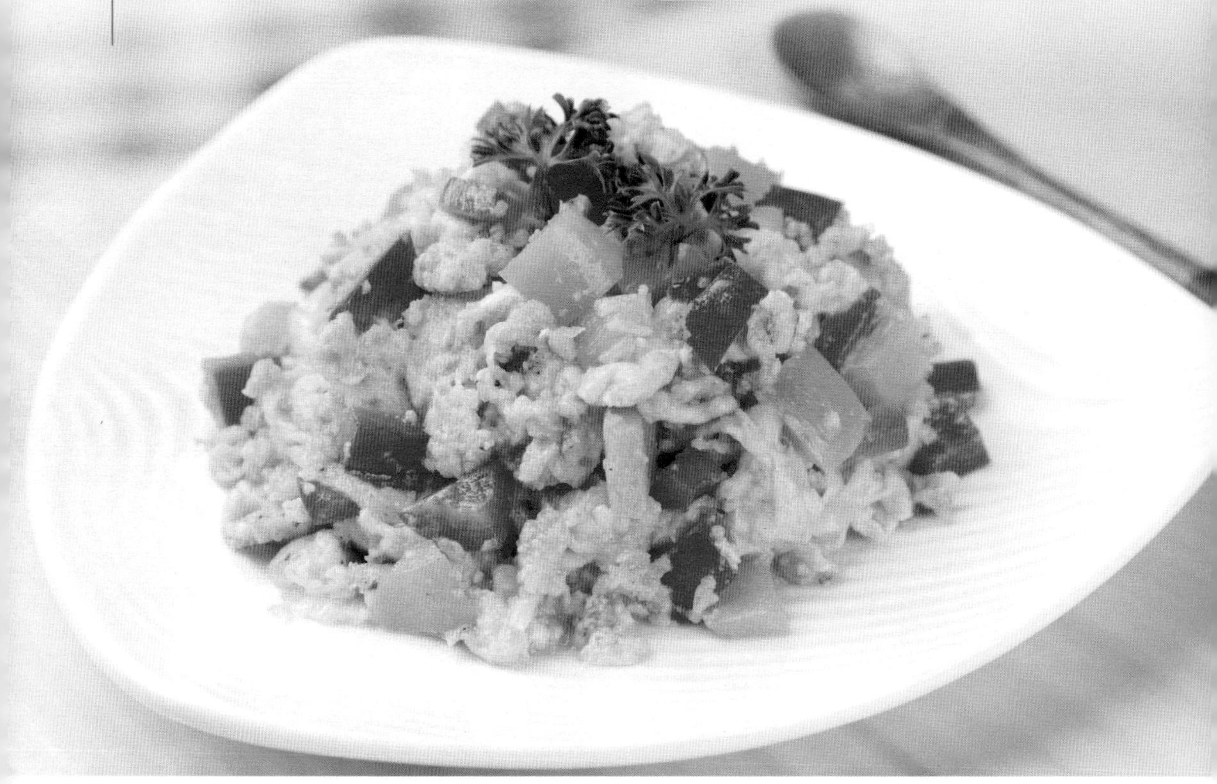

做法

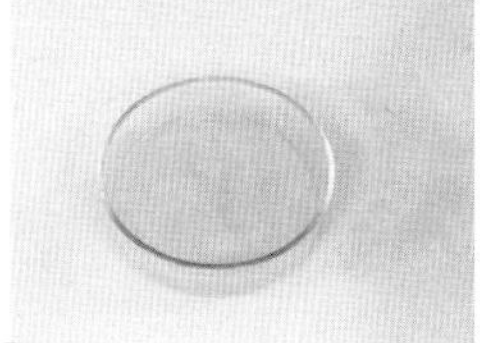

1. 洗净的彩椒切丁；鸡蛋打入碗中，加盐、鸡粉，制成蛋液。

2. 炒锅烧热，倒入食用油，放入豆渣，炒匀盛出，放凉待用。

3. 用油起锅，倒入彩椒丁，加盐、鸡粉炒匀，盛出待用。

4. 另起锅，注油烧热，倒入蛋液，放入彩椒、豆渣炒匀即可。

竹笋叉烧肉炒蛋

难易度：★★☆　2人份

原料

竹笋130克，彩椒12克，叉烧肉55克，鸡蛋2个

调料

盐2克，鸡粉2克，料酒3毫升，水淀粉、食用油各适量

做法

1.洗净的彩椒切小块；洗好去皮的竹笋切丁；叉烧肉切小块。2.彩椒丁下锅焯水至断生后捞出。3.把鸡蛋打入碗中，加盐、鸡粉、水淀粉，制成蛋液。4.用油起锅，倒入焯过水的食材，加入盐，倒入叉烧肉，快速炒干水汽，盛出。5.另起锅，注入适量油烧热，倒入蛋液，放入炒好的食材，炒至熟，盛出装盘即可。

陈皮炒鸡蛋

难易度：★☆☆　2人份

原料

鸡蛋3个，水发陈皮5克，姜汁100毫升，葱花少许

调料

盐3克，水淀粉、食用油各适量

做法

1.洗好的陈皮切丝。2.取一个碗，打入鸡蛋，加入陈皮丝、盐、姜汁，搅散，倒入水淀粉，拌匀，待用。3.用油起锅，倒入蛋液，炒至鸡蛋成形，撒上葱花，略炒片刻。4.关火后盛出炒好的菜肴，装入盘中即可。

虾仁鸡蛋炒秋葵

难易度：★★☆　　2人份

烹饪时间 Time 7 分钟

原料

秋葵150克，鸡蛋3个，虾仁100克

调料

盐、鸡粉各3克，料酒、水淀粉、食用油各适量

烹饪小提示

秋葵可以先焯一下水，这样炒的时间可以短一点。

做法

1 秋葵切段；虾仁切丁；鸡蛋打入碗，加盐、鸡粉搅散。

2 虾仁加调味料腌渍入味；虾仁、秋葵下油锅，翻炒熟，盛出。

3 用油起锅，倒入鸡蛋液，放入秋葵和虾仁，翻炒至熟透。

4 将炒好的菜肴盛出，装入盘中即可。

蛋白鱼丁

难易度：★☆☆　　2人份

烹饪时间 Time 2 分钟

原 料

蛋清100克，红椒10克，青椒10克，脆皖100克

调 料

盐2克，鸡粉2克，料酒4毫升，水淀粉适量

做 法

1.洗净的红椒、青椒切开，去籽，切成小块；处理干净的鱼肉切成丁，加入少许盐、鸡粉、水淀粉，拌匀，腌渍10分钟至其入味，备用。
2.热锅注油，倒入鱼肉、青椒、红椒，翻炒均匀，加入少许盐、鸡粉、料酒，炒匀调味。
3.倒入备好的蛋清，快速翻炒均匀即可。

胡萝卜炒蛋

难易度：★☆☆　　2人份

烹饪时间 Time 2 分钟

原 料　胡萝卜100克，鸡蛋2个，葱花少许

调 料　盐4克，鸡粉2克，水淀粉、食用油各适量

做 法

1.胡萝卜去皮洗净切粒。2.鸡蛋打入碗中打散调匀。3.胡萝卜粒下锅，焯煮片刻捞出。4.把胡萝卜粒倒入蛋液中，加盐、鸡粉、水淀粉、葱花，拌匀。5.用油起锅，倒入蛋液，炒至成型，盛出装盘即可。

鸭蛋炒洋葱

烹饪时间 Time 3分钟

难易度：★★☆　2人份

原料

鸭蛋2个，洋葱80克

调料

盐3克，鸡粉2克，水淀粉4毫升，食用油适量

做法

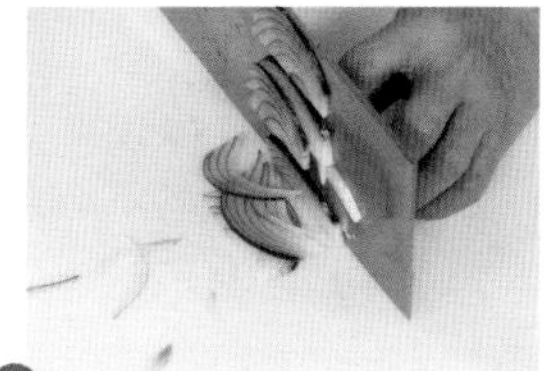

1 去皮洗净的洋葱切丝，备用。

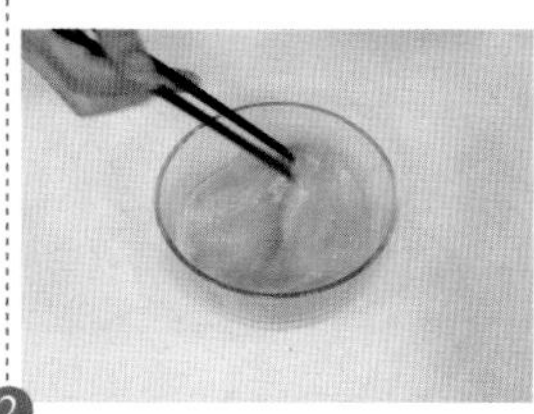

2 鸭蛋打入碗中，放鸡粉、盐、水淀粉调匀。

3 锅中倒入适量食用油烧热，放入切好的洋葱，翻炒至洋葱变软。

4 加入适量盐，炒匀调味，倒入调好的蛋液，快速翻炒至熟。

5 关火后将炒熟的鸭蛋盛出，装入盘中即可。

烹饪小提示

调好的蛋液中加入少许鱼露，拌匀后再炒制，可去除鸭蛋的腥味。

茭白木耳炒鸭蛋

难易度：★☆☆　　2人份

原料

茭白300克，鸭蛋2个，水发木耳40克，葱段少许

调料

盐4克，鸡粉3克，水淀粉10毫升，食用油适量

烹饪小提示

茭白切成丝后再烹饪，可缩短炒制的时间。

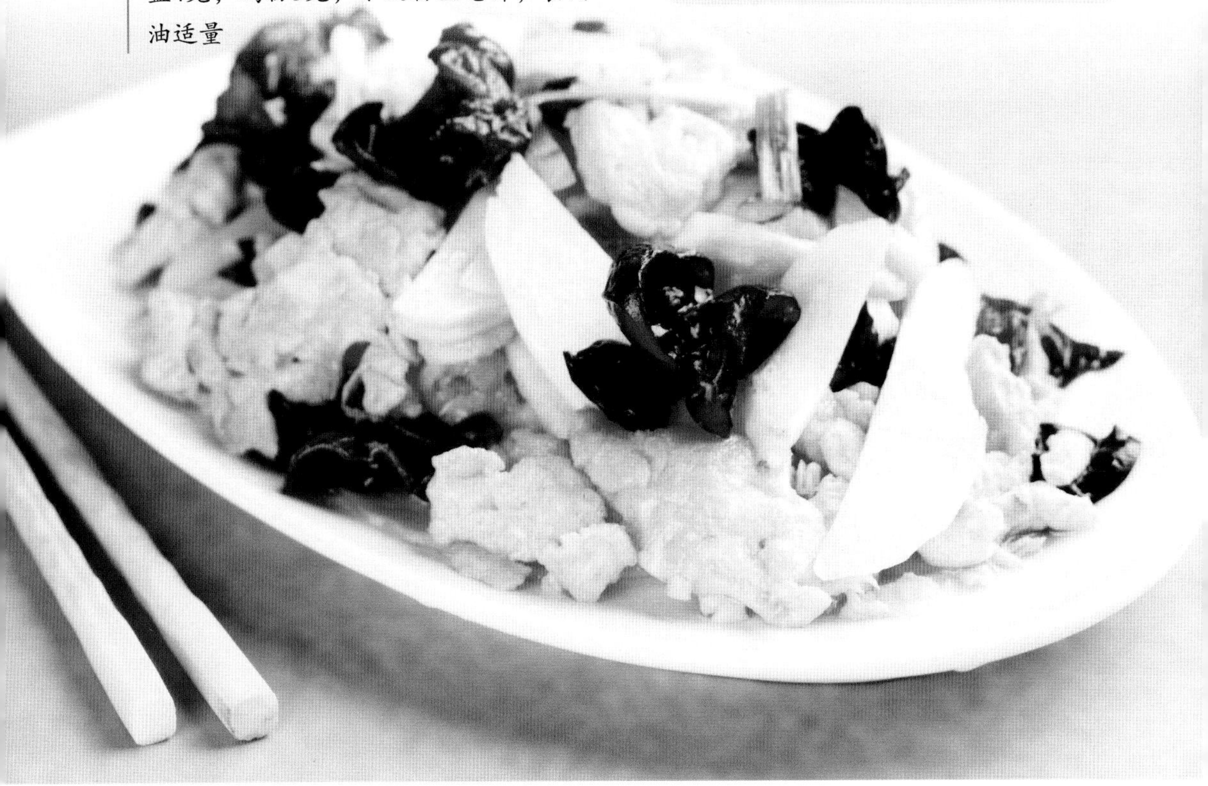

做法

1. 木耳切块；茭白切片；鸭蛋加盐、鸡粉、水淀粉调匀。

2. 茭白、木耳下锅，煮至七成熟，捞出；蛋液下油锅炒熟盛出。

3. 葱段、茭白、木耳、鸭蛋下油锅炒匀，加盐、鸡粉，炒入味。

4. 倒入水淀粉，翻炒均匀，盛出炒好的食材，装入盘中即可。

葱花鸭蛋

难易度：★☆☆　　2人份

原 料

鸭蛋2个，葱花少许

调 料

盐2克，鸡粉、水淀粉、食用油各适量

烹饪小提示

翻炒鸭蛋的时候，宜用中火，以免将其炒老了。

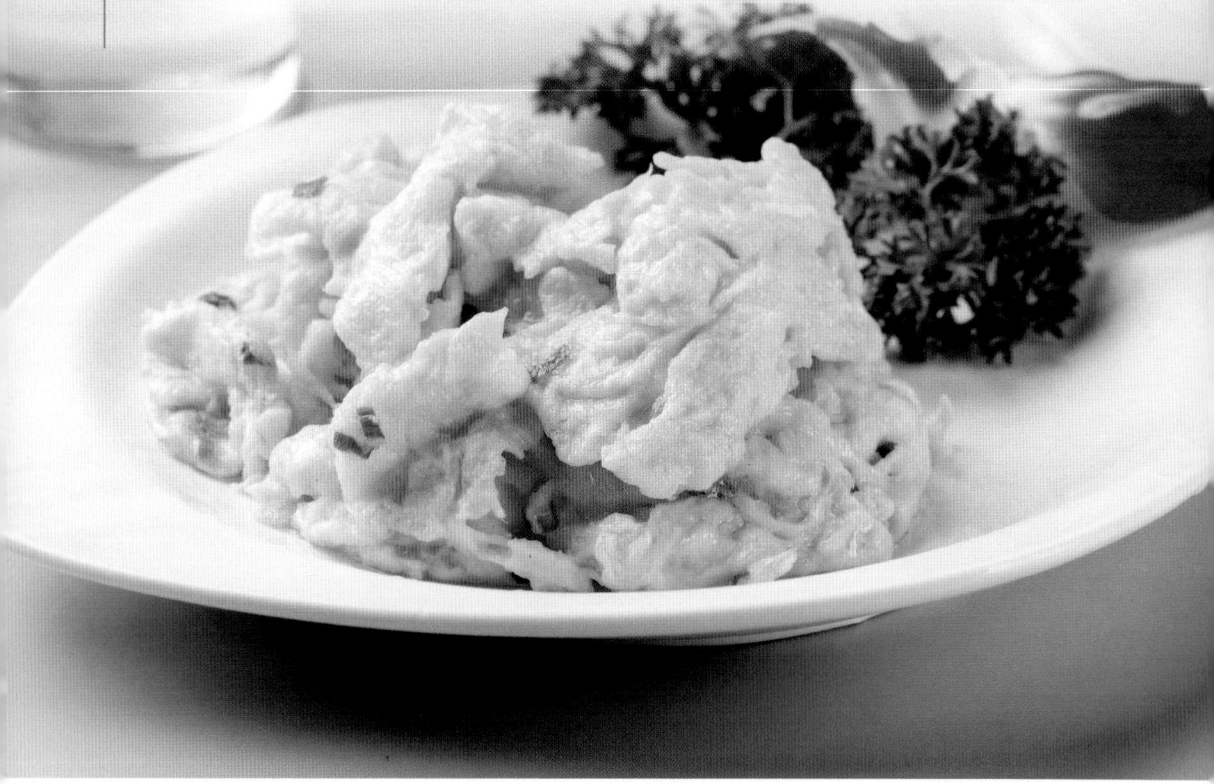

做 法

1. 将鸭蛋打入碗中，加入少许盐、鸡粉。

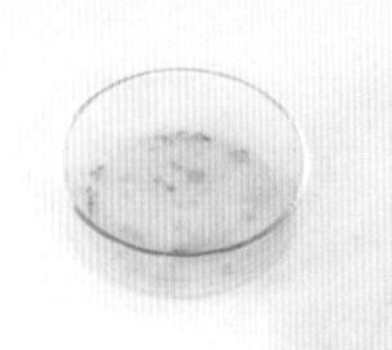

2. 淋入水淀粉，打散、搅匀，再放入葱花，搅拌匀，制成蛋液。

3. 用油起锅，烧至四成热，倒入备好的蛋液，拌炒匀。

4. 再翻炒至食材熟透，关火后盛出装在盘中即成。

烹饪时间 Time 2分钟

嫩姜炒鸭蛋

难易度：★☆☆　2人份

原料

嫩姜90克，鸭蛋2个，葱花少许

调料

盐4克，鸡粉2克，水淀粉4毫升，食用油少许

做法

1.洗净的嫩姜切细丝，加入盐，抓匀，腌渍10分钟。2.将腌好的姜丝放入清水中，洗去多余盐分；鸭蛋打入碗中，放入葱花，加入鸡粉、盐、水淀粉，用筷子打散搅匀。3.炒锅注油烧热，倒入腌好的姜丝，炒至姜丝变软，倒入搅拌好的蛋液，快速翻炒至熟透。4.盛出炒好的鸭蛋，装入盘中即可。

韭菜炒鹌鹑蛋

难易度：★☆☆　2人份

原料

韭菜100克，熟鹌鹑蛋135克，彩椒30克

调料

盐、鸡粉各2克，食用油适量

做法

1.洗好的彩椒切成细丝；洗净的韭菜切长段。2.锅中注水烧开，放入鹌鹑蛋，拌匀，略煮，捞出鹌鹑蛋，沥干水分，装盘待用。3.用油起锅，倒入彩椒，炒匀，倒入韭菜梗，炒匀，放入鹌鹑蛋，炒匀，倒入韭菜叶，炒至变软。4.加入盐、鸡粉，炒至入味即可。

烹饪时间 Time 2分钟

鲜菇烩鸽蛋

难易度：★★☆　　2人份

原 料

熟鸽蛋100克，鲜香菇75克，口蘑70克，姜片、葱段各少许

调 料

盐3克，鸡粉2克，蚝油7克，料酒8毫升，水淀粉、食用油各适量

烹饪小提示

口蘑切好后用清水浸泡一会儿，可有效去除菌盖上的杂质。

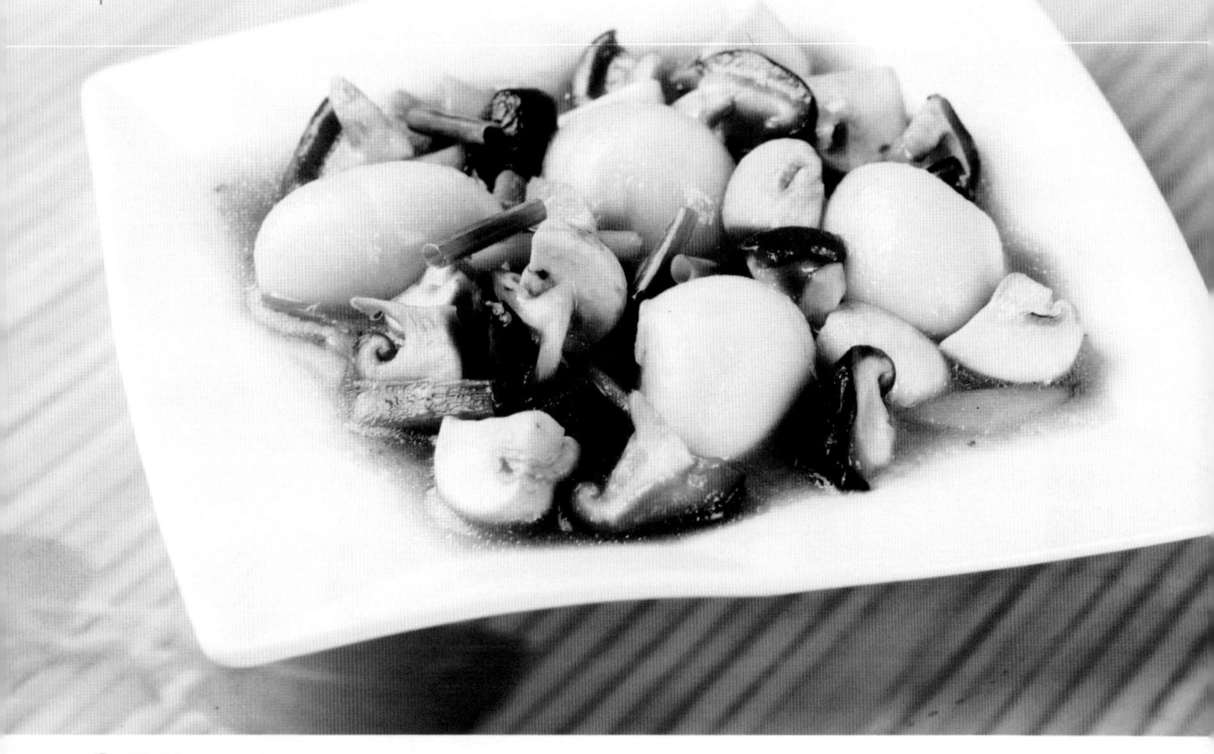

做 法

1. 洗净的口蘑、香菇切小块；口蘑、香菇焯水至八成熟，捞出。

2. 姜片、葱段下锅爆香；倒入口蘑、香菇，炒片刻。

3. 放入鸽蛋，加料酒、蚝油、盐、鸡粉、清水炒匀，收汁。

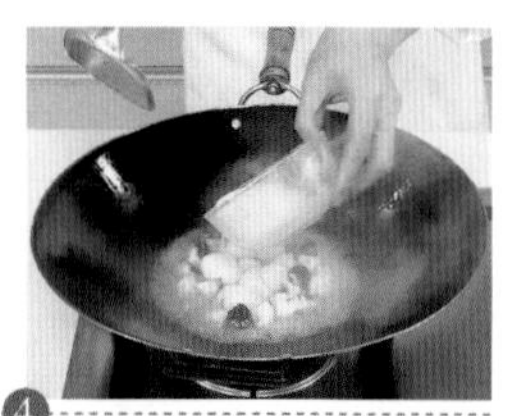

4. 倒入适量水淀粉，翻炒至食材熟透，盛出装入盘中即成。

Part 5

鲜美水产小炒

水产小炒是餐桌上特别受大家欢迎的“熟面孔”，但是一说起水产食品的营养价值，大家可能就哑口无言了。水产品中富含易被人体消化吸收的优质动物蛋白，其所含的必需氨基酸的量和比值最适合人体的需要。同时，大多数水产品中的脂肪含量很低，只有1%~4%，而且多为不饱和脂肪酸，经常食用水产品具有降低胆固醇的作用，还能降糖、护心和防癌，对人体健康十分有利。本章精心选取多款美味水产小炒，配有步骤图或二维码，让你轻松学会做美味佳肴。

鲜笋炒生鱼片

难易度：★★☆　　2人份

烹饪时间 Time 2 分钟

原 料

竹笋200克，生鱼肉180克，彩椒40克，姜片、蒜末、葱段各少许

调 料

盐3克，鸡粉5克，水淀粉、料酒、食用油各适量

烹饪小提示

竹笋焯水的时间不要太久，以免过于熟烂，影响其爽脆的口感。

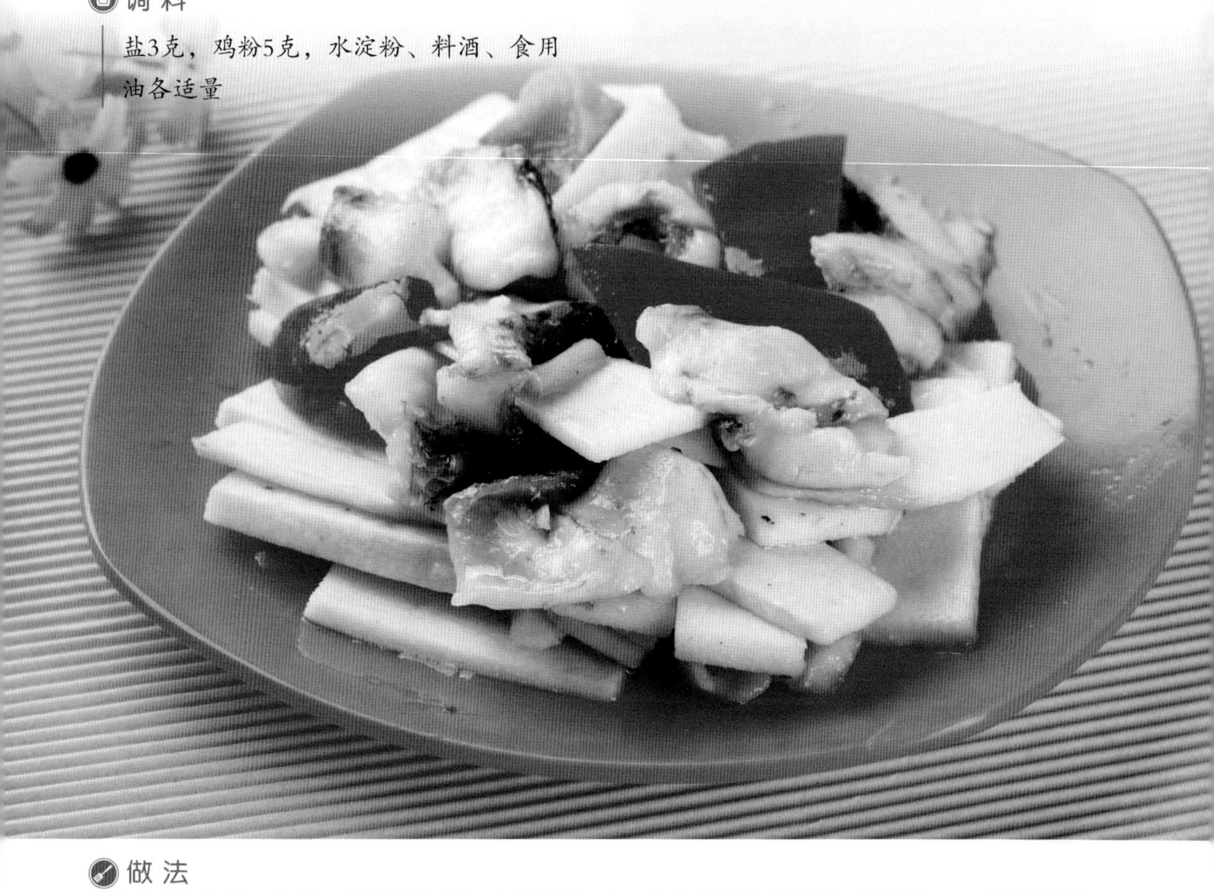

做 法

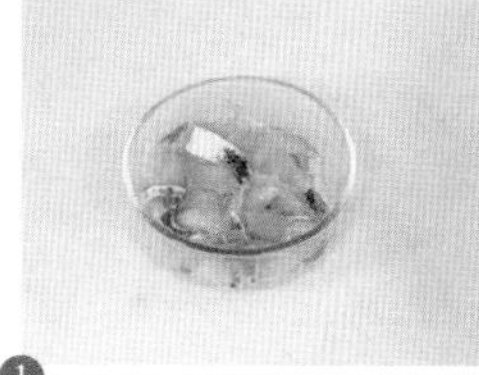

1 竹笋切丝；彩椒切成小块；生鱼肉切片，加调味料腌渍入味。

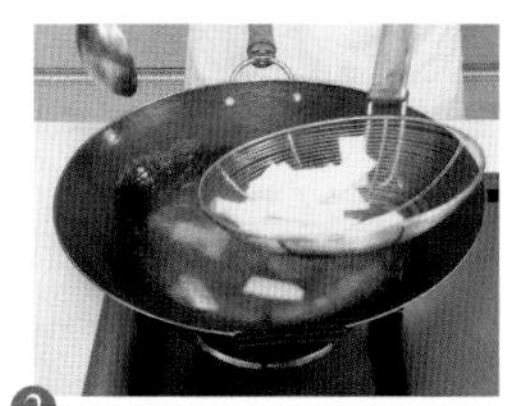

2 锅中注水烧开，加盐、鸡粉，倒入竹笋，煮片刻，捞出。

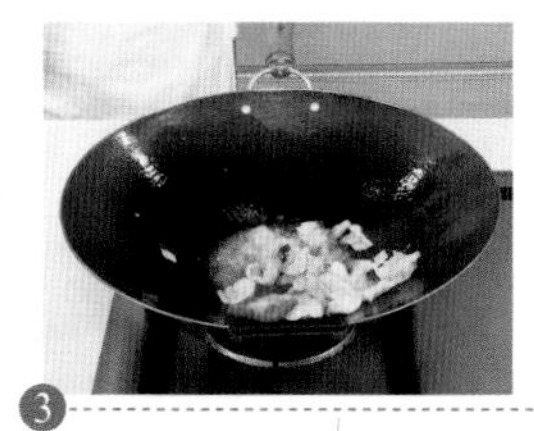

3 蒜、姜、葱下油锅爆香，倒入食材，加盐、鸡粉，炒匀。

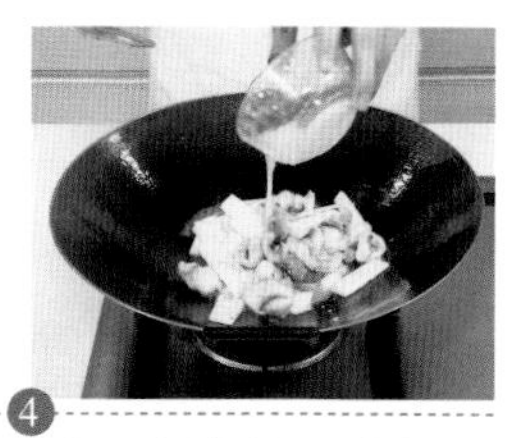

4 倒入水淀粉，将锅中食材快速拌炒均匀，盛出装盘即可。

做法

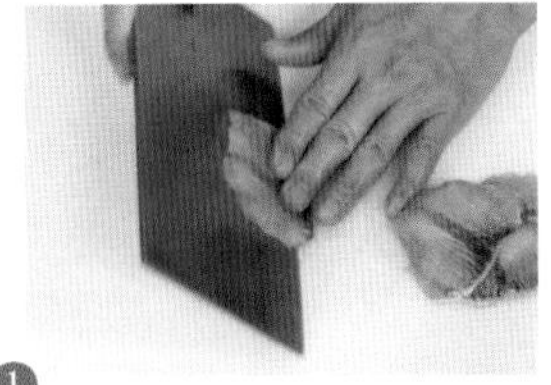

1 菠萝肉切片；红椒切小块；草鱼肉切片，加调味料，腌渍入味。

2 热锅注油烧热，下鱼片滑油，捞出。

3 姜、蒜、葱下锅爆香，放入红椒、菠萝炒匀。

4 倒入鱼片，加盐、鸡粉、豆瓣酱、料酒、水淀粉，翻炒至入味。

5 关火，盛出食材放在盘中即成。

烹饪时间 Time 2分钟

菠萝炒鱼片

难易度：★★☆ 2人份

原料

菠萝肉75克，草鱼肉150克，红椒25克，姜片、蒜末、葱段各少许

调料

豆瓣酱7克，盐2克，鸡粉2克，料酒4毫升，水淀粉、食用油各适量

烹饪小提示

菠萝切好后要放在淡盐水中浸泡一会儿，以消除其涩口的味道。

菜心炒鱼片

难易度：★★☆　2人份

原料

菜心200克，生鱼肉150克，彩椒40克，红椒20克，姜片、葱段各少许

调料

盐3克，鸡粉2克，料酒5毫升，水淀粉、食用油各适量

做法

1.洗净的菜心切去根部和多余的叶子；红椒、彩椒切小块；生鱼肉切片，加盐、鸡粉、水淀粉、食用油，腌渍至入味。2.锅中注水烧开，加盐、食用油，倒入菜心，煮至断生后捞出；生鱼片滑油至变色后捞出。3.锅底留油，放入姜片、葱段、红椒、彩椒，放入生鱼片，加料酒、鸡粉、盐、水淀粉，翻炒至入味即成。

五彩鲟鱼丝

难易度：★★☆　2人份

原料

鲟鱼肉350克，胡萝卜45克，香菇55克，绿豆芽、彩椒、姜丝、葱段各适量

调料

盐2克，鸡粉2克，料酒4毫升，水淀粉、食用油各适量

做法

1.胡萝卜洗净去皮切细丝；香菇、彩椒切粗丝；绿豆芽切去头尾；洗净的鲟鱼肉去皮，把鱼肉切细丝，加盐、料酒、水淀粉，腌渍入味。2.香菇、胡萝卜、彩椒焯水后捞出；鱼肉丝滑油后捞出。3.锅底留油烧热，倒入姜丝、焯过水的食材、葱段、绿豆芽、鱼肉丝炒匀，加盐、鸡粉、料酒、水淀粉，炒至入味即可。

做法

1 将胡萝卜、香菇切丁；鳕鱼肉切丁，加盐、鸡粉、水淀粉、油，腌渍入味。

2 豌豆、胡萝卜丁、香菇丁、玉米粒焯水捞出。

3 鳕鱼丁下油锅，炒片刻捞出；下姜、蒜、葱、焯过水的食材炒匀。

4 放鳕鱼丁、盐、鸡粉、料酒、水淀粉炒至熟。

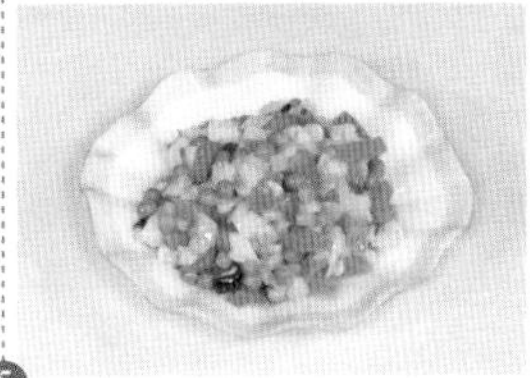

5 盛出装入盘中即成。

烹饪时间 Time 5分钟

四宝鳕鱼丁

难易度：★★☆　2人份

原料

鳕鱼肉200克，胡萝卜150克，豌豆100克，玉米粒90克，鲜香菇50克，姜片、蒜末、葱段各少许

调料

盐3克，鸡粉2克，料酒5毫升，水淀粉、食用油各适量

烹饪小提示

鳕鱼丁滑油时的油温不宜太高，以免将鱼肉炸老了。

绿豆芽炒鳝丝

难易度：★★☆　2人份

原 料

绿豆芽40克，鳝鱼90克，青椒、红椒各30克，姜片、蒜末、葱段各少许

调 料

盐3克，鸡粉3克，料酒6毫升，水淀粉、食用油各适量

烹饪小提示

腌渍好的鳝鱼可以放入沸水中汆煮片刻，去除腥味。

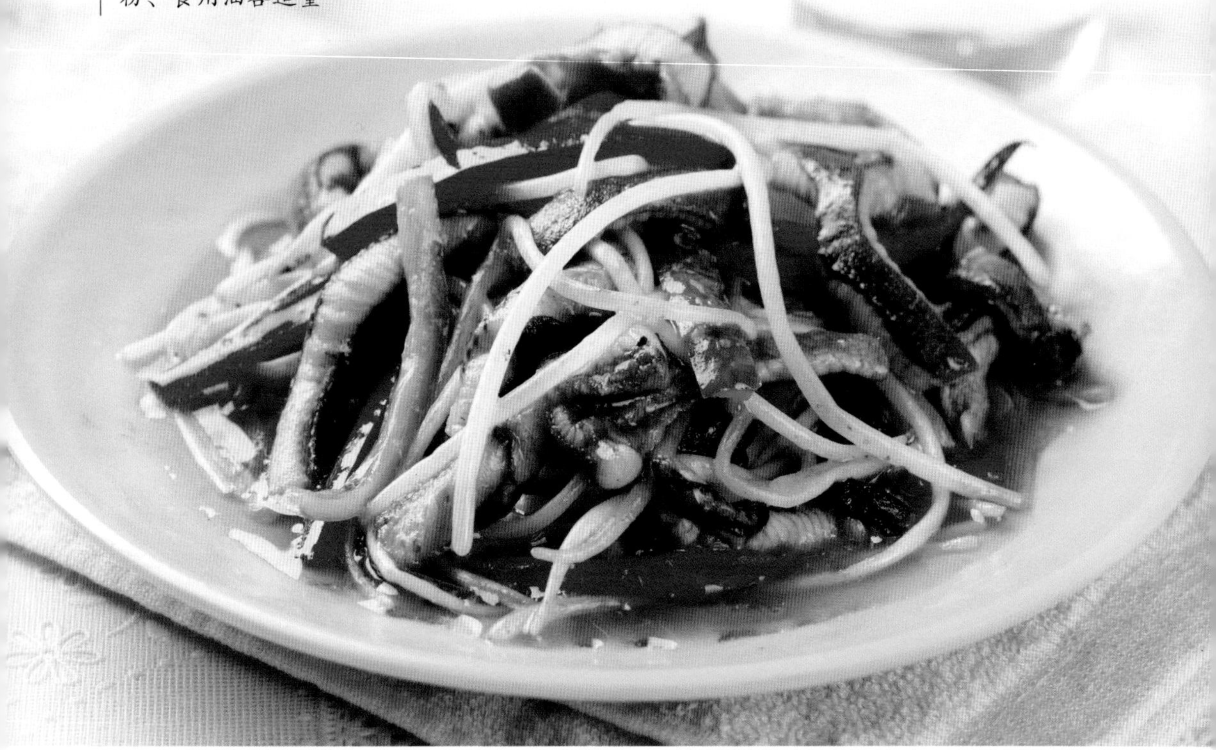

做 法

1 洗净的红椒、青椒切丝；处理干净的鳝鱼切成段，改切成丝。

2 把鳝鱼丝装碗，加鸡粉、盐、料酒、水淀粉、油，腌渍入味。

3 用油起锅，放姜、蒜、葱、青红椒、鳝鱼丝、料酒炒香。

4 放入绿豆芽，加盐、鸡粉、水淀粉，快速炒匀即可。

竹笋炒鳝段

难易度：★☆☆　2人份

原料

鳝鱼肉130克，竹笋150克，青椒、红椒各30克，姜片、蒜末、葱段各少许

调料

盐3克，鸡粉2克，料酒5毫升，水淀粉、食用油各适量

做法

1.洗净的鳝鱼肉、竹笋切片；青椒、红椒切小块。2.鳝鱼片装碗，加盐、鸡粉、料酒、水淀粉，腌渍入味。3.竹笋片、鳝鱼片倒入沸水锅中，汆煮片刻，捞出。4.用油起锅，放入姜片、蒜末、葱段，倒入青椒、红椒，放入竹笋片、鳝鱼片，淋入料酒，加入鸡粉、盐，炒匀调味，倒入水淀粉，炒至食材熟透即成。

韭菜炒鳝丝

难易度：★☆☆　2人份

原料

鳝鱼肉230克，韭菜180克，彩椒40克

调料

盐3克，鸡粉2克，料酒6毫升，生抽7毫升，水淀粉、食用油各适量

做法

1.洗净的韭菜切段；洗好的的彩椒切粗丝；处理好的鳝鱼肉切丝，淋入料酒，加盐、鸡粉、水淀粉、食用油，腌渍入味。2.用油起锅，倒入鳝鱼丝，炒匀、炒香，淋入料酒，炒匀提味，倒入适量生抽，翻炒匀。3.放入彩椒丝、韭菜段，翻炒均匀，加入盐、鸡粉，倒入水淀粉，翻炒至食材熟软，盛出装入盘中即成。

茶树菇炒鳝丝

难易度：★☆☆　2人份

烹饪时间 Time 2 分钟

原料

水发茶树菇150克，鳝鱼200克，青椒10克，红椒10克，姜片、葱段各少许

调料

盐2克，鸡粉2克，生抽5毫升，老抽3毫升，水淀粉5毫升，食用油适量

烹饪小提示

鳝鱼切花刀时不要切太深，否则容易炒碎。

做法

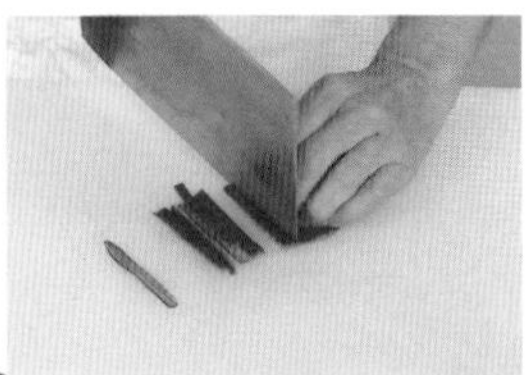

1 洗净的青椒、红椒切开，去籽，切成丝。

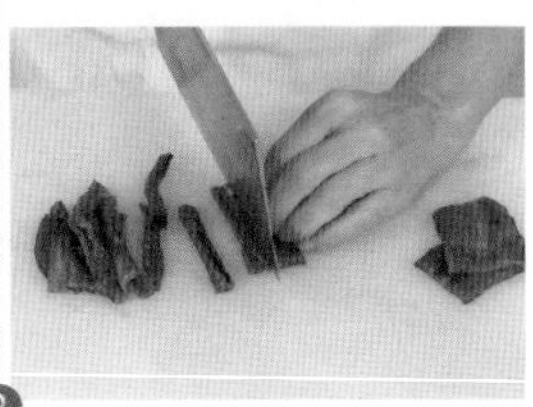

2 鳝鱼上切上花刀，再切成丝；茶树菇下锅焯煮片刻捞出。

3 姜片、葱段下锅爆香，放入鳝鱼、料酒、茶树菇、青椒、红椒炒匀。

4 加入盐、生抽、鸡粉、水淀粉，快速炒匀。

5 关火后将炒好的菜肴盛入盘中即可。

洋葱炒鳝鱼

难易度：★★☆　2人份

原料

鳝鱼200克，洋葱100克，圆椒55克，姜片、蒜末、葱段各少许

调料

盐3克，料酒16毫升，生抽10毫升，水淀粉、芝麻油、鸡粉、食用油各适量

烹饪小提示

在汆煮鳝鱼时，可以放几片姜，这样可以更好地去腥。

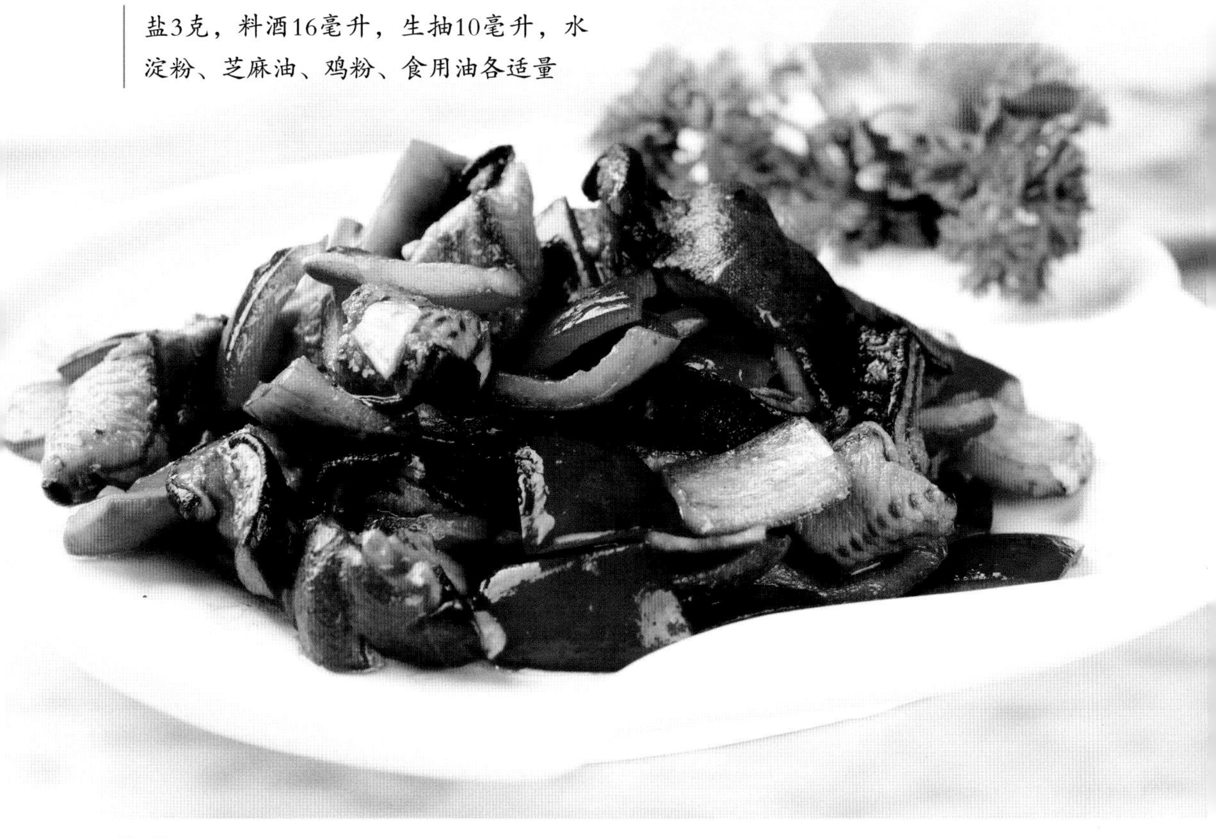

做法

1. 洋葱、圆椒切块；鳝鱼切块，加盐、料酒、水淀粉腌渍。

2. 鳝鱼下锅焯水捞出；姜、蒜、葱、圆椒、洋葱下锅翻炒均匀。

3. 放入鳝鱼，加入料酒、生抽、盐、鸡粉、水淀粉炒匀。

4. 倒入芝麻油，翻炒出香味，盛出即可。

烹饪时间 Time 2分钟

银鱼干炒苋菜

难易度：★☆☆　　2人份

原料

苋菜200克，水发银鱼干60克，彩椒45克，蒜末少许

调料

盐、鸡粉各2克，料酒4毫升，食用油适量

做法

1.将洗净的彩椒切成粗丝；洗好的苋菜切成小段。2.用油起锅，放入蒜末爆香，倒入银鱼干，再放入彩椒丝，快速翻炒一会儿，淋入少许料酒提鲜，倒入切好的苋菜，翻炒片刻，至其变软。3.转小火，加入盐、鸡粉，翻炒至食材入味，盛出炒好的食材，装入盘中即成。

烹饪时间 Time 2分钟

椒盐银鱼

难易度：★☆☆　　2人份

原料 银鱼干120克，朝天椒15克，蒜末、葱花各少许

调料 盐、胡椒粉、鸡粉、吉士粉、料酒、辣椒油、五香粉、油各适量

做法

1.将银鱼干装碗，注水泡软，捞出加盐、吉士粉、生粉拌匀；朝天椒切圈。2.银鱼干油炸至金黄色，捞出。3.用油起锅，倒入蒜末、朝天椒、银鱼干，加调味料炒匀。4.撒上葱花，淋入辣椒油炒匀即可。

做法

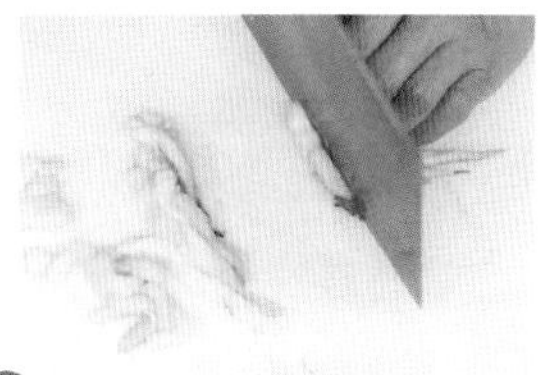

1 生姜去皮切细丝；红椒切粗丝；墨鱼须切段。

2 将墨鱼须放入锅，淋料酒，煮片刻，捞出。

3 蒜末、红椒丝、姜丝下锅爆香；倒入墨鱼须、料酒、豆瓣酱，翻炒片刻。

4 加盐、鸡粉、水淀粉，翻炒至食材熟透；撒上葱段，炒出葱香味。

5 关火后盛出炒好的菜肴，装在盘中即成。

烹饪时间 Time 2分钟

姜丝炒墨鱼须

难易度：★★☆　2人份

原料

墨鱼须150克，红椒30克，生姜35克，蒜末、葱段各少许

调料

豆瓣酱8克，盐、鸡粉各2克，料酒5毫升，水淀粉、食用油各适量

烹饪小提示

墨鱼须焯水前先拍上少许生粉，这样更容易保有其鲜嫩的口感。

芦笋腰果炒墨鱼

难易度：★★★　　2人份

烹饪时间 Time 4分钟

原料

芦笋80克，腰果30克，墨鱼100克，彩椒50克，姜片、蒜末、葱段各少许

调料

盐4克，鸡粉3克，料酒8毫升，水淀粉6毫升，食用油适量

烹饪小提示

芦笋不宜翻炒过久，以免炒得过老，影响成品外观。

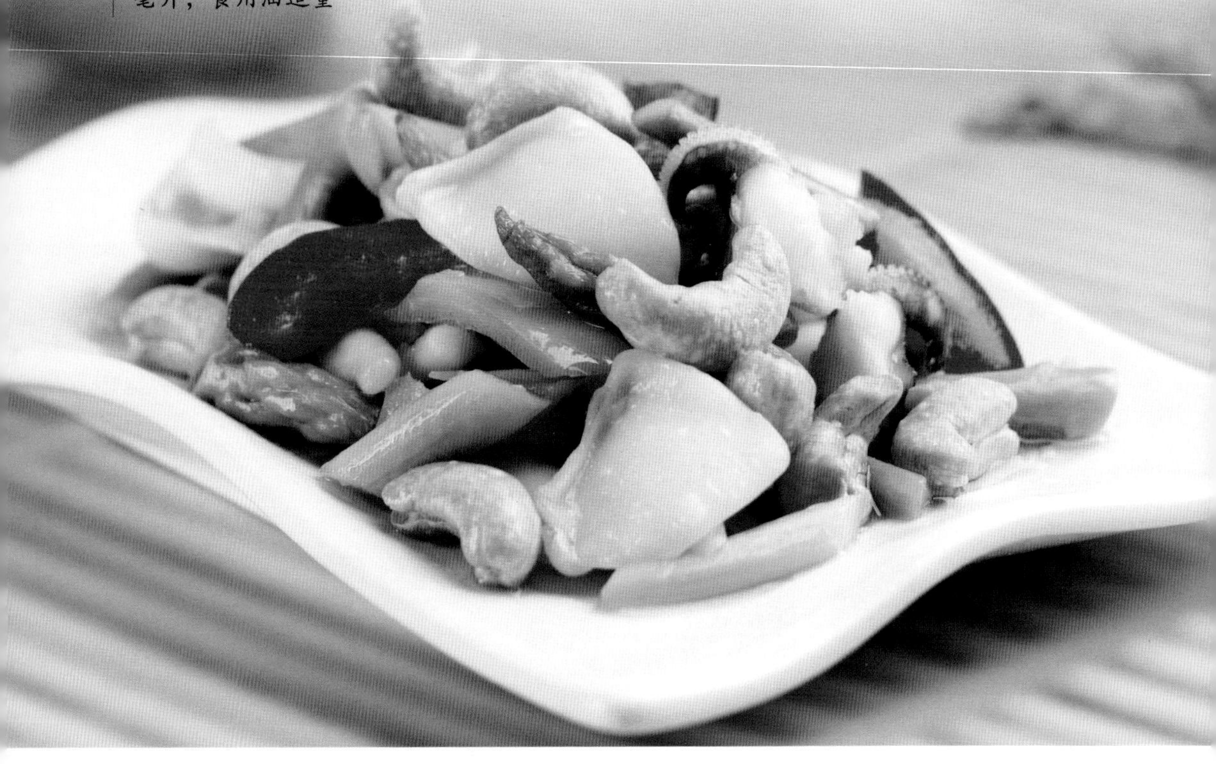

做法

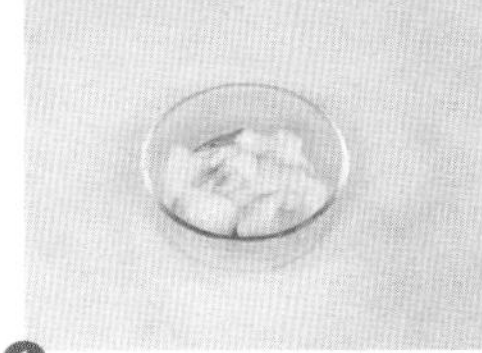

1. 芦笋切段；彩椒切小块；墨鱼切片，加调味料，腌渍至入味。
2. 腰果、彩椒、芦笋、墨鱼焯水，捞出；腰果炸至微黄，捞出。
3. 锅留油，放姜、蒜、葱、墨鱼、料酒、彩椒和芦笋炒匀。
4. 加鸡粉、盐、水淀粉炒匀，盛出装盘，撒上腰果即可。

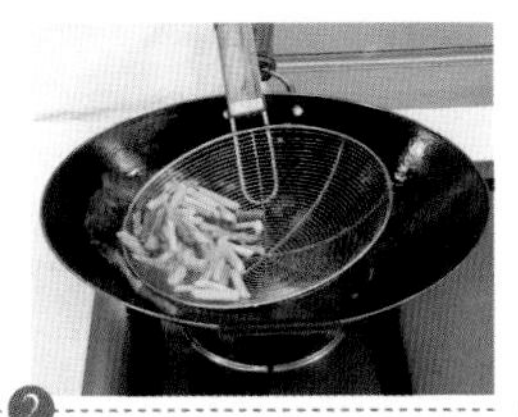

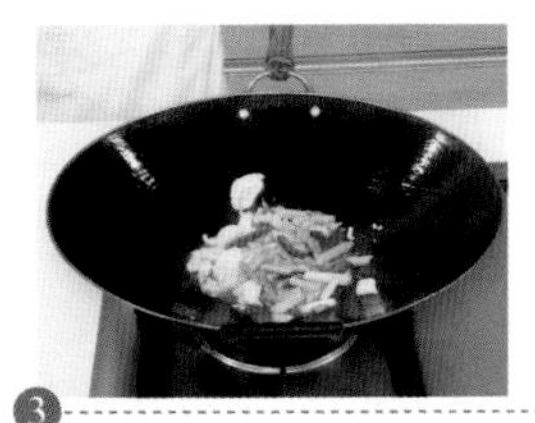

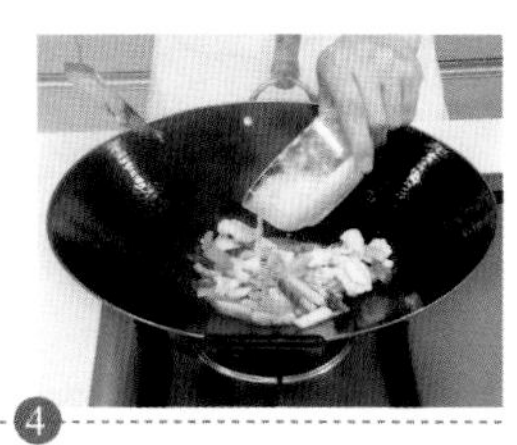

韭菜炒墨鱼

烹饪时间 Time 2分钟

难易度：★☆☆　2人份

原料

韭菜200克，墨鱼100克，彩椒40克，姜片、蒜末各少许

调料

盐3克，鸡粉2克，五香粉少许，料酒10毫升，水淀粉、食用油各适量

做法

1.洗净的韭菜切段；洗好的彩椒切粗丝；洗净的墨鱼切小块。2.锅中注水烧开，淋入料酒，倒入墨鱼，汆去腥味后捞出。3.用油起锅，放入姜片、蒜末，倒入墨鱼、彩椒丝，淋入料酒炒匀，倒入韭菜，翻炒至其断生。4.加盐、鸡粉、五香粉、水淀粉，翻炒至食材熟软即成。

糖醋鱿鱼

烹饪时间 Time 2分钟

难易度：★★☆　2人份

原料 鱿鱼130克，红椒20克，蒜末、葱花各少许

调料 白糖3克，盐2克，白醋10毫升，料酒4毫升，水淀粉、油各适量，番茄汁40克

做法

1.鱿鱼切开，打上网格花刀，切块；红椒切小块；取一个碗，放入番茄汁、白糖、盐、白醋，制成味汁。2.鱿鱼焯水捞出。3.将蒜末、红椒、鱿鱼下入油锅，加料酒、味汁、水淀粉炒匀，撒上葱花即成。

烹饪时间 Time 2分钟

茄汁鱿鱼丝

难易度：★★☆　2人份

原料

鲜鱿鱼100克，吉士粉适量，葱丝、蒜末、彩椒末各少许

调料

白糖6克，番茄酱30克，生粉、食用油各适量

烹饪小提示

鱿鱼丝挂浆时一定要均匀，以免油炸时将其炸老了，影响口感。

做法

1 洗净的鱿鱼肉切细丝，倒入热水锅中，煮至鱿鱼卷起，捞出。

2 鱿鱼丝装碗，加吉士粉、生粉拌匀；鱿鱼丝下油锅炸片刻，捞出。

3 用油起锅，下蒜末、彩椒末、清水、番茄酱、白糖，制成味汁。

4 倒入鱿鱼丝，翻炒匀。

5 关火后盛出放在盘中，撒上葱丝即成。

鱿鱼炒三丝

难易度：★★☆　　2人份

原 料

火腿肠90克，鱿鱼120克，鸡胸肉150克，竹笋85克，姜末、蒜末、葱段各少许

调 料

盐3克，鸡粉4克，料酒7毫升，水淀粉、食用油各适量

烹饪小提示

火腿肠本身含有盐分，所以炒制此菜时可以少放盐，以免成品味道过咸。

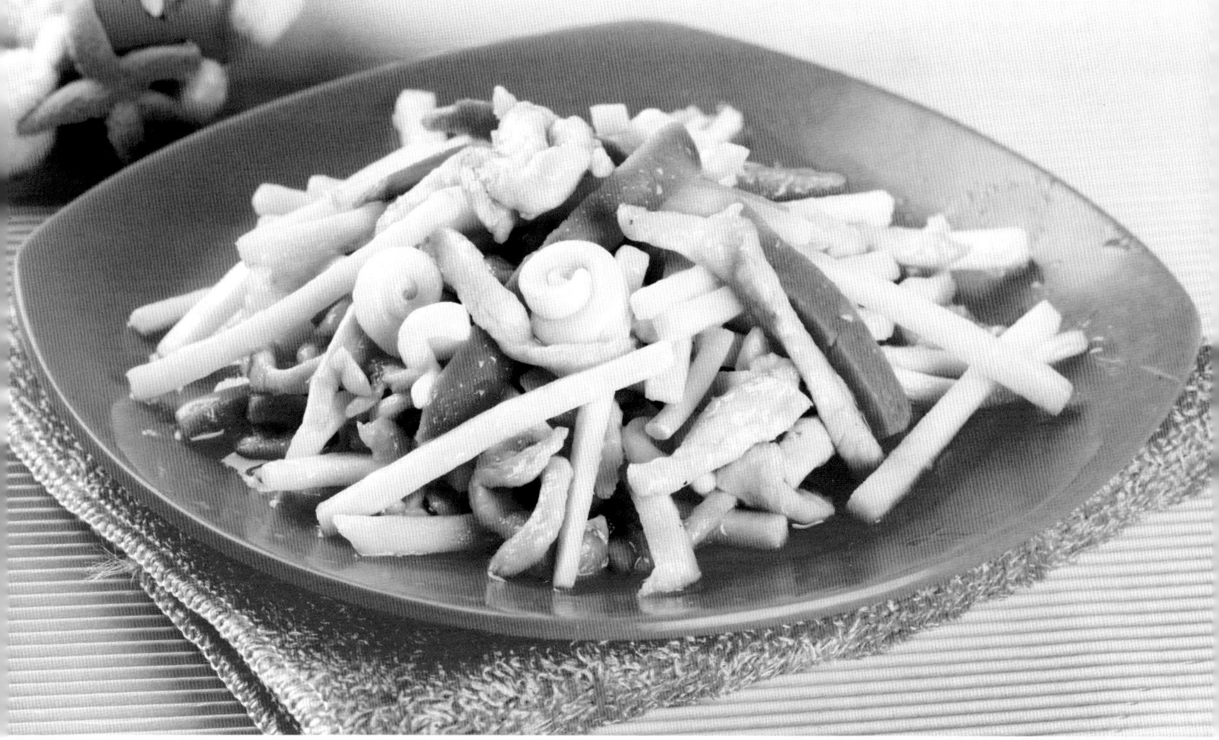

做 法

1. 火腿肠、竹笋切丝；鸡胸肉、鱿鱼切丝，加调味料腌渍入味。

2. 锅中注水烧开，倒入竹笋、鱿鱼，煮断生，捞出。

3. 姜、蒜、葱下油锅爆香；下入全部食材及料酒炒匀。

4. 加入盐、鸡粉炒匀调味，倒入水淀粉，拌炒均匀即可。

葱烧鱿鱼

难易度：★☆☆　2人份

原料

鱿鱼肉120克，彩椒45克，西芹、大葱各40克，姜片、葱段各少许

调料

盐3克，鸡粉3克，料酒5毫升，水淀粉、食用油各适量

做法

1.洗净的大葱、彩椒、西芹切成小块；鱿鱼内侧切上麦穗花刀，改切成小块。2.把鱿鱼块装入碗中，加盐、鸡粉、料酒、水淀粉，腌渍入味；西芹、彩椒、鱿鱼，焯煮断生后捞出。3.用油起锅，放入姜片、葱段，倒入大葱，放入鱿鱼卷，淋入料酒，倒入西芹和彩椒，加入盐、鸡粉，倒入水淀粉，拌炒均匀即可。

鲜鱿鱼炒金针菇

难易度：★☆☆　3人份

原料

鱿鱼300克，彩椒50克，金针菇90克，姜片、蒜末、葱白各少许

调料

盐3克，鸡粉3克，料酒7毫升，水淀粉6毫升，食用油适量

做法

1.洗净的金针菇切去根部；处理干净的鱿鱼内侧切上麦穗花刀，改切成片；彩椒切成丝。2.把鱿鱼装入碗中，加盐、鸡粉、料酒、水淀粉，腌渍入味；鱿鱼下入沸水锅焯水片刻，捞出。3.用油起锅，放入姜片、蒜末、葱白、鱿鱼炒片刻，淋入料酒，放入金针菇、彩椒，炒至熟；加盐、鸡粉、水淀粉炒匀即可。

烹饪时间 Time 2分钟

干煸鱿鱼丝

难易度：★★☆　2人份

原料

鱿鱼200克，猪肉300克，青椒30克，红椒30克，蒜末、干辣椒、葱花各少许

调料

盐3克，鸡粉3克，料酒8毫升，生抽5毫升，辣椒油、豆瓣酱、食用油各适量

做法

1. 锅中注水烧开，放入猪肉，煮片刻，捞出；青椒、红椒切成圈。

2. 猪肉切条；鱿鱼切条，加调味料腌渍，倒入沸水锅中，煮片刻捞出。

3. 用油起锅，倒入猪肉条炒香，淋入生抽炒匀。

4. 放干辣椒、蒜、豆瓣酱、红青椒、鱿鱼丝、盐、鸡粉、辣油炒匀。

5. 倒入葱花，翻炒均匀，盛出装碗中即可。

烹饪小提示

鱿鱼焯水的时间不宜过久，以免影响口感。

剁椒鱿鱼丝

难易度：★★☆　　2人份

烹饪时间 Time 4分钟

原料

鱿鱼300克，蒜薹90克，红椒35克，剁椒40克

调料

盐2克，鸡粉3克，料酒13毫升，生抽4毫升，水淀粉5毫升，食用油适量

烹饪小提示

鱿鱼焯水时间不宜太长，以免炒制的时候变老。

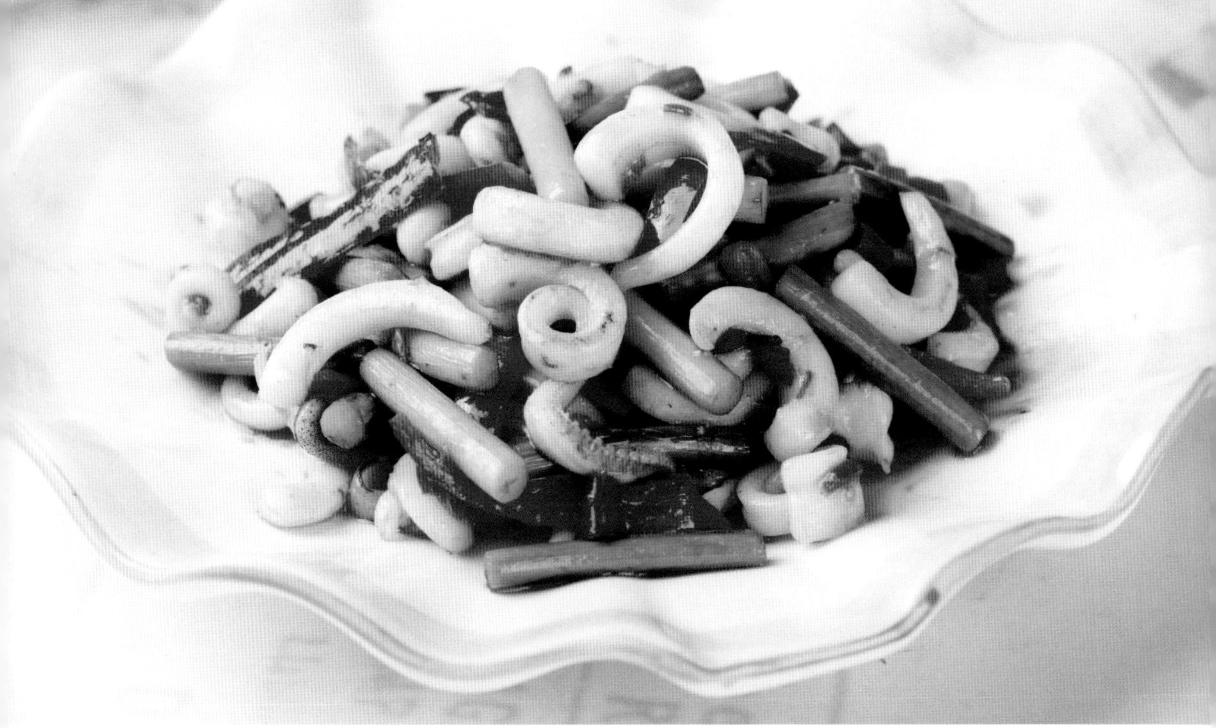

做法

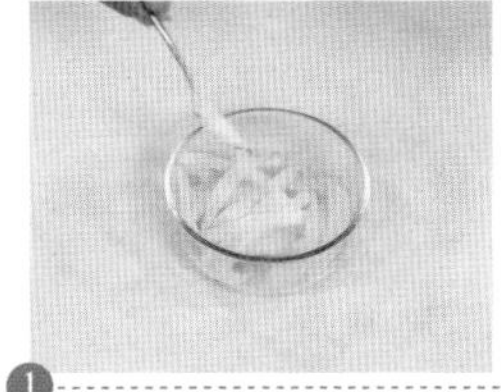

1. 蒜薹、红椒切好；鱿鱼切丝，加盐、鸡粉、料酒拌匀。

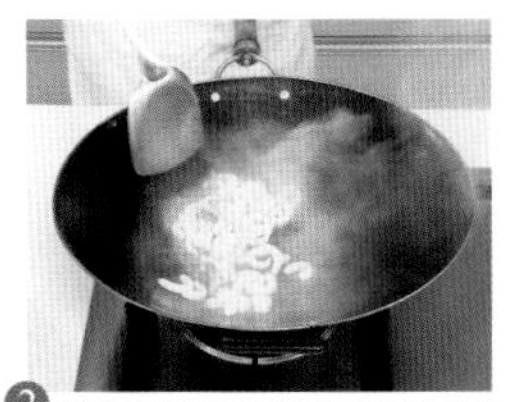

2. 鱿鱼丝下锅煮片刻，捞出；鱿鱼丝下油锅，淋入料酒炒匀。

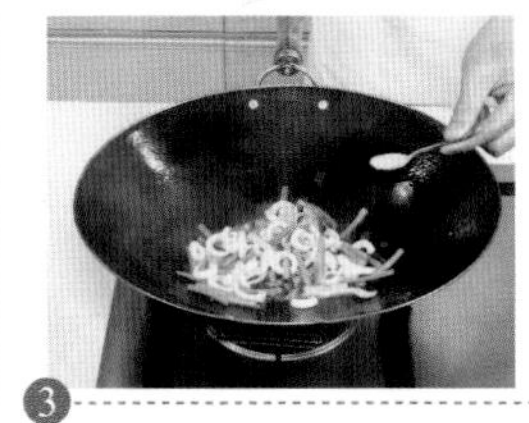

3. 放入红椒、蒜薹、剁椒，淋入生抽，加入鸡粉，炒匀调味。

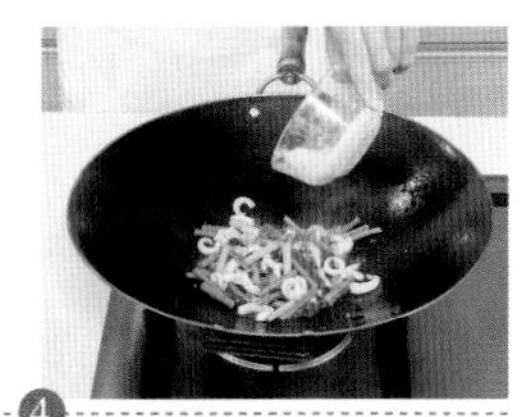

4. 倒入适量水淀粉，快速翻炒片刻；盛出装入盘中即可。

茄汁鱿鱼卷

难易度：★☆☆　2人份

原料

鱿鱼肉170克，莴笋65克，胡萝卜45克，葱花少许

调料

番茄酱30克，盐2克，料酒5毫升，食用油适量

做法

1.去皮洗净的莴笋、胡萝卜切薄片；在洗净的鱿鱼肉上切花刀，再切小块。2.锅中注水烧开，倒入胡萝卜片，煮至断生后捞出；倒入鱿鱼块，淋入少许料酒，煮至鱼身卷起，捞出。3.用油起锅，倒入番茄酱，加入盐，倒入鱿鱼卷，再放入胡萝卜、莴笋片，炒断生，淋入料酒，撒上葱花，炒出葱香味即可。

人参炒虾仁

难易度：★☆☆　2人份

原料

虾仁40克，人参35克，洋葱60克，彩椒20克，圆椒25克，姜片、葱段各少许

调料

盐2克，鸡粉3克，水淀粉、食用油各适量

做法

1.洗净的人参切段；圆椒、彩椒、洋葱切小块；虾仁去除虾线，加盐、鸡粉、水淀粉、食用油，腌渍至入味。2.锅中注水烧开，倒入食用油、圆椒、彩椒、洋葱、人参，焯煮至断生，捞出。3.用油起锅，倒入姜片、葱段，放入虾仁，倒入焯过水的材料，炒匀炒香，加盐、鸡粉、水淀粉，炒至食材熟软入味即可。

烹饪时间 Time 1分钟

洋葱丝瓜炒虾球

难易度：★★☆　2人份

原料

洋葱70克，丝瓜120克，彩椒40克，虾仁65克，姜片、蒜末各少许

调料

盐3克，鸡粉3克，生抽5毫升，料酒10毫升，水淀粉8毫升，食用油适量

做法

1 丝瓜、彩椒、洋葱切块；虾仁加盐、鸡粉、水淀粉，腌渍至入味。

2 丝瓜、洋葱、彩椒下入沸水锅，煮断生捞出。

3 蒜末、姜片下锅爆香，倒入虾仁、料酒、洋葱、彩椒、丝瓜炒匀。

4 加盐、鸡粉、生抽、水淀粉炒匀。

5 关火后盛出炒好的菜肴，装盘即可。

烹饪小提示

丝瓜焯水的时间不宜太长，否则入锅翻炒时易炒烂，影响成品外观。

茼蒿香菇炒虾

难易度：★☆☆　2人份

原料

茼蒿180克，基围虾100克，水发香菇50克，蒜末、葱段各少许

调料

盐、鸡粉各2克，料酒5毫升，水淀粉、食用油各适量

烹饪小提示

基围虾切好后用少许黄酒腌渍一会儿，可以有效地去除腥味。

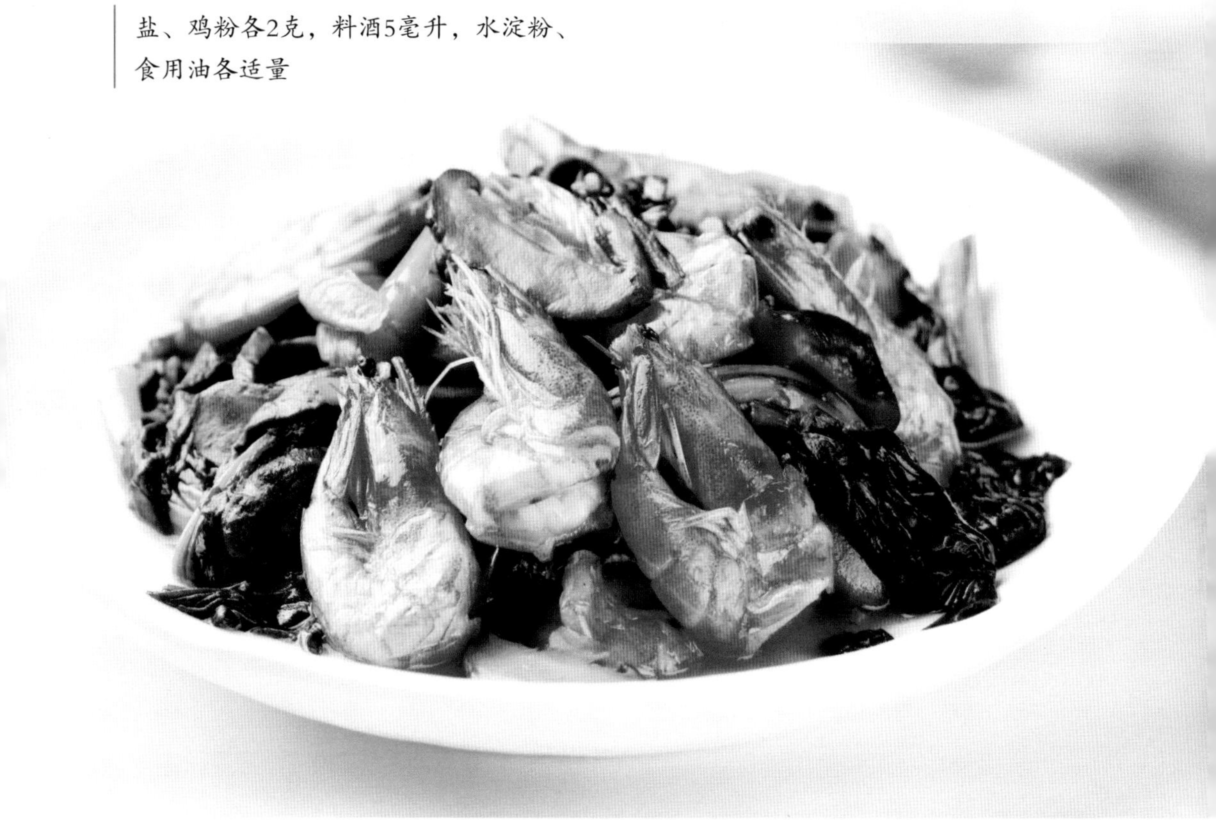

做法

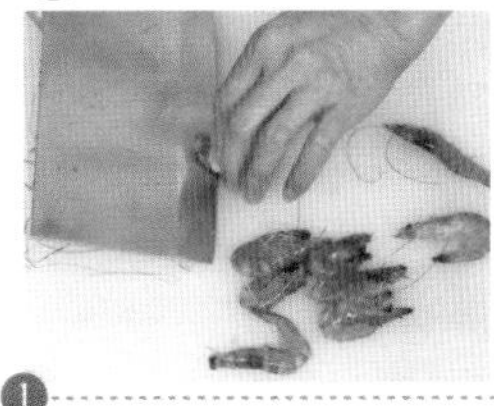

1. 洗净的香菇切粗丝；茼蒿切段；基围虾去除头须，挑去虾线。

2. 蒜末、葱段下锅爆香，倒入基围虾、香菇，淋入料酒炒透。

3. 再倒入茼蒿，炒至熟，加盐、鸡粉、水淀粉，炒匀。

4. 快速翻炒匀，至食材熟透、入味即成。

烹饪时间 Time 2 分钟

虾仁炒豆角

难易度：★☆☆　1人份

原 料

虾仁60克，豆角150克，红椒10克，姜片、蒜末、葱段各少许

调 料

盐3克，鸡粉2克，料酒4毫升，水淀粉、食用油各适量

做 法

1.洗净的豆角切段；红椒切条；虾仁去除虾线装碗，加盐、鸡粉、水淀粉、油，腌渍入味。2.豆角下锅煮至变成翠绿色后捞出。3.用油起锅，放入姜、蒜、葱、红椒、虾仁，淋入料酒，翻炒片刻，倒入豆角，加入鸡粉、盐，注入清水，略煮一会儿；加入水淀粉勾芡即成。

烹饪时间 Time 2 分钟

苦瓜黑椒炒虾球

难易度：★★☆　2人份

原 料 苦瓜200克，虾仁100克，泡小米椒30克，黑胡椒粉、姜片、蒜末、葱段各少许

调 料 盐3克，鸡粉2克，食粉少许，料酒、生抽、水淀粉、油各适量

做 法

1.苦瓜切片；虾仁加盐、鸡粉、水淀粉、油腌渍。2.苦瓜片、虾仁下沸水锅焯水捞出。3.用油起锅，放入黑胡椒粉、姜、蒜、葱、泡小米椒、虾仁、料酒炒匀，放入苦瓜片炒透，加调味料炒匀即成。

虾米炒茭白

烹饪时间 Time 3分钟

难易度：★☆☆　2人份

原料

茭白100克，虾米60克，姜片、蒜末、葱段各少许

调料

盐2克，鸡粉2克，料酒4毫升，生抽、水淀粉、食用油各适量

做法

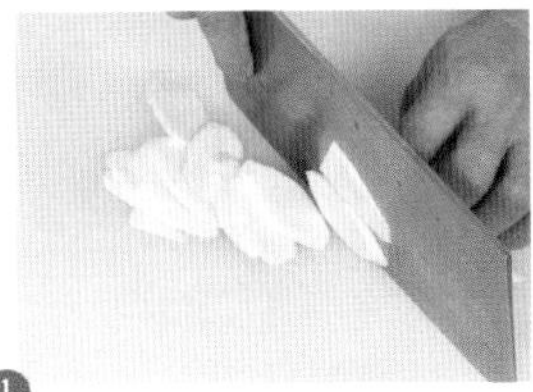

1 洗净的茭白切成片，装入盘中待用。

2 用油起锅，放入姜片、蒜末、葱段爆香，倒入虾米，淋入料酒炒香。

3 放入茭白炒匀，加入盐、鸡粉，炒匀。

4 倒入适量清水，翻炒片刻；加入适量生抽，拌炒均匀。

5 倒入适量水淀粉，快速炒匀即成。

烹饪小提示

茭白入锅炒制前可以先用水焯一下，可以除去其中含有的草酸。

西芹木耳炒虾仁

难易度：★★★　　2人份

原料

西芹75克，木耳40克，虾仁50克，胡萝卜片、姜片、蒜末、葱段各少许

调料

盐3克，鸡粉2克，料酒4毫升，水淀粉、食用油各适量

烹饪小提示

焯木耳时，可以撒上少许食粉。这样炒出来的木耳口感会更柔嫩。

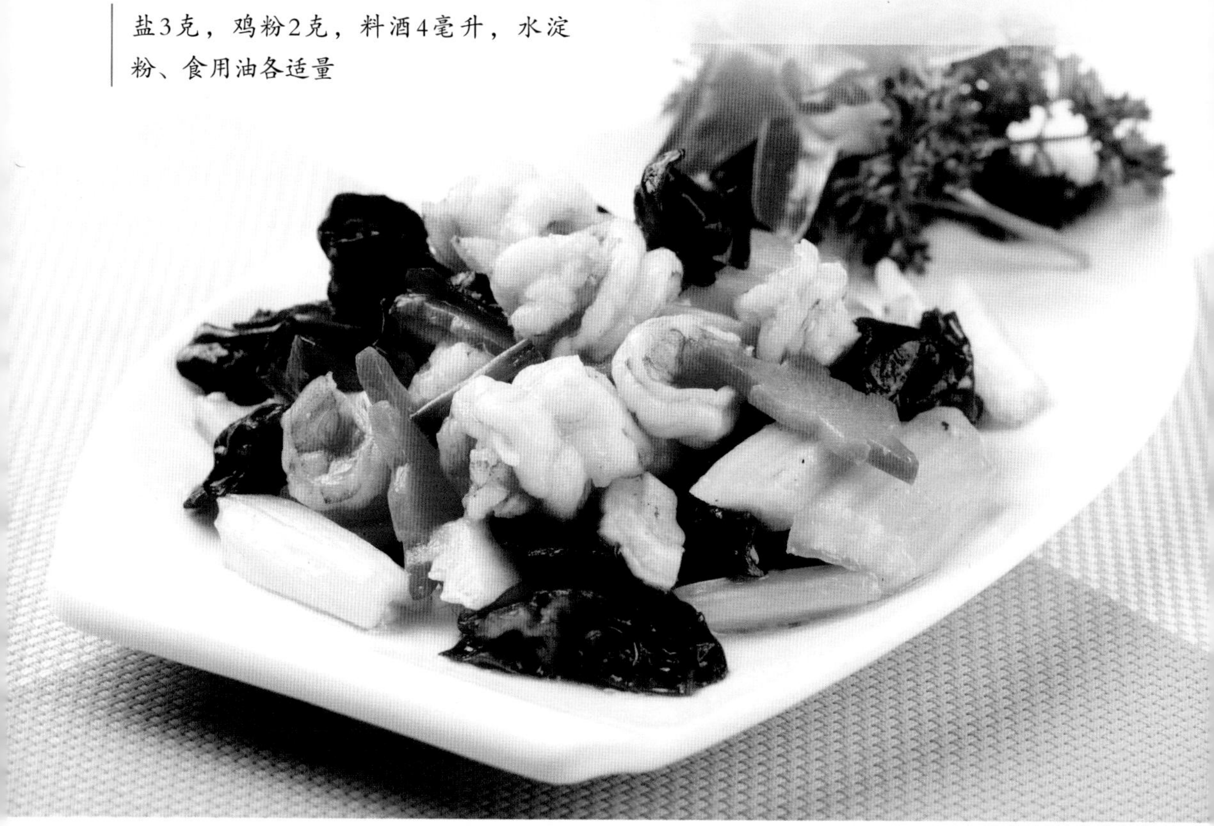

做法

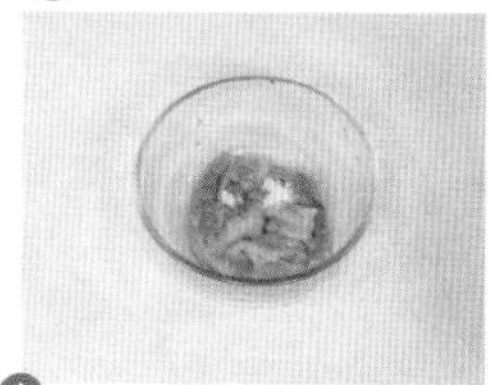

1. 西芹切段；木耳切块；虾仁去除虾线，加调味料腌渍入味。

2. 木耳、西芹焯水捞出；用油起锅，放胡萝卜、姜、蒜爆香。

3. 倒入虾仁、料酒，翻炒片刻；倒入木耳、西芹，炒至熟。

4. 加盐、鸡粉、水淀粉勾芡，撒上葱段，炒至断生即成。

烹饪时间 Time 2分钟

鲜虾炒白菜

难易度：★☆☆　　1人份

原料

虾仁50克，大白菜160克，红椒25克，姜片、蒜末、葱段各少许

调料

盐3克，鸡粉3克，料酒3毫升，水淀粉、食用油各适量

做法

1.洗净的大白菜、红椒切小块；虾仁去除虾线，加盐、鸡粉、水淀粉、油，腌渍入味。2.锅中注水烧开，放食用油、盐，倒入大白菜，煮断生，捞出。3.用油起锅，放入姜片、蒜末、葱段，倒入虾仁，淋入料酒，放入大白菜、红椒，加入鸡粉、盐、水淀粉炒匀即可。

葫芦瓜炒虾米

烹饪时间 Time 2分钟

难易度：★☆☆　　2人份

原料 葫芦瓜270克，彩椒80克，虾米20克，蒜末、葱段各少许

调料 盐3克，鸡粉2克，料酒10毫升，蚝油8克，水淀粉5毫升，油适量

做法

1.葫芦瓜切片；彩椒切块。2.锅中注水烧开，放入葫芦瓜、彩椒，煮片刻，捞出。3.锅中注适量油烧热，放入蒜末、葱段、虾米，淋入料酒，倒入葫芦瓜、彩椒，加盐、鸡粉、蚝油、水淀粉炒匀即可。

虾仁炒猪肝

难易度：★★☆　　2人份

原料

虾仁50克，猪肝100克，苦瓜80克，彩椒120克，姜片、蒜末、葱段各少许

调料

盐4克，鸡粉3克，水淀粉6毫升，料酒7毫升，白酒少许，食用油适量

烹饪小提示

猪肝宜现切现做，否则不仅流失营养，而且炒熟后会有许多颗粒凝结在猪肝上，影响外观和口感。

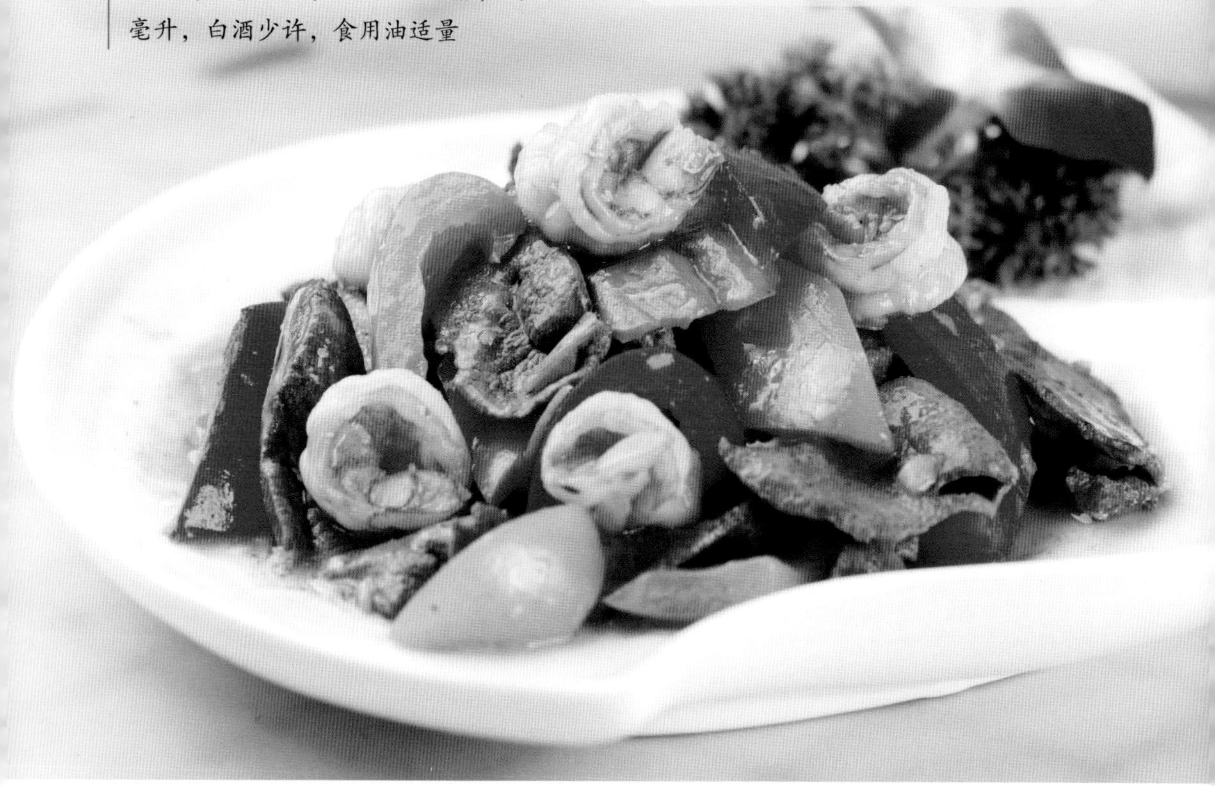

做法

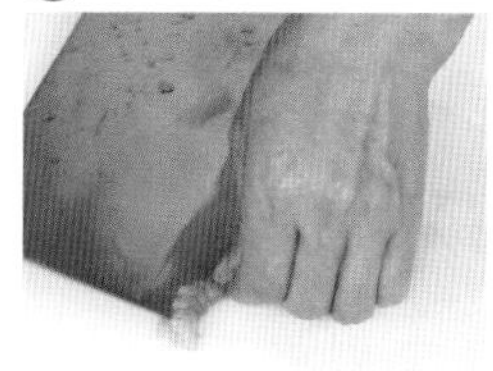

1. 彩椒、苦瓜切块；猪肝切片；虾仁加调味料，腌渍入味。

2. 锅中注水烧开，分别放入彩椒块、虾仁、猪肝汆片刻，捞出。

3. 姜片、蒜末、葱段下锅爆香，倒入虾仁和猪肝，加料酒炒匀。

4. 放入苦瓜和彩椒，加鸡粉、盐、水淀粉，翻炒片刻即可。

猕猴桃炒虾球

难易度：★★★ 2人份

烹饪时间 Time 2分钟

原料

猕猴桃60克，鸡蛋1个，胡萝卜70克，虾仁75克

调料

盐4克，水淀粉、食用油各适量

做法

1 猕猴桃去皮切块；胡萝卜切丁；虾仁加盐、水淀粉，腌渍入味。

2 将鸡蛋打入碗中，放盐、水淀粉调匀；胡萝卜下锅煮断生，捞出。

3 虾仁下油锅炸片刻，捞出；倒入蛋液炒熟。

4 用油起锅，倒入胡萝卜、虾仁、鸡蛋、猕猴桃、盐，炒匀。

5 加水淀粉炒入味即可。

烹饪小提示

炸虾仁时，要控制好时间和火候，以免炸得过老，影响成品口感。

草菇丝瓜炒虾球

难易度：★☆☆　2人份

原料

丝瓜130克，草菇100克，虾仁90克，胡萝卜片、姜片、蒜末、葱段各少许

调料

盐3克，鸡粉2克，蚝油6克，料酒4毫升，水淀粉、食用油各适量

做法

1.洗净的草菇切小块；丝瓜去皮切小段；虾仁去除虾线，加盐、鸡粉、水淀粉、油，腌渍入味。2.草菇倒入沸水锅，煮至八成熟，捞出。3.用油起锅，放入胡萝卜片、姜、蒜、葱，倒入虾仁，翻炒片刻，淋入料酒，放入丝瓜、草菇，用大火炒片刻，注入清水，收拢食材，倒入蚝油炒香；加盐、鸡粉、水淀粉炒匀即成。

虾仁西蓝花

难易度：★☆☆　2人份

原料

西蓝花230克，虾仁60克

调料

盐、鸡粉、水淀粉各少许，食用油适量

做法

1.锅中注水烧开，加入食用油、盐，倒入洗净的西蓝花，煮至其断生，捞出，沥干水分。2.将放凉的西蓝花切掉根部，取菜花部分；洗净的虾仁切小段，加盐、鸡粉、水淀粉，拌匀，腌渍。3.炒锅注油烧热，注入适量清水，加盐、鸡粉，倒入虾仁，拌匀，煮至虾身卷起并呈现淡红色。4.取一盘，摆上西蓝花，盛入锅中的虾仁即可。

做法

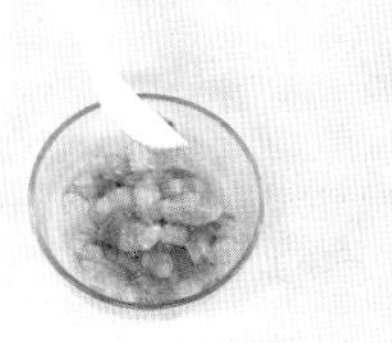

1. 洗好的西芹切块；虾仁切小段，加盐、料酒、黑胡椒粉、柠檬汁、水淀粉，腌渍入味。

2. 锅中注水烧开，放入西芹、盐，煮断生捞出。

3. 将黄油放入热锅中，开小火使其溶化。

4. 放入虾仁，翻炒片刻，倒入西芹，炒香。

5. 加胡椒粉、盐，炒匀调味，盛出装盘即可。

烹饪时间 Time 3分钟

柠檬西芹炒虾仁

难易度：★★☆　　2人份

原料

虾仁120克，西芹65克，黄油45克，柠檬50克

调料

胡椒粉2克，盐2克，料酒4毫升，黑胡椒粉、水淀粉各少许

烹饪小提示

炒虾仁时宜用大火快炒，可保持其鲜嫩的口感。

泰式芒果炒虾

难易度：★☆☆　　2人份

原料

基围虾300克，芒果130克，泰式辣椒酱35克，姜片、蒜片、葱段各少许

调料

盐、鸡粉各2克，生抽3毫升，料酒6毫升，食用油适量

烹饪小提示

调味时可以加入少许白糖，这样味道会更好。

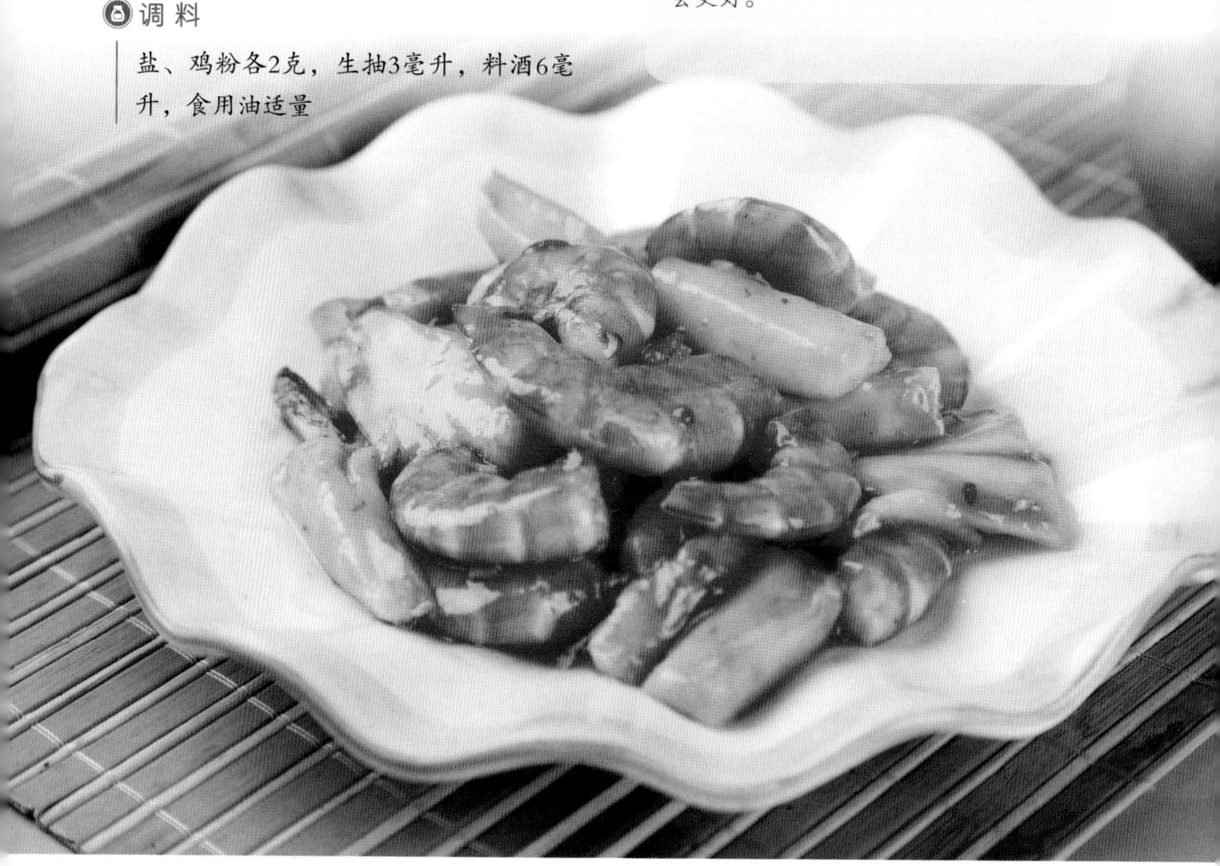

做法

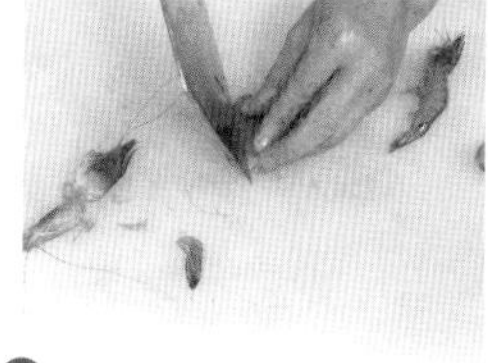

1. 洗净的基围虾去除头尾，剪去虾脚；芒果切取果肉，切条。

2. 用油起锅，倒入姜、蒜、葱爆香，加入基围虾、料酒，炒香。

3. 加泰式辣椒酱、生抽、盐、鸡粉炒匀；倒入芒果炒入味。

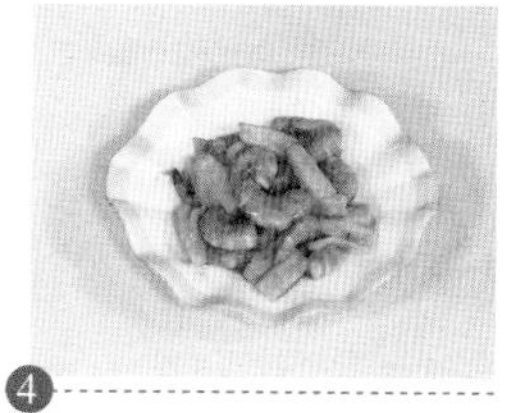

4. 关火后盛出炒好的菜肴即成。

白果桂圆炒虾仁

难易度：★★☆　2人份

原料

白果150克，桂圆肉40克，彩椒60克，虾仁200克，姜片、葱段各少许

调料

盐4克，鸡粉4克，胡椒粉1克，料酒8毫升，水淀粉10毫升，食用油适量

做法

1.洗净的彩椒切丁；虾仁去虾线，加盐、鸡粉、胡椒粉、水淀粉、食用油腌渍。2.沸水锅中加盐、食用油，倒入白果、桂圆肉、彩椒略煮，捞出；虾仁煮变色，捞出。3.热锅注油烧热，放入虾仁滑油后捞出；锅底留油，放姜片、葱段爆香，放白果、桂圆、彩椒、虾仁炒匀，加料酒、鸡粉、盐、水淀粉，炒匀调味即可。

南瓜炒虾米

难易度：★☆☆　2人份

原料

南瓜200克，虾米20克，鸡蛋2个，姜片、葱花各少许

调料

盐3克，生抽2毫升，鸡粉、食用油各适量

做法

1.洗净去皮的南瓜切成片；鸡蛋打入碗中，放入盐，用筷子打散。2.锅中注水烧开，加入盐、食用油、南瓜，煮至其断生，捞出；用油起锅，倒入蛋液，翻炒至熟，盛出。3.炒锅注油烧热，放入姜片，加入虾米，倒入南瓜，翻炒均匀，放入盐、鸡粉、生抽，炒匀调味。4.倒入鸡蛋，翻炒均匀，盛出撒上葱花即可。

西芹腰果虾仁

难易度：★☆☆　　2人份

原 料

西芹90克，虾仁60克，胡萝卜45克，腰果35克，姜片、蒜末、葱段各少许

调 料

盐2克，料酒3毫升，水淀粉、食用油各适量

烹饪小提示

炸腰果前要将其沥干水分，这样不仅可以防止溅油，还能缩短炸的时间。

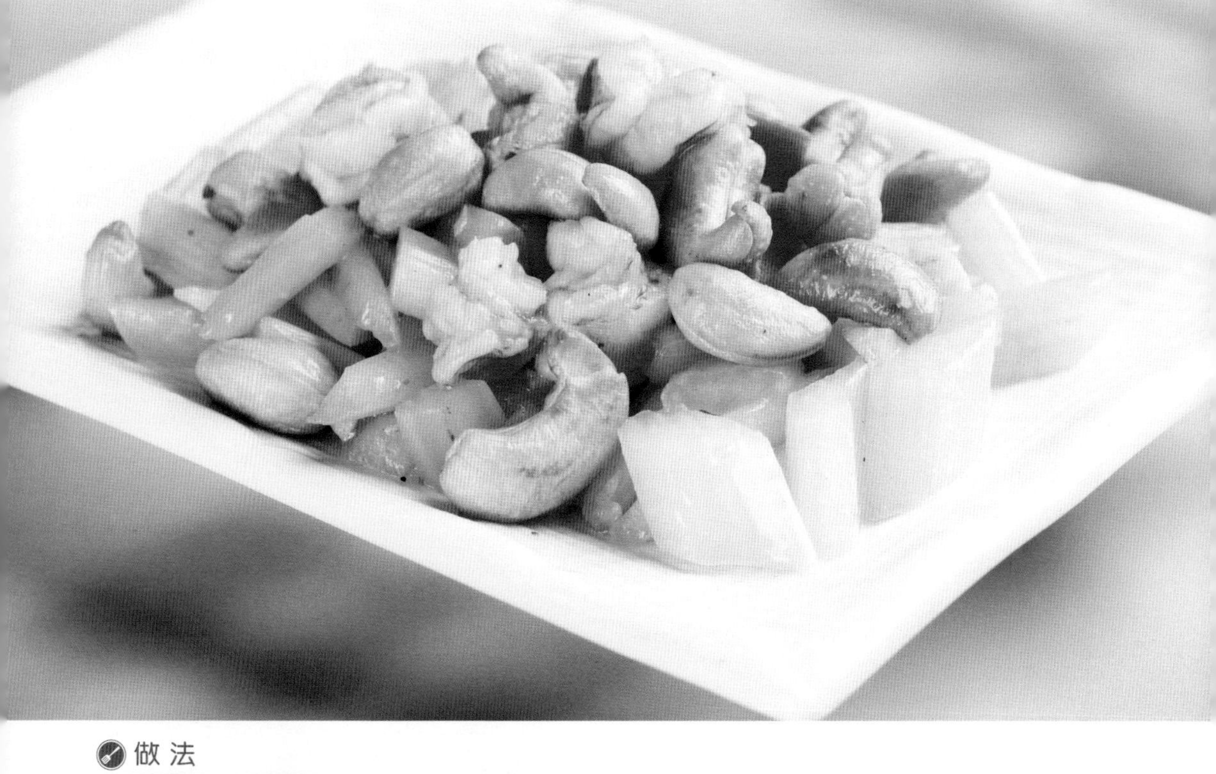

做 法

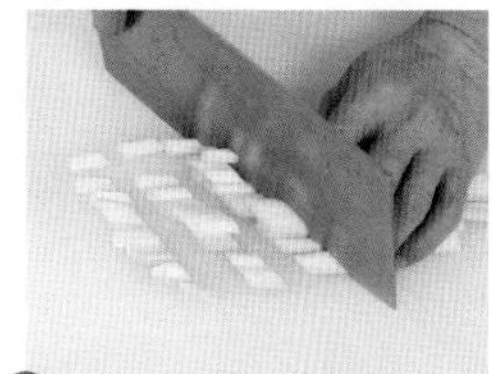

1 西芹、胡萝卜切块；虾仁加盐、水淀粉、油腌渍入味。

2 胡萝卜块、西芹煮至断生后捞出；腰果下油锅炸至微黄捞出。

3 锅底留油，倒入虾仁、料酒，放入姜、蒜、葱，翻炒片刻。

4 倒入焯煮过的食材炒匀，加盐、水淀粉炒匀，撒上腰果即成。

做法

1 将洗净去皮的冬瓜切丁。

2 锅内倒入适量食用油，放入虾皮，拌匀，淋入少许料酒，炒匀提味，放入冬瓜，炒匀。

3 注入少许清水，翻炒匀，用中火煮至熟透。

4 揭开锅盖，倒入少许水淀粉，翻炒均匀。

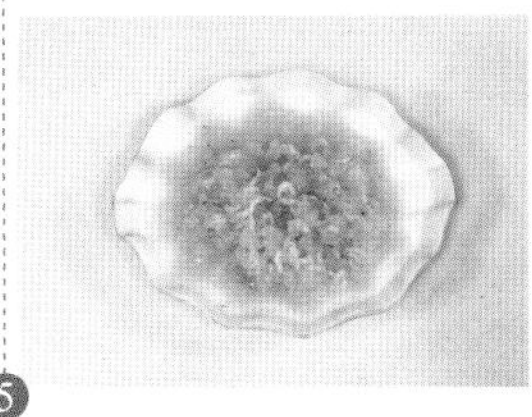

5 关火后盛出炒好的食材，装入盘中，撒上葱花即可。

烹饪时间 Time 5分钟

虾皮炒冬瓜

难易度：★☆☆　2人份

原料

冬瓜170克，虾皮60克，葱花少许

调料

料酒、水淀粉各少许，食用油适量

烹饪小提示

冬瓜块不宜切得太大，否则不易熟透。

老黄瓜炒花甲

烹饪时间 Time 5分钟

难易度：★★☆　2人份

原料

老黄瓜190克，花甲230克，青椒、红椒各40克，姜片、蒜末、葱段各少许

调料

豆瓣酱5克，盐、鸡粉各2克，料酒4毫升，生抽6毫升，水淀粉、油各适量

烹饪小提示

处理花甲前，可将其放入淡盐水中，以使它吐尽脏物。

做法

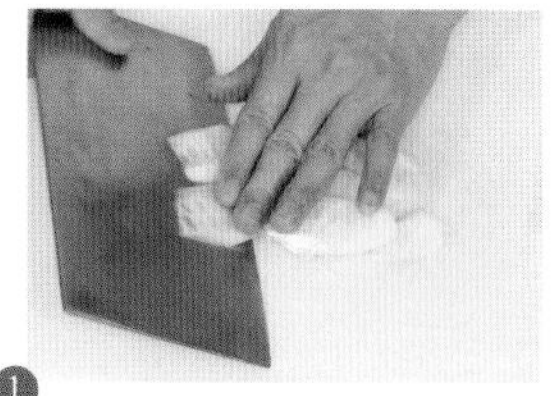

1. 洗净去皮的老黄瓜切成片；青椒、红椒切小块；锅中注水烧开。

2. 倒入花甲，用大火煮一会儿，捞出，洗净。

3. 姜片、蒜末、葱段下油锅爆香；倒入黄瓜片、青椒、红椒，炒匀。

4. 再放入花甲，炒匀。

5. 加入豆瓣酱、鸡粉、盐、料酒、生抽、水淀粉，翻炒入味即成。

蛤蜊炒毛豆

难易度：★☆☆　2人份

原 料

蛤蜊肉80克，水发木耳40克，毛豆80克，彩椒50克，蒜末、葱段各少许

调 料

盐2克，鸡粉2克，料酒6毫升，水淀粉4毫升，食用油适量

做 法

1.洗净的木耳切小块；洗好的彩椒切小块。2.锅中注水烧开，放入盐，淋入食用油，放入洗好的毛豆，倒入木耳、彩椒，煮至八成熟，捞出，沥干水分。3.用油起锅，倒入蒜末、葱段，放入洗净的蛤蜊肉，倒入焯过水的食材，淋入料酒，炒香，加入盐、鸡粉，淋入水淀粉，快速翻炒均匀即可。

姜葱炒血蛤

难易度：★☆☆　2人份

原 料

血蛤400克，红椒圈、青椒圈、葱段、姜片各少许

调 料

料酒5毫升，生抽4毫升，蚝油5克，盐2克，鸡粉2克，水淀粉4毫升，食用油适量

做 法

1.锅中注水烧开，倒入洗好的血蛤，略煮一会儿，捞出，沥干水分。2.热锅注油，倒入姜片，放入葱段、血蛤，注入清水，炒匀，放入青椒圈、红椒圈，淋入些许料酒、生抽。3.再加入蚝油、盐、鸡粉，炒匀调味，倒入水淀粉，翻炒均匀，将炒好的菜肴盛出，装盘即可。

丝瓜炒蛤蜊肉

难易度：★★☆　　2人份

原料

丝瓜120克，蛤蜊肉100克，红椒20克，姜片、蒜末、葱段各少许

调料

盐、鸡粉各2克，生抽5毫升，水淀粉、食用油各适量

烹饪小提示

蛤蜊肉用沸水清洗几次，不仅能去除杂质和异味，还能缩短烹饪的时间。

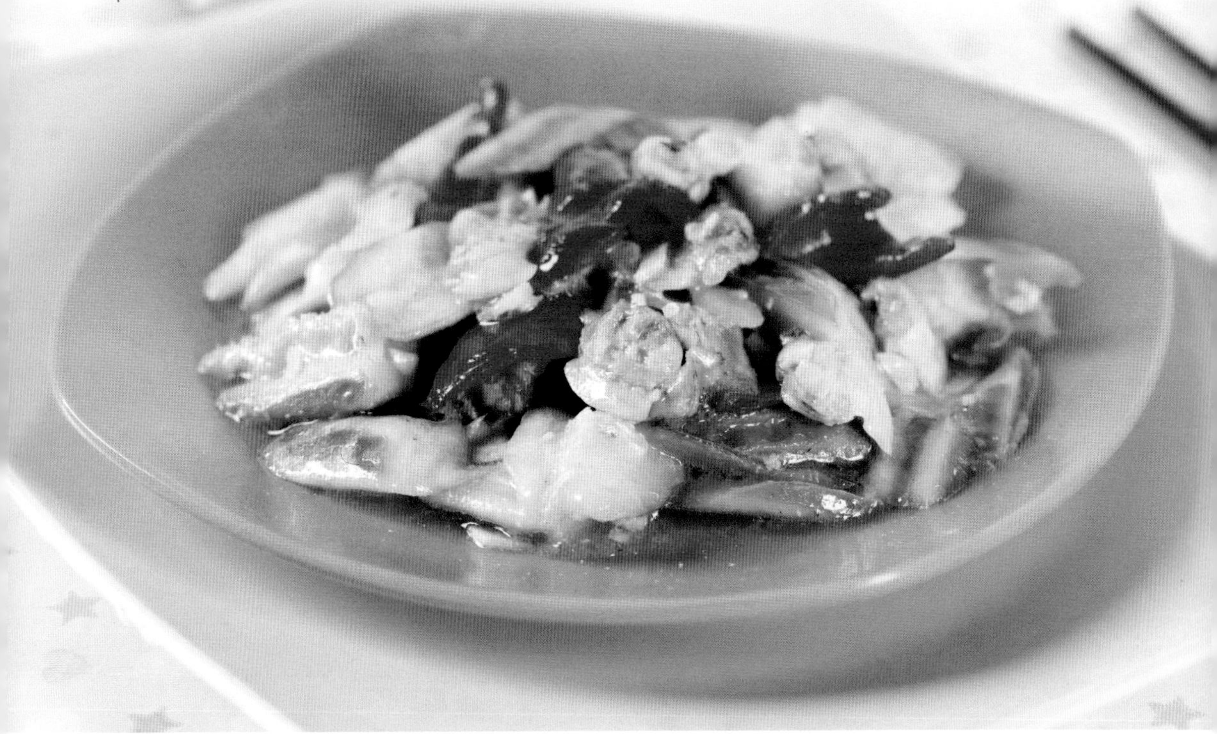

做法

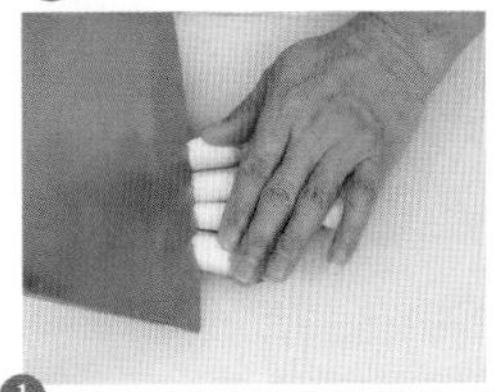

1. 洗净去皮的丝瓜切成小块；洗好的红椒切开，去籽，切小块。

2. 用油起锅，放入姜片、蒜末、葱段，大火爆香。

3. 放丝瓜、红椒炒匀，放入蛤蜊，注入清水，炒至肉质断生。

4. 加盐、鸡粉、生抽炒至熟透，倒入水淀粉勾芡即成。

莴笋炒蛤蜊

难易度：★☆☆　　2人份

烹饪时间 Time 2分钟

原料

莴笋、胡萝卜各100克，熟蛤蜊肉80克，姜片、蒜末、葱段各少许

调料

盐3克，鸡粉2克，蚝油6克，料酒4毫升，水淀粉、食用油各适量

做法

1.洗净去皮的胡萝卜、莴笋切片。2.锅中注水烧开，倒入莴笋片、胡萝卜片，煮至断生后捞出。3.用油起锅，放入姜片、蒜末、葱段，倒入熟蛤蜊肉，翻炒几下，淋入料酒，倒入莴笋片、胡萝卜片，炒至食材熟软。4.放入蚝油、盐、鸡粉、水淀粉，炒至食材熟透即成。

葫芦瓜炒蛤蜊

难易度：★☆☆　　2人份

烹饪时间 Time 2分钟

原料　葫芦瓜350克，彩椒45克，蛤蜊230克，蒜末、姜片、葱段各少许

调料　盐2克，鸡粉2克，蚝油10克，料酒、水淀粉、食用油各适量

做法

1.葫芦瓜切片；彩椒切块；蛤蜊去除内脏。2.葫芦瓜、彩椒、蛤蜊，汆煮片刻捞出。3.用油起锅，放姜片、蒜末、葱段、葫芦瓜、彩椒、蛤蜊炒匀，加蚝油、料酒炒香；加盐、鸡粉、水淀粉炒匀即可。

豉香花甲

难易度：★★☆　　2人份

烹饪时间 Time 3分钟

原料

花甲350克，红椒30克，豆豉、姜末、蒜末、葱段各少许

调料

盐2克，生抽5毫升，豆瓣酱15克，老抽、鸡粉、水淀粉、食用油各适量

烹饪小提示

买回来的花甲先放入淡盐水中泡1小时，让花甲把泥沙都吐净再炒，味道会更佳。

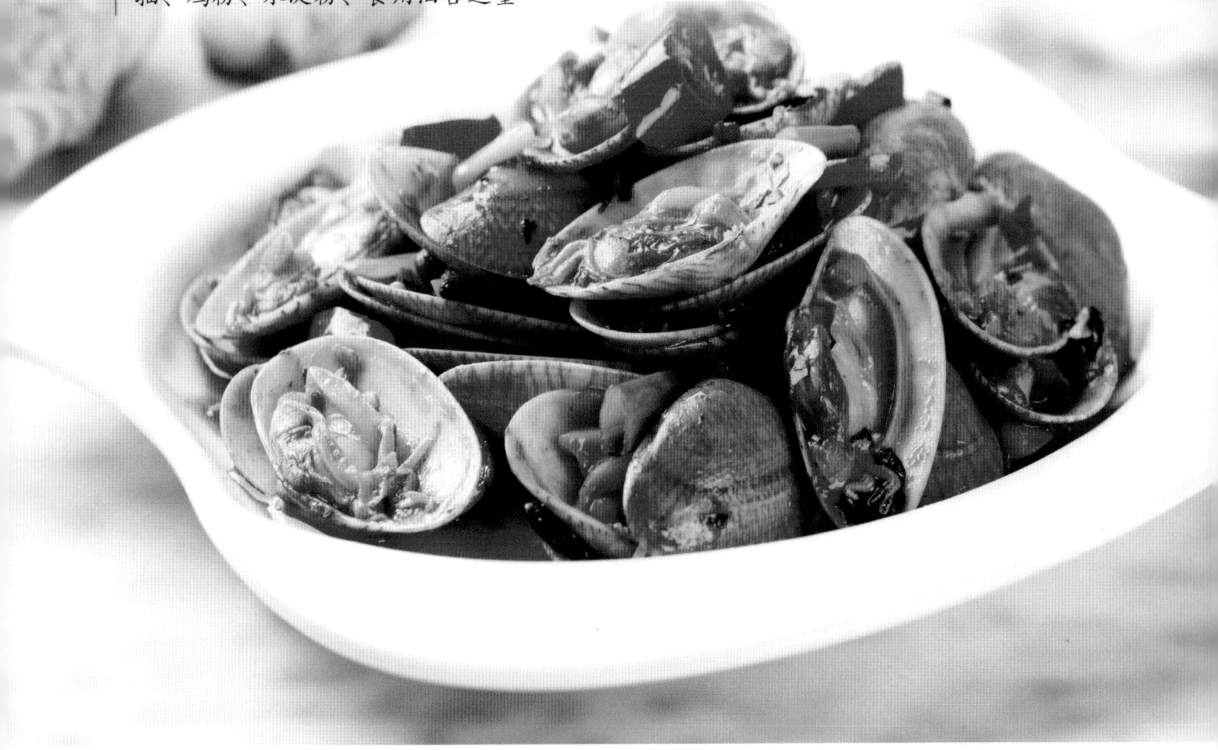

做法

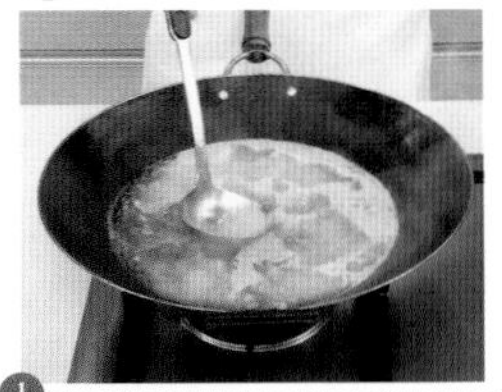

1. 红椒切成圈；锅中注水煮沸，倒入花甲煮片刻，捞出洗净。

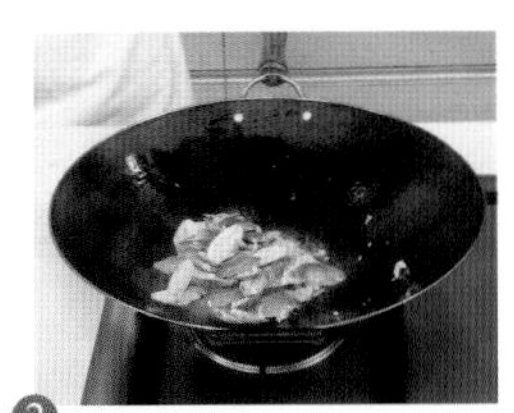

2. 豆豉、姜末、蒜末、葱段下锅爆香，倒入花甲炒匀。

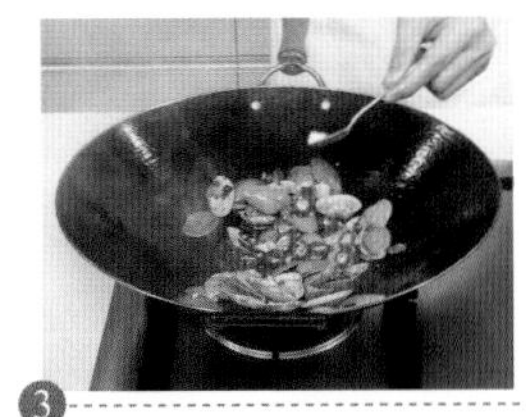

3. 加生抽、豆瓣酱、老抽、红椒、鸡粉、盐、清水翻炒片刻。

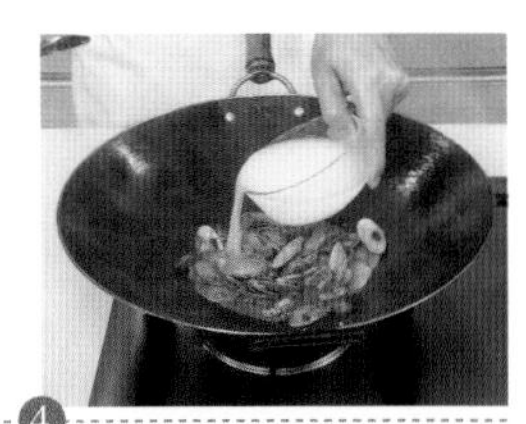

4. 倒入水淀粉，翻炒均匀，将炒好的菜肴盛出，装盘即可。

做法

1 锅中注水烧开，倒入蛤蜊，略煮片刻，捞出。

2 热锅注油，倒入肉末，翻炒至变色。

3 倒入姜末、葱花，放入豆瓣酱、泰式甜辣酱。

4 再倒入蛤蜊，淋入少许料酒，快速翻炒均匀，倒入水淀粉，翻炒匀。

5 放入余下的葱花，炒出香味，关火后将炒好的菜肴盛入盘中即可。

烹饪时间 Time 2 分钟

泰式肉末炒蛤蜊

难易度：★☆☆　　2人份

原料

蛤蜊500克，肉末100克，姜末、葱花各少许

调料

泰式甜辣酱5克，豆瓣酱5克，料酒5毫升，水淀粉5毫升，食用油适量

烹饪小提示

蛤蜊焯水后最好清洗一下，以清除其杂质。

韭菜炒蛤蜊

难易度：★☆☆　2人份

原料

韭菜100克，彩椒40克，蛤蜊肉80克

调料

盐2克，鸡粉2克，生抽3毫升，食用油适量

烹饪小提示

这道菜不宜炒制过久，以免影响鲜嫩口感。

做法

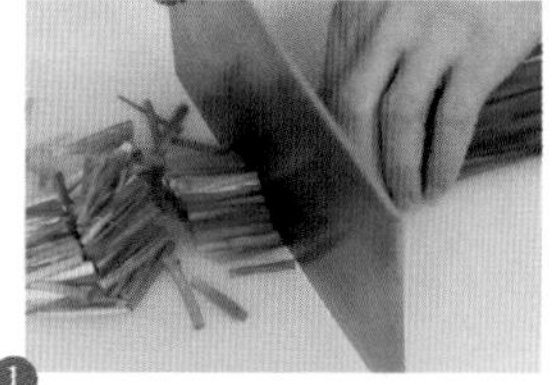

1. 洗净的韭菜切成段，洗好的彩椒切成条。

2. 锅中注入适量食用油烧热，倒入切好的彩椒、韭菜。

3. 放入洗净的蛤蜊肉，加入适量盐、鸡粉。

4. 淋入少许生抽，快速翻炒至食材入味。

5. 将炒好的食材盛出，装入盘中即可。

韭菜炒干贝

难易度：★☆☆　　2人份

原料

韭菜200克，彩椒60克，干贝80克，姜片少许

调料

料酒10毫升，盐2克，鸡粉2克，食用油适量

烹饪小提示

干贝宜用大火快炒，这样炒好的干贝口感更佳。

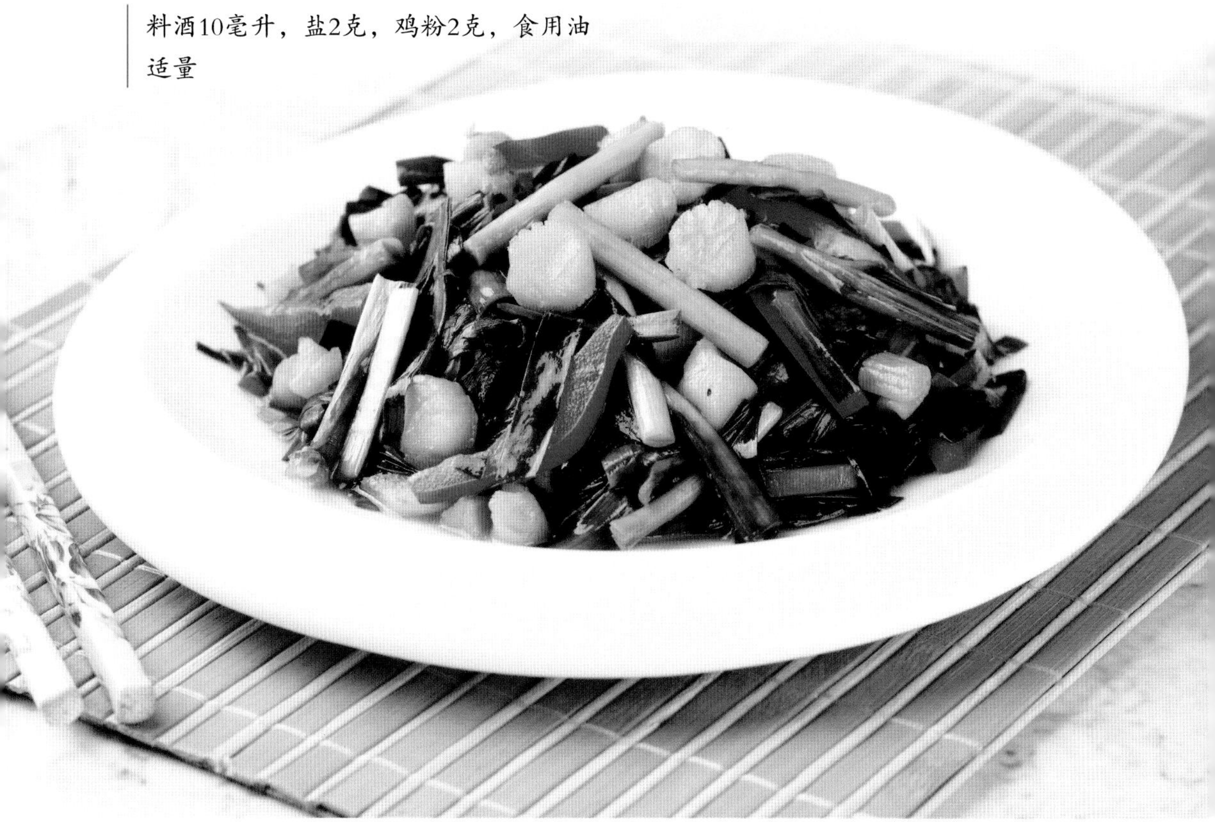

做法

1. 洗净的韭菜切成段；洗好的彩椒切条，装入盘中，备用。

2. 热锅注油烧热，放入姜片、干贝，用大火炒香，淋入料酒。

3. 放入彩椒丝、韭菜段，炒至熟，加盐、鸡粉，炒匀调味。

4. 关火后盛出炒好的食材，装入盘中即可。

烹饪时间
Time
2 分钟

海参炒时蔬

难易度：★☆☆　2人份

原料

西芹20克，胡萝卜150克，水发海参100克，百合80克，姜片、葱段各少许

调料

盐3克，鸡粉2克，水淀粉、料酒、蚝油、芝麻油、高汤、食用油各适量

烹饪小提示

炒海参时，一定要加料酒，可去腥、提味。

做法

1 洗净的西芹切小段；洗好去皮的胡萝卜切块。

2 锅中注水烧开，倒入胡萝卜、西芹、百合，略煮，捞出。

3 用油起锅，放入姜片、葱段、海参、高汤。

4 加盐、鸡粉、蚝油，淋入料酒，略煮，倒入西芹、胡萝卜，炒匀。

5 倒入水淀粉勾芡，淋入芝麻油，炒匀即可。

桂圆炒海参

难易度：★☆☆　2人份

原料

莴笋200克，水发海参200克，桂圆肉50克，枸杞、姜片、葱段各少许

调料

盐4克，鸡粉4克，料酒10毫升，生抽5毫升，水淀粉5毫升，食用油适量

做法

1.洗净去皮的莴笋切薄片。2.锅中注水烧开，加入盐、鸡粉，放入海参，淋入料酒，煮约1分钟，倒入莴笋，淋入食用油，煮约1分钟，捞出。3.用油起锅，放入姜片、葱段，倒入莴笋、海参，加入盐、鸡粉、生抽，炒匀调味，倒入适量水淀粉勾芡。4.放入洗好的桂圆肉，拌炒均匀，盛出炒好的菜肴，装入盘中即可。

葱爆海参

难易度：★☆☆　2人份

原料

海参300克，葱段50克，姜片40克，高汤200毫升

调料

盐、鸡粉各3克，白糖2克，蚝油5克，料酒、生抽、水淀粉、食用油各适量

做法

1.洗净的海参切条形。2.锅中注水烧开，加入盐、鸡粉，倒入海参，煮约1分钟，捞出，沥干水分。3.用油起锅，放入姜片、部分葱段，倒入海参，淋入料酒，炒匀提味，倒入高汤，放入蚝油，淋入生抽，加入盐、鸡粉、白糖，炒匀调味，撒上余下的葱段，再倒入水淀粉，翻炒至汤汁收浓即成。

鲍丁小炒

难易度：★★☆　　2人份

烹饪时间 Time 3分钟

原料

小鲍鱼165克，彩椒55克，蒜末、葱末各少许

调料

盐、鸡粉各2克，料酒6毫升，水淀粉、食用油各适量

烹饪小提示

汆煮好的鲍鱼最好再过一遍凉水，这样能有效地去除肉中的杂质。

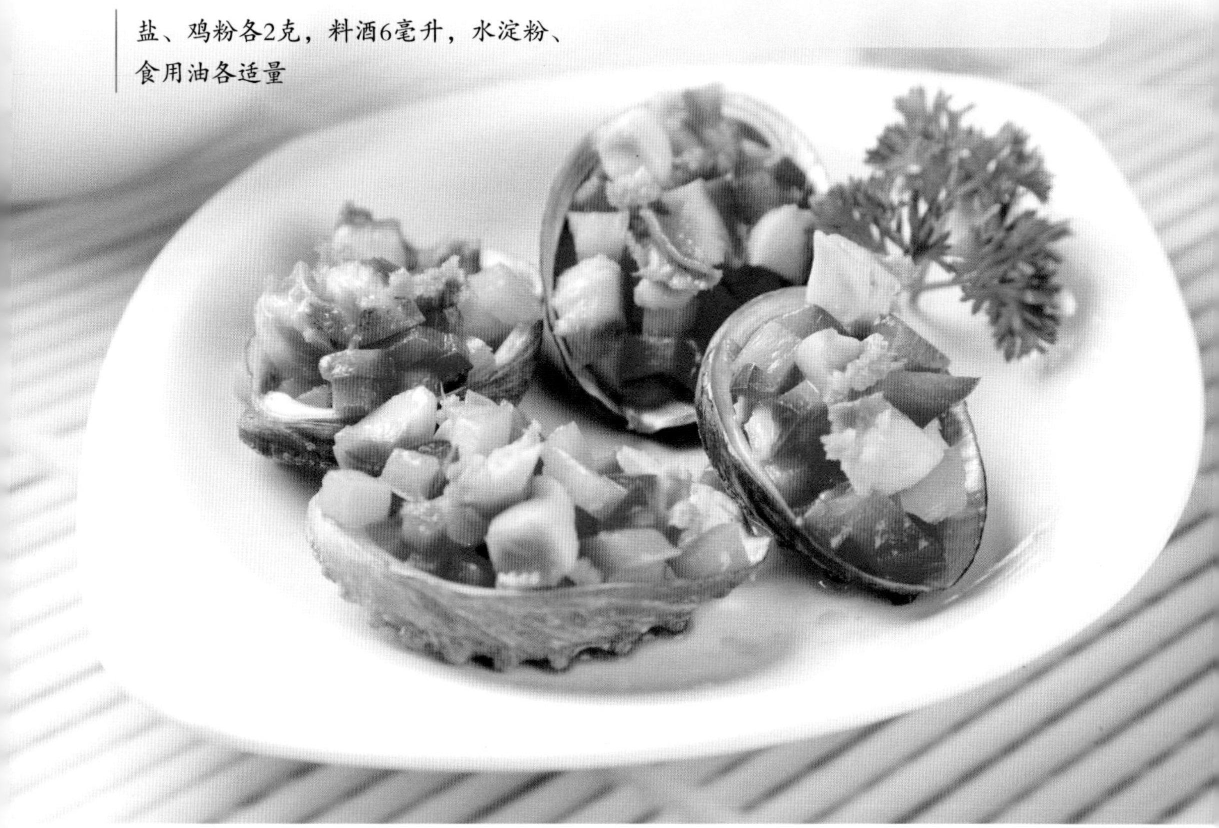

做法

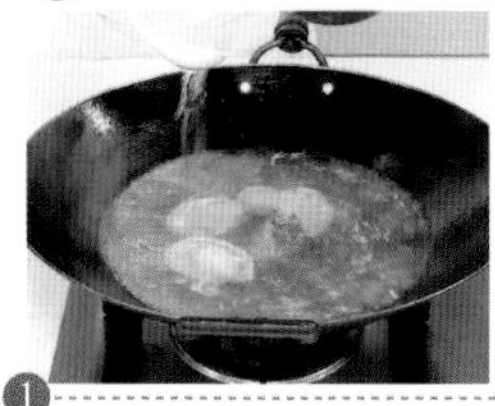

1 鲍鱼剖开，分出壳、肉，倒入沸水锅中，加料酒，焯水捞出。

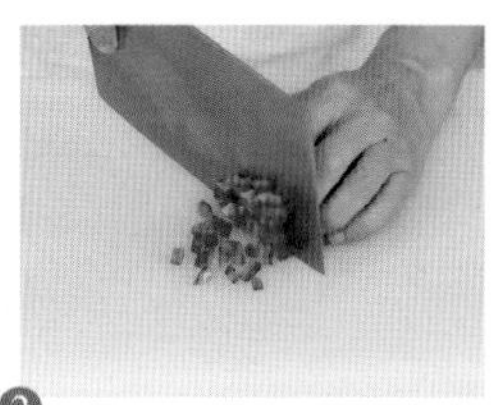

2 洗净的彩椒、鲍鱼肉切丁；用油起锅，倒入蒜末、葱末爆香。

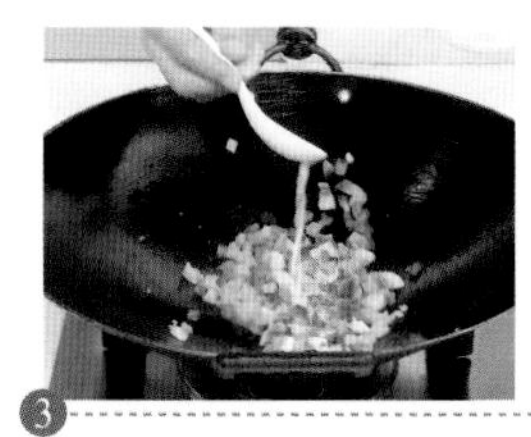

3 放入彩椒丁、鲍鱼肉、料酒炒香；加调味料，翻炒至熟透。

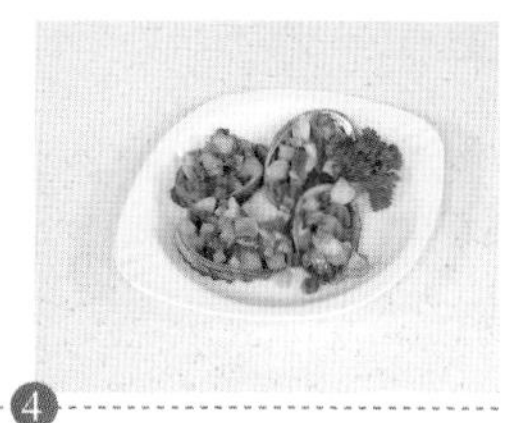

4 取一个盘子，放入鲍鱼壳，盛入锅中炒好的材料，摆好即成。

Part 6

特色炒饭、面、粉

炒饭、炒面、炒粉是生活中最常见的食物，有多种品类，很受大众追捧，在各个地方也特色化。主要材料是用煮好的米饭、面、粉，和青菜、肉类、鸡蛋等食材爆炒而成，因其制作方便，耗时短，深受大家的欢迎。那么，想让你家的餐桌上出现变化多样又营养丰富的炒饭、炒面、炒粉呢？本章将为你一一呈现。

茼蒿萝卜干炒饭

难易度：★☆☆　　1人份

烹饪时间 Time 3分钟

原料

米饭150克，茼蒿80克，萝卜干40克，胡萝卜40克，水发香菇35克，葱花少许

调料

盐3克，鸡粉2克，食用油适量

烹饪小提示

炒米饭时也可以淋入少许芝麻油，不仅可增香，还能使米粒通透、饱满。

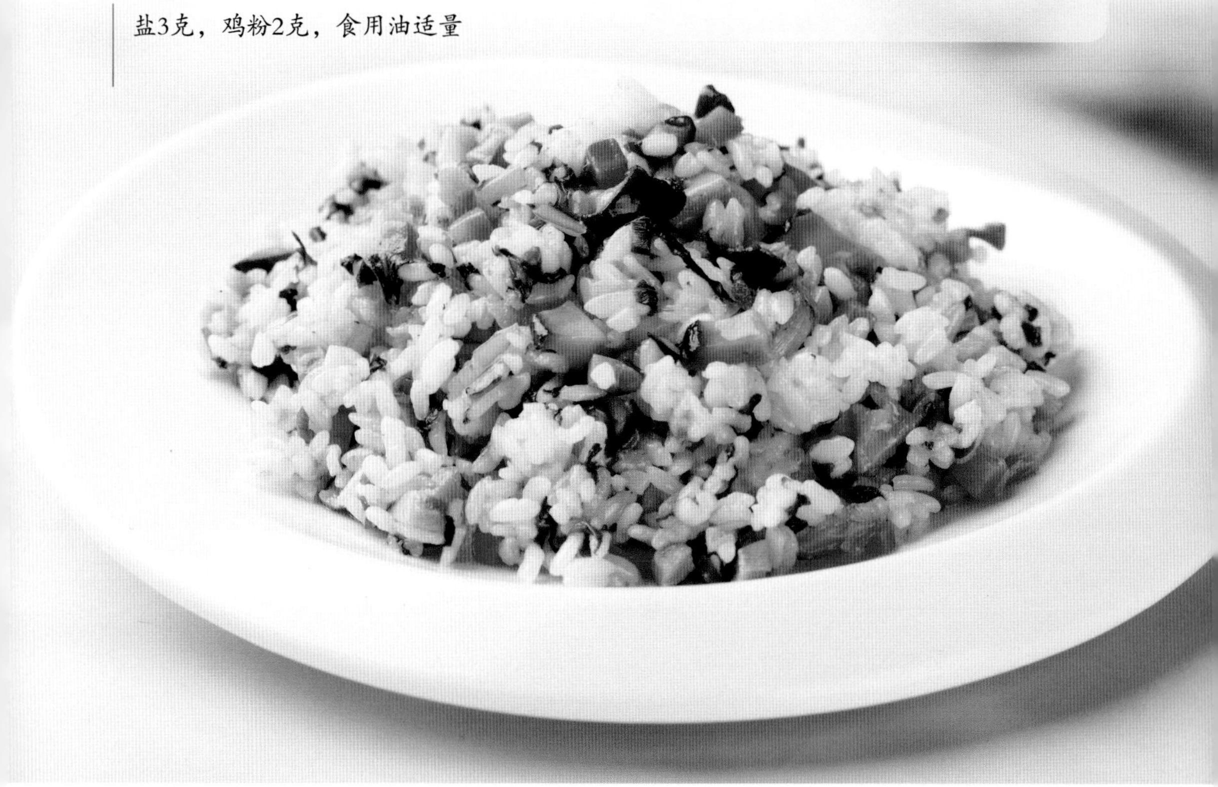

做法

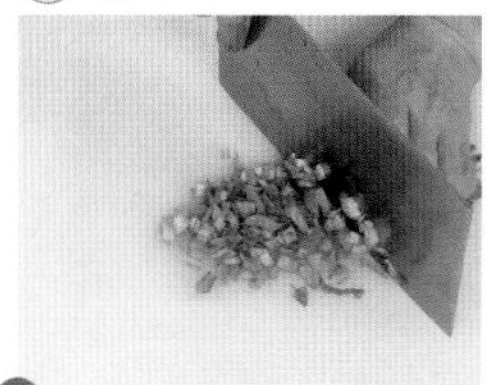

1. 将洗净的萝卜干切丁；洗好去皮的胡萝卜切成颗粒；洗净的香菇、茼蒿切成丁。

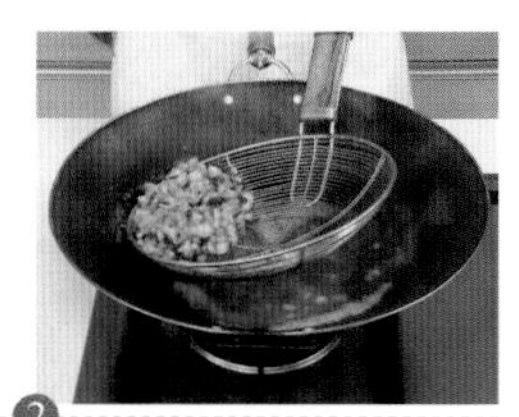

2. 锅中注水烧开，放入萝卜干、胡萝卜、香菇丁，煮约半分钟，捞出待用。

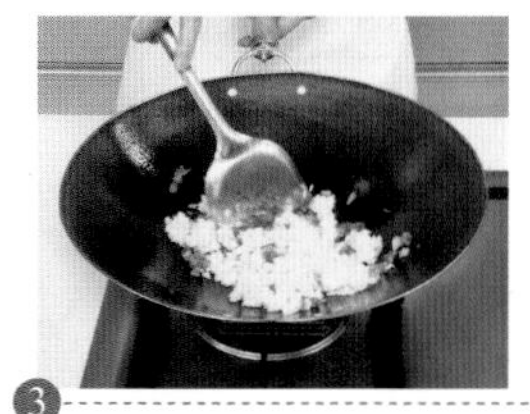

3. 用油起锅，放入茼蒿，用大火翻炒至变软，转中火，倒入备好的米饭，炒松散。

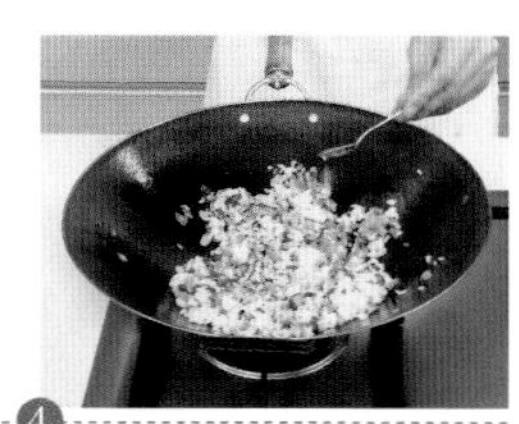

4. 放入萝卜干、胡萝卜、香菇翻炒匀，加盐、鸡粉调味，撒上葱花，炒几下即成。

做法

1 将洗净的苋菜切成小段，装入盘中，待用。

2 用油起锅，放入蒜末，爆香。

3 倒入切好的苋菜，快速翻炒一会儿，至其变软。

4 倒入备好的米饭，炒匀、炒散，再加入少许盐，炒匀调味。

5 淋入适量芝麻油翻炒一会儿，至食材熟软、入味，盛出即成。

烹饪时间 Time 2分钟

苋菜炒饭

难易度：★☆☆　2人份

原料

米饭200克，苋菜100克，蒜末少许

调料

盐2克，芝麻油、食用油各适量

烹饪小提示

苋菜的水分较多，所以炒饭时不宜再加入清水。

蛤蜊炒饭

难易度：★★☆　2人份

原 料

蛤蜊肉50克，洋葱40克，鲜香菇35克，胡萝卜50克，彩椒40克，芹菜25克，大米饭、糙米饭各100克

调 料

盐2克，鸡粉2克，胡椒粉少许，芝麻油2毫升，食用油适量

做 法

1.洗净去皮的胡萝卜切粒；洗好的香菇、芹菜、彩椒、洋葱切粒。2.锅中注水烧开，倒入胡萝卜、香菇，煮断生捞出。3.用油起锅，倒入芹菜、彩椒、洋葱、大米饭、糙米饭、蛤蜊肉、胡萝卜、香菇、盐、鸡粉，放入胡椒粉、芝麻油，翻炒，盛出装入盘中即可。

葡萄干炒饭

难易度：★☆☆　0人份

原 料

火腿40克，洋葱20克，虾仁30克，米饭150克，葡萄干25克，鸡蛋1个，葱末少许

调 料

盐2克，食用油适量

做 法

1.鸡蛋打入碟中，搅散；备好的洋葱、火腿切粒；洗净的虾仁去虾线切丁。2.热锅中注入食用油，倒入蛋液，炒熟。3.锅底留油，倒入洋葱粒、火腿粒、虾仁丁，炒至虾肉淡红色，加入葡萄干、米饭，翻炒，加入鸡蛋、盐、葱末，炒香，盛出，放在盘中即成。

咸鱼鸡丁炒饭

烹饪时间 Time 5分钟

难易度：★☆☆　1人份

原料

冷米饭160克，鸡肉40克，咸鱼35克，葱花少许

调料

鸡粉2克，盐1克，胡椒粉、水淀粉、芝麻油、食用油各适量

做法

1 咸鱼取鱼肉，切丁，加鸡粉、盐、水淀粉、食用油腌渍。

2 热锅注油烧热，倒入鸡肉丁，滑油至变色后捞出。

3 油锅倒入咸鱼丁，炸至金黄色，捞出装碗中。

4 用油起锅，倒入米饭、鸡肉丁、咸鱼丁，炒匀。

5 加入葱花、芝麻油、胡椒粉，炒匀调味即可。

烹饪小提示

咸鱼含有盐分，因此可以少放盐或者不放盐。

五色健康炒饭

难易度：★☆☆　　2人份

原料

冷米饭200克，玉米粒、豌豆各15克，土豆35克，胡萝卜25克，香菇10克，葱花少许

调料

盐3克，鸡粉2克，芝麻油、食用油各适量

烹饪小提示

在炒之前先将米饭压松散，这样可节省时间，也更易炒香。

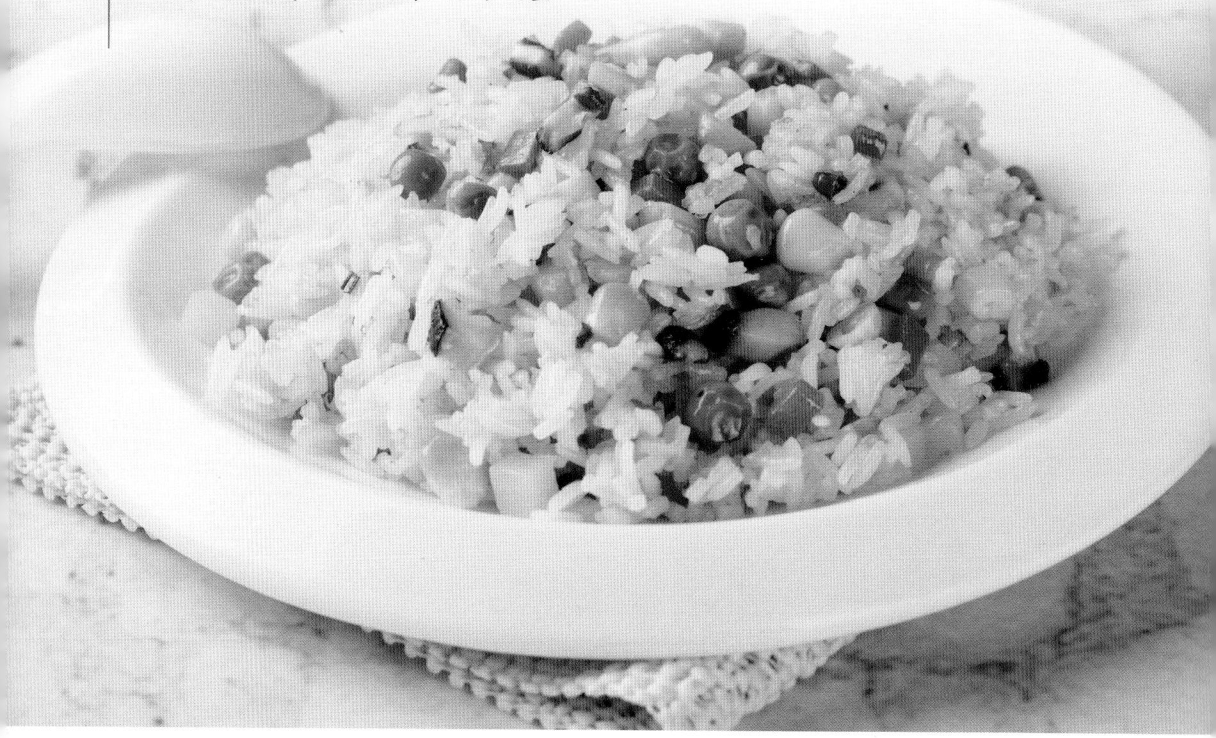

做法

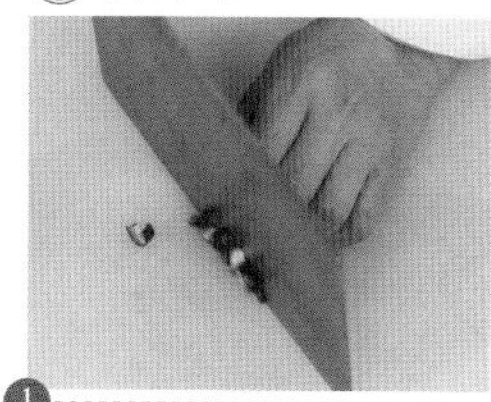

1. 洗净去皮的胡萝卜、土豆切丁，洗净的香菇去除根部，切块。

2. 锅中注水烧开，倒入香菇、胡萝卜、土豆、盐、食用油、豌豆、玉米粒，煮断生后捞出。

3. 用油起锅，倒入备好的米饭，炒松散，放入焯过水的食材，炒至食材熟透。

4. 加入适量盐、鸡粉，撒上葱花，淋入芝麻油，炒出香味，关火后盛出即可。

菠萝炒饭

难易度：★☆☆ 2人份

原 料

米饭150克，火腿肠100克，玉米粒50克，鸡蛋1个，菠萝丁30克，圆椒20克，葱花少许

调 料

盐3克，鸡粉2克，食用油适量

做 法

1.洗净的圆椒切粒；火腿肠切丁；鸡蛋打入碗中，搅散。2.锅中注水烧开，加入玉米粒、盐，煮半分钟，再淋入食用油，倒入圆椒丁，续煮约半分钟，捞出；火腿丁滑油约半分钟，捞出。3.锅底留油烧热，倒入蛋液炒匀，放入米饭、焯过水的材料，加入火腿丁、菠萝丁、盐、鸡粉、葱花，炒匀盛出，装入盘中即成。

干贝蛋炒饭

难易度：★☆☆ 1人份

原 料

冷米饭180克，干贝40克，鸡蛋1个，葱花少许

调 料

盐、鸡粉各2克，食用油适量

做 法

1.洗净的干贝拍碎；将鸡蛋打入碗中，打散调匀，制成蛋液。2.热锅注油，烧至三四成热，放入干贝，炸至金黄色，捞出。3.锅留底油烧热，倒入蛋液，炒散呈蛋花状，倒入米饭，炒至松散，加入盐、鸡粉，炒匀调味，撒上干贝，炒匀，倒入葱花，炒出香味，盛出炒好的米饭即可。

豌豆胡萝卜炒饭

烹饪时间 Time 3分钟

难易度：★☆☆　0人份

原料

冷米饭150克，豌豆30克，胡萝卜丁15克，鸡蛋1个，葱花少许

调料

生抽3毫升，盐、鸡粉各2克，芝麻油、食用油各适量

烹饪小提示

炒米饭时宜不停翻炒，这样才不会粘锅。

做法

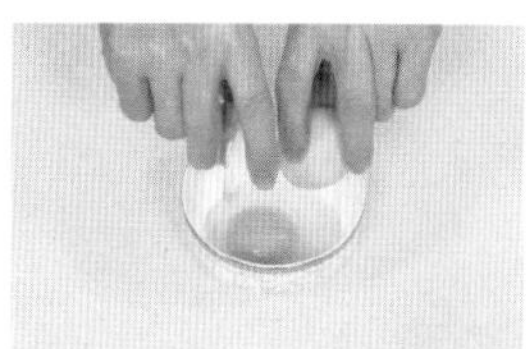

1. 将鸡蛋打入碗中，打散调匀，制成蛋液备用。

2. 锅中注水烧开，倒入食用油、豌豆、胡萝卜丁，煮至断生，捞出。

3. 用油起锅，倒入蛋液，炒匀呈蛋花状，倒入米饭，炒松散。

4. 放入焯过水的食材，炒匀，至食材熟透。

5. 淋入生抽，加盐、鸡粉，撒上葱花，淋入少许芝麻油，炒匀即可。

腊肠炒饭

难易度：★☆☆　　1人份

原 料

腊肠100克，冷米饭160克，葱花少许

烹饪小提示

腊肠可事先蒸一下，这样更易炒熟。

调 料

盐、鸡粉各2克，食用油适量

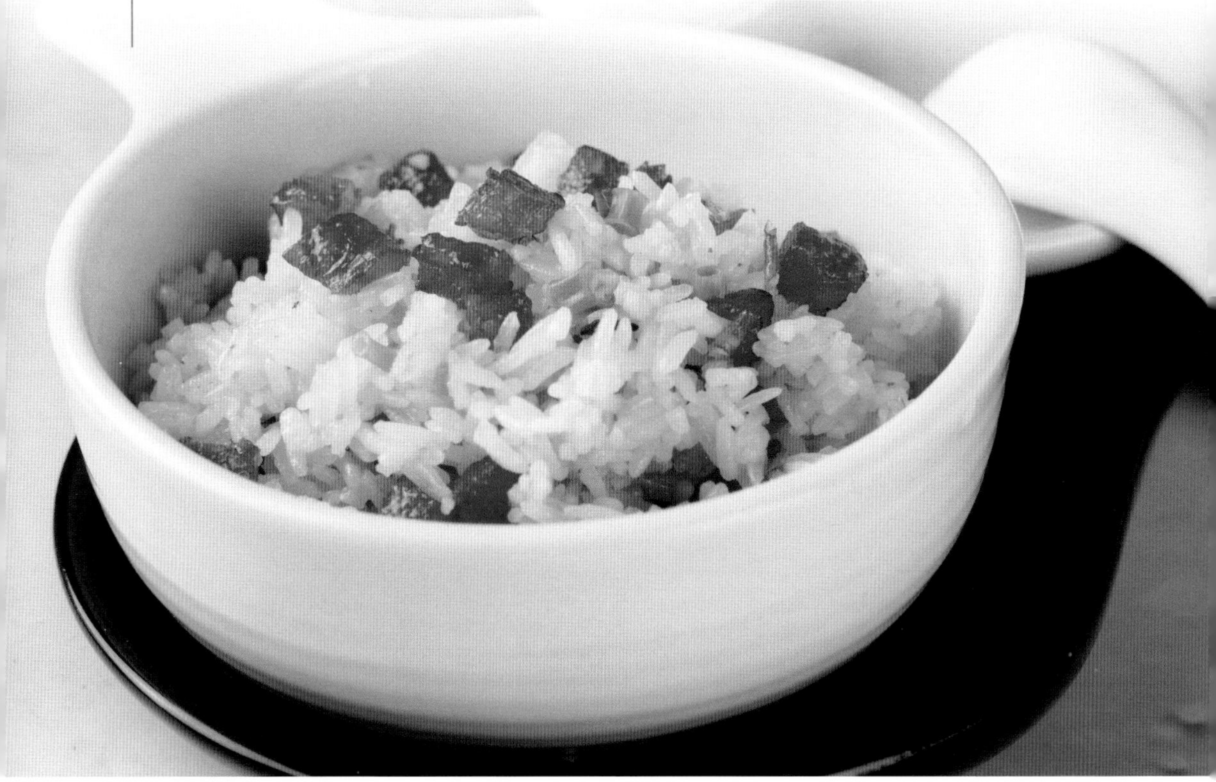

做 法

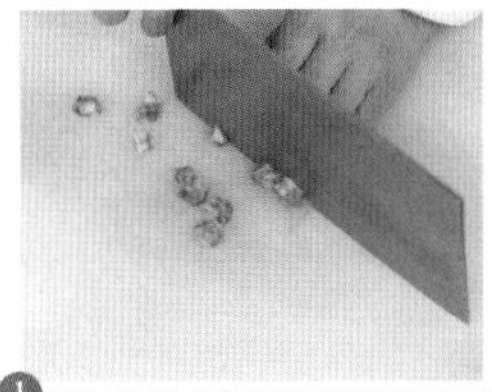

1. 洗净的腊肠切丁，备用。

2. 用油起锅，放入切好的腊肠，炒至其呈亮红色。

3. 倒入备好的米饭，炒松散，加入少许盐、鸡粉，炒匀调味。

4. 倒入少许清水炒匀，撒上葱花炒香，关火后盛出即可。

烹饪时间 Time 4 分钟

雪菜虾仁炒饭

难易度：★☆☆　1人份

原 料

冷米饭170克，虾仁50克，雪菜70克，葱花少许

调 料

盐、鸡粉各2克，胡椒粉2克，水淀粉、芝麻油、食用油各适量

做 法

1.洗净的雪菜切碎；洗好的虾仁切块，加盐、鸡粉、水淀粉腌渍。2.锅中注水烧开，倒入食用油，放入雪菜，煮约半分钟，捞出，沥干水分。3.用油起锅，放入虾仁，炒至变色，倒入米饭、雪菜，炒至熟透，加入盐、鸡粉、胡椒粉、芝麻油，撒上葱花，炒香盛出饭即可。

烹饪时间 Time 3 分钟

香芹炒饭

难易度：★☆☆　2人份

原 料 冷米饭180克，芹菜段25克，胡萝卜10克，鸡蛋1个，豌豆35克

调 料 盐、鸡粉、芝麻油、食用油各适量

做 法

1.洗好的芹菜、胡萝卜切丁；将鸡蛋打入碗中，制成蛋液。2.锅中注水烧开，加盐、食用油，倒入胡萝卜、豌豆煮断生捞出。3.用油起锅，倒入蛋液，炒散呈蛋花状，倒入米饭，放入焯过水的食材，加盐、鸡粉、芹菜，淋入芝麻油炒香即可。

做法

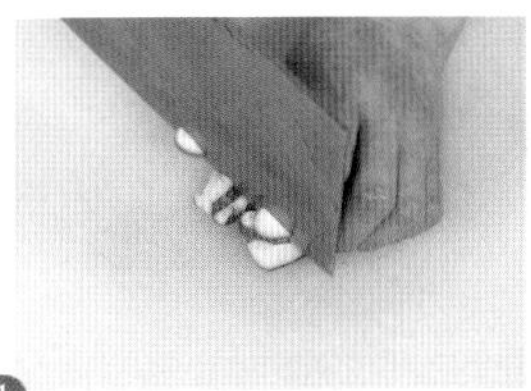

1 洗好的鸡胸肉切、香菇、上海青切块。

2 热锅注油烧热，倒入花生米，小火炸香捞出。

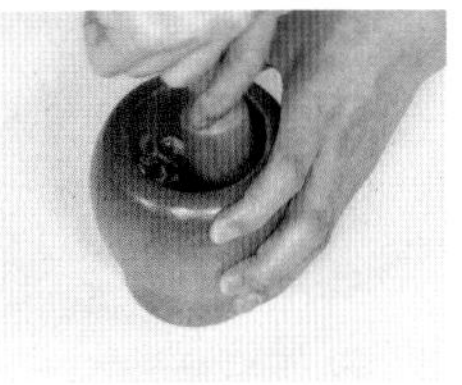

3 取杵臼，将花生米捣成末，倒入小碟子中。

4 炒锅注油烧热，倒入鸡胸肉炒变色，加入香菇、料酒、高汤、上海青炒熟。

5 倒入余下的高汤、米饭、奶油、盐炒匀，撒上花生末，炒匀即可。

烹饪时间 Time 3分钟

鸡肉花生炒饭

难易度：★☆☆　2人份

原料

鸡胸肉50克，上海青20克，花生米40克，鲜香菇15克，冷米粉270克，奶油70毫升，高汤100毫升

调料

料酒4毫升，盐2克，食用油适量

烹饪小提示

炸花生米的时间不宜太久，以免味道发苦。

虾仁蔬菜炒饭

难易度：★☆☆　　1人份

烹饪时间 Time 4分钟

原料

冷米饭120克，胡萝卜35克，口蘑20克，虾仁40克，奶油20克，葱花少许

调料

盐少许，鸡粉1克，水淀粉、食用油各适量

烹饪小提示

炒米饭时淋入少许芝麻油，不仅可增香，还能使米粒通透、饱满。

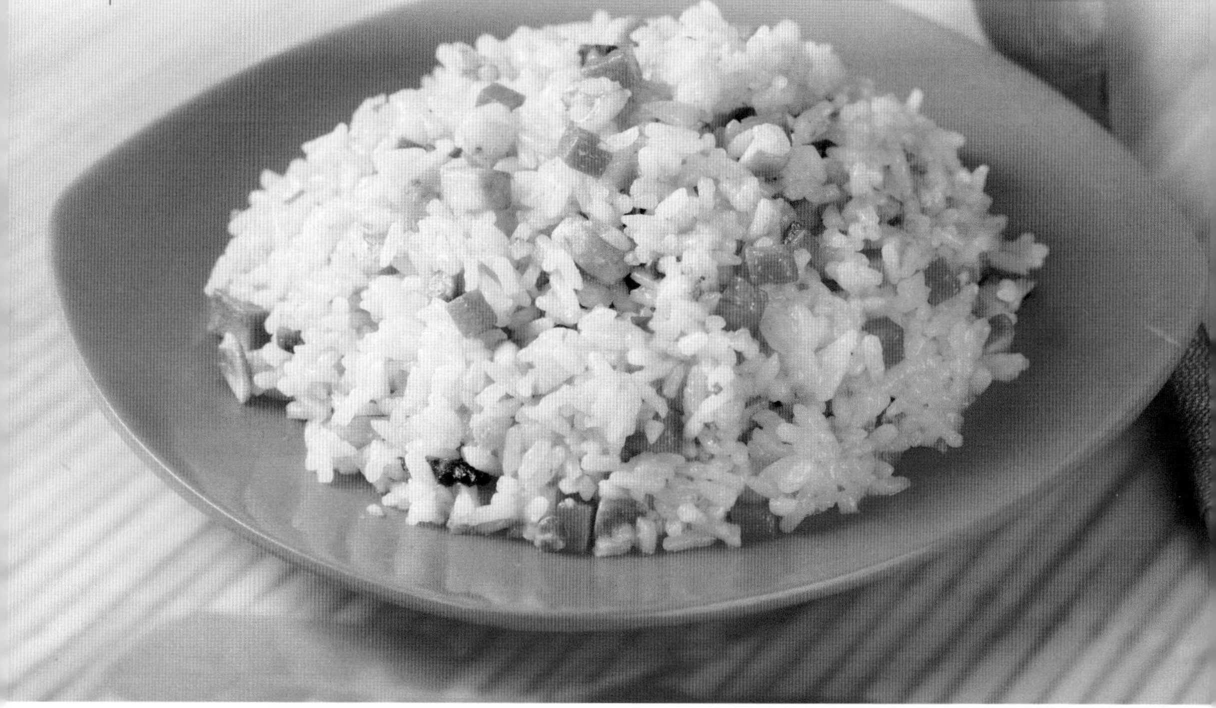

做法

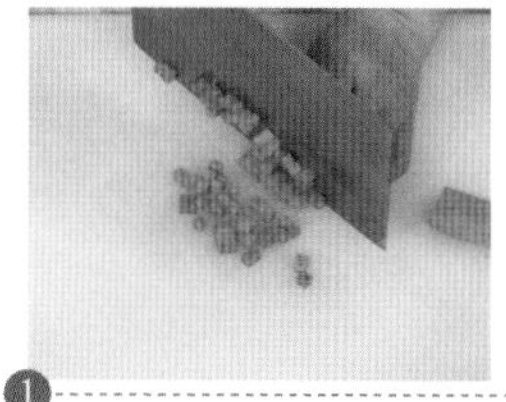

1. 将洗净的口蘑切丁；洗好去皮的胡萝卜切丁；洗好的虾仁挑出虾线，切丁。

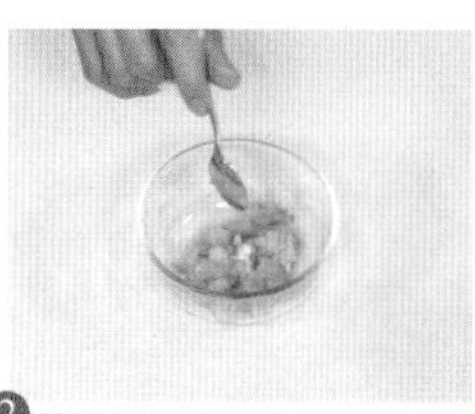

2. 把切好的虾仁放入碗中，加盐、鸡粉、水淀粉，拌匀，腌渍。

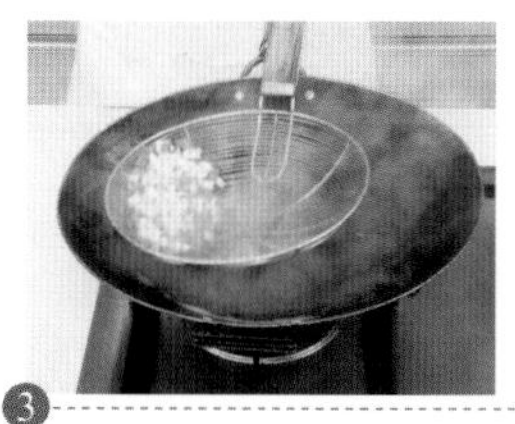

3. 锅中注水烧开，加入盐、口蘑、胡萝卜、虾仁，煮至断生后，捞出。

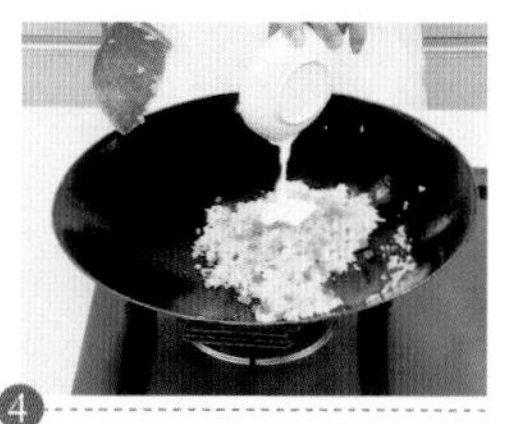

4. 锅中倒油烧热，放入虾仁、胡萝卜、口蘑、米饭、清水、葱花、奶油、盐炒匀即可。

烹饪时间 Time 4 分钟

鲜虾翡翠炒饭

难易度：★★☆　2人份

原料

虾仁35克，鸡蛋1个，菠菜45克，软饭150克

调料

盐2克，鸡粉2克，水淀粉2克，食用油2毫升

做法

1 将鸡蛋调匀；菠菜焯水，捞出，切成段。

2 虾仁切成丁装碗，加盐、鸡粉、水淀粉、食用油，腌渍至入味。

3 把菠菜、蛋液榨成菠菜蛋汁，倒入碗中，放入盐、鸡粉，拌匀。

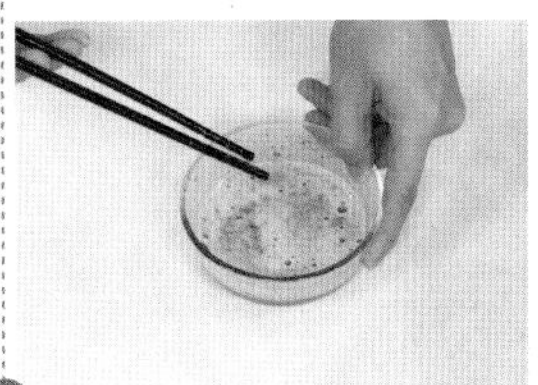

4 取一个碗，倒入软饭，倒入菠菜蛋汁，拌匀。

5 用油起锅，倒入虾肉、软饭，炒出香味即可。

烹饪小提示

炒制虾仁时，淋入少许柠檬汁，可使虾仁味道更加鲜嫩。

南瓜虾仁炒饭

烹饪时间 Time 3分钟

难易度：★★☆　1人份

原料

南瓜60克，胡萝卜80克，虾仁65克，豌豆50克，米饭100克，黑芝麻15克，奶油30克

做法

1.洗净去皮的胡萝卜、南瓜切粒；洗净的豌豆切开；洗好的虾仁切碎。2.锅中注水烧开，倒入豌豆、胡萝卜、南瓜，煮至断生捞出；再倒入虾仁煮至淡红色，捞出。3.锅置火上烧热，倒入奶油，炒至溶化，倒入虾仁、胡萝卜、南瓜、豌豆、米饭，加少许清水，撒上黑芝麻炒匀即可。

芥菜鸡肉炒饭

烹饪时间 Time 3分钟

难易度：★☆☆　1人份

原料

米饭160克，鸡肉末80克，芥菜70克，胡萝卜30克，圆椒35克

调料

鸡粉1克，盐2克，食用油适量

做法

1.将洗好的圆椒、胡萝卜切丁；洗净的芥菜梗切小块，叶切碎。2.锅中注水烧开，加食用油、盐，倒入圆椒、胡萝卜略煮；放入鸡肉末煮变色；倒入芥菜煮半分钟，捞出。3.用油起锅，倒入米饭炒散，倒入煮过的材料，加盐、鸡粉炒至入味即可。

香菇鸡肉饭

难易度：★★☆　0人份

原料

鲜香菇30克，鸡胸肉70克，胡萝卜60克，彩椒40克，芹菜20克，米饭200克，蒜末少许

调料

生抽3毫升，芝麻油2毫升，盐、食用油各适量

烹饪小提示

炒米饭时要边翻炒边把成块的米饭压松散，这样不仅可以防止粘锅，而且口感更均匀。

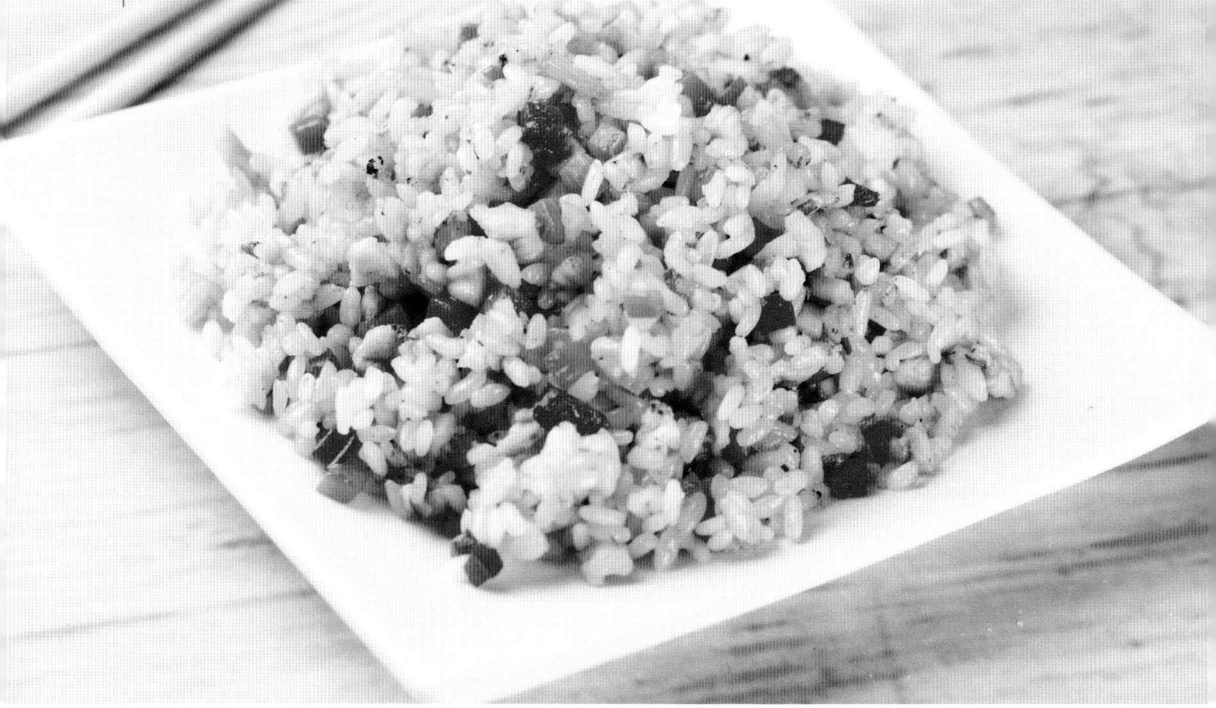

做法

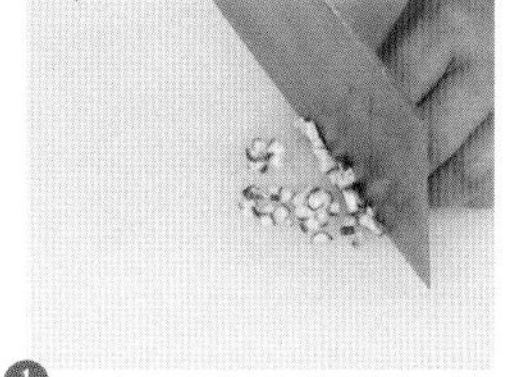

1 洗净的香菇、胡萝卜、彩椒、芹菜切粒；鸡胸肉切成丁。

2 锅中注水烧开，放入胡萝卜、彩椒、芹菜，煮断生，捞出。

3 用油起锅，倒入鸡肉丁、蒜末炒香；放入焯过水的食材炒匀。

4 倒入米饭，炒至松散；加盐、生抽、芝麻油，炒入味即可。

青豆鸡丁炒饭

难易度：★★☆　　1人份

烹饪时间 Time 3分钟

原料

米饭180克，鸡蛋1个，青豆25克，彩椒15克，鸡胸肉55克

调料

盐2克，食用油适量

烹饪小提示

最好使用隔夜的剩米饭炒制，口感会更好。

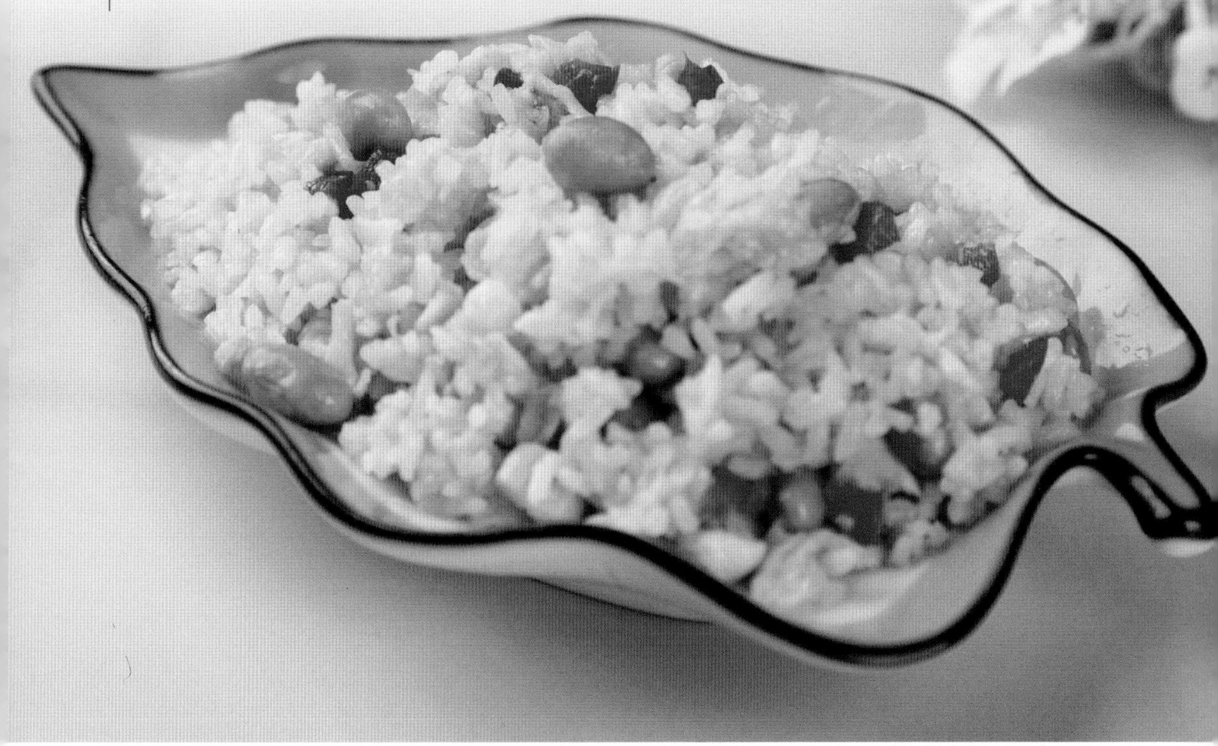

做法

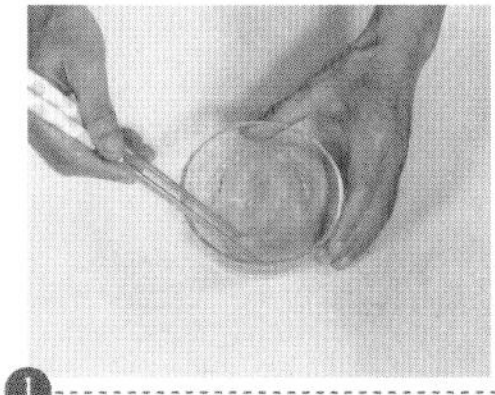

1. 洗净的彩椒、鸡胸肉切丁块；鸡蛋打入碗中，搅散、拌匀。

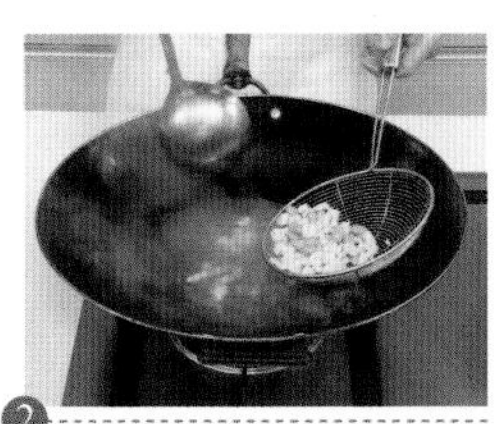

2. 锅中注水烧开，倒入洗好的青豆、鸡胸肉，煮至断生捞出。

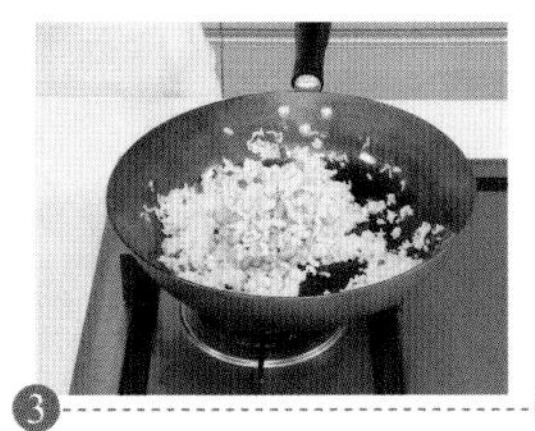

3. 用油起锅，倒入蛋液，放入彩椒、米饭青豆、鸡胸肉炒熟。

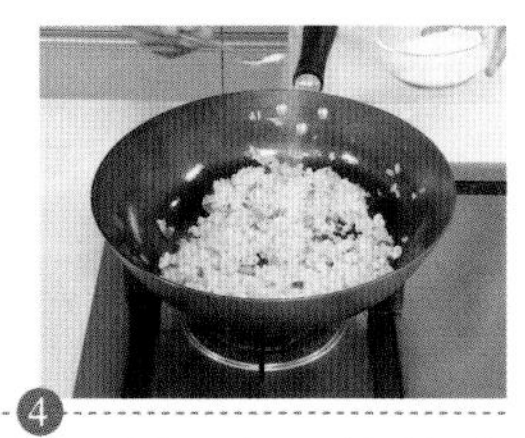

4. 加盐调味，拌炒片刻，至食材入味，盛出炒好的米饭即可。

烹饪时间
Time
4 分钟

苹果炒饭

难易度：★☆☆　　2人份

原料

苹果150克，米饭300克，火腿80克，蛋液40克，鲜玉米粒50克

做法

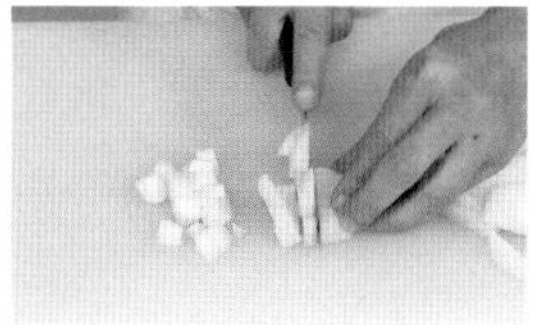

1 洗净的苹果去皮去核，切成条，再切成丁。

2 将火腿切成丁，把蛋液倒入碗中，搅散，制成蛋液，备用。

3 热锅注油，倒入火腿、蛋液、玉米粒、米饭，快速翻炒均匀。

4 加入少许盐、鸡粉，炒匀调味，倒入切好的苹果，翻炒一会儿。

5 关火后盛出炒好的食材，装入盘中即可。

烹饪小提示

切好的苹果最好立即使用，以免氧化变黑。

开心果炒饭

难易度：★★☆　2人份

原料

冷米饭180克，腊肠25克，鸡蛋黄30克，开心果仁20克，熟白芝麻10克，葱花少许

调料

盐、鸡粉各2克，橄榄油适量

做法

1.将洗净的腊肠切开，改成小丁块；把鸡蛋黄搅散，制成蛋液，待用。2.煎锅置火上，注入少许橄榄油，烧至三四成热，倒入蛋液，炒散，撒上切好的腊肠，炒出香味，放入备好的冷米饭，翻炒匀，至米饭变软。3.加入盐、鸡粉，炒匀调味，倒入备好的开心果仁、熟白芝麻，炒香炒透，撒上葱花，炒出香味即可。

什锦炒饭

难易度：★★☆　3人份

原料

米饭300克，水发木耳75克，鸡蛋1个，培根35克，蟹柳40克，豌豆30克

调料

盐2克，鸡粉适量

做法

1.解冻的蟹柳切丁；培根切小块；洗净的木耳切丝；把鸡蛋打入小碗中，搅散，制成蛋液。2.锅中注水烧开，放入豌豆、木耳丝，煮至断生，捞出待用。3.用油起锅，倒入蛋液，炒匀，放入培根块、蟹柳丁，倒入米饭，翻炒均匀，放入焯煮过的食材，加入盐、鸡粉，炒至食材熟透，盛出装入盘中即可。

烹饪时间
Time
5 分钟

三文鱼炒饭

难易度：★★☆　1人份

原料

冷米饭140克，鸡蛋2个，三文鱼80克，胡萝卜50克，豌豆30克，葱花少许

调料

盐2克，鸡粉2克，橄榄油适量

做法

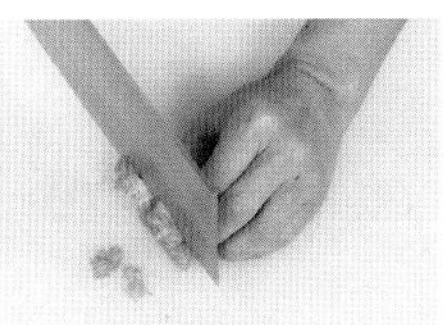

1 洗净去皮的胡萝卜切丁；三文鱼切丁。

2 锅中注水烧开，倒入胡萝卜、豌豆煮至断生，捞出；鸡蛋打成蛋液。

3 锅中加橄榄油烧热，倒入蛋液炒成蛋花，倒入三文鱼炒至变色。

4 倒入米饭炒散，放入胡萝卜、豌豆炒匀，加盐、鸡粉，炒匀调味。

5 撒上少许葱花，炒出葱香味，盛出即可。

烹饪小提示

炒饭最好用隔夜米饭，这样口感会更佳。

黄金炒饭

难易度：★★☆　　2人份

原料

冷米饭350克，蛋黄10克，黄瓜30克，去皮胡萝卜70克，洋葱80克

调料

盐2克，鸡粉3克，食用油适量

烹饪小提示

米饭最好用隔夜的饭，隔夜的米饭流失了一部分水分，正好适合炒饭。

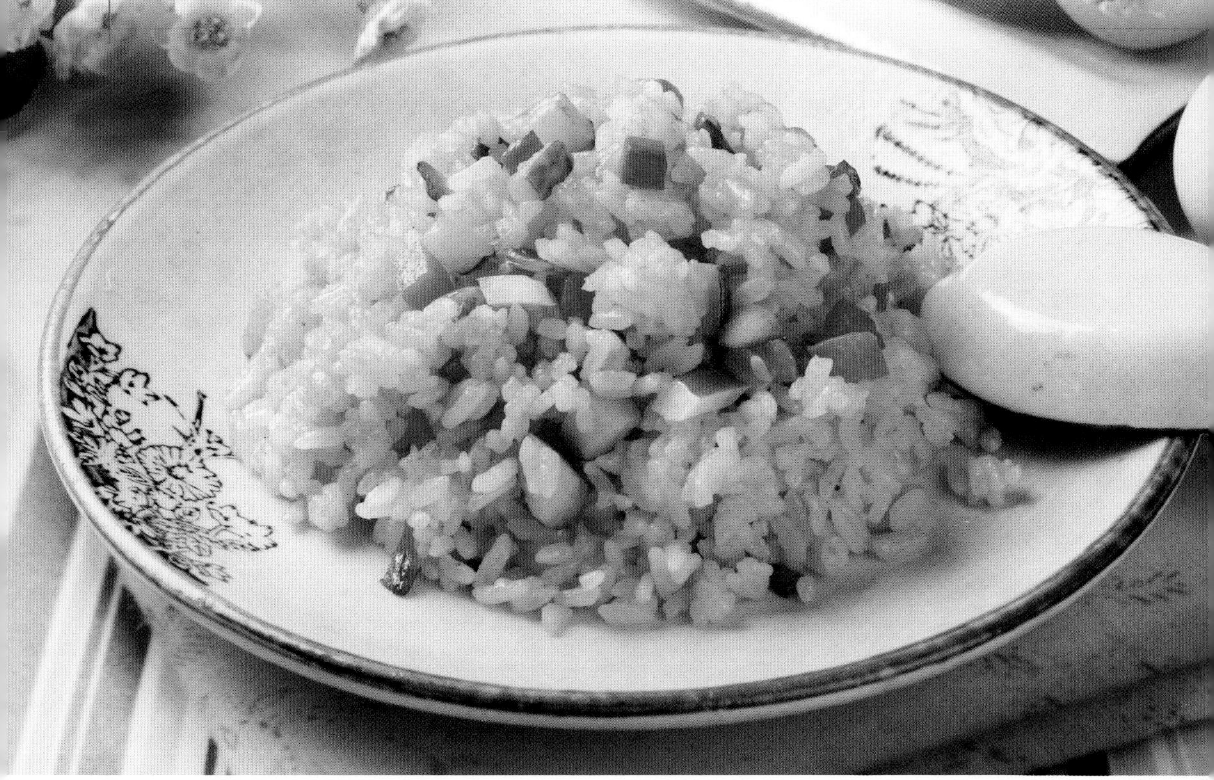

做法

1. 洗净的洋葱、黄瓜、胡萝卜切丁；将鸡蛋黄打散，倒入米饭中拌匀。

2. 用油起锅，倒入胡萝卜、黄瓜，翻炒至熟，装入盘中备用。

3. 用油起锅，放入洋葱、米饭炒熟，加入盐、鸡粉，炒匀。

4. 放入黄瓜、胡萝卜，翻炒入味，盛出装入盘中即可。

烹饪时间
Time
4 分钟

腊味炒饭

难易度：★★☆　　2人份

原料

冷米饭220克，腊肉65克，香菇45克，胡萝卜40克，花椒、八角、葱花各少许

调料

盐2克，鸡粉、胡椒粉各少许，蚝油5克，生抽4毫升，食用油适量

做法

1.洗净的腊肉切丁；洗好的香菇切小块；去皮洗净的胡萝卜切成丁。2.用油起锅，倒入胡萝卜丁、香菇丁炒香，加生抽、蚝油炒匀，盛入盘中。3.另起油锅烧热，放入花椒、八角爆香，捞出香料，倒入腊肉丁、米饭，倒入炒过的材料，加入生抽、鸡粉、盐，炒匀调味，撒上胡椒粉、葱花，炒出葱香味即可。

咖喱虾仁炒饭

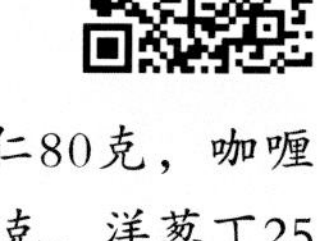

烹饪时间
Time
10分钟

难易度：★★☆　　3人份

原料

冷米饭350克，虾仁80克，咖喱20克，胡萝卜丁25克，洋葱丁25克，青豆20克，鸡蛋2个

调料

盐2克，鸡粉3克，食用油适量

做法

1.洗净的虾仁切开；鸡蛋搅散，入油锅炒熟盛出。2.用油起锅，倒入洋葱、胡萝卜、青豆、虾仁炒熟，装入盘中。3.用油起锅，放入咖喱炒至融化，倒入冷米饭炒软，加入鸡蛋和炒好的菜肴，加盐、鸡粉调味即可。

烹饪时间 Time 3分钟

广式腊肠鸡蛋炒饭

难易度：★★☆　2人份

原料

冷米饭185克，蛋液100克，腊肠85克，葱花少许

调料

盐2克，鸡粉少许，食用油适量

烹饪小提示

炒蛋液时宜选用大火，这样能保持鸡蛋的嫩滑口感。

做法

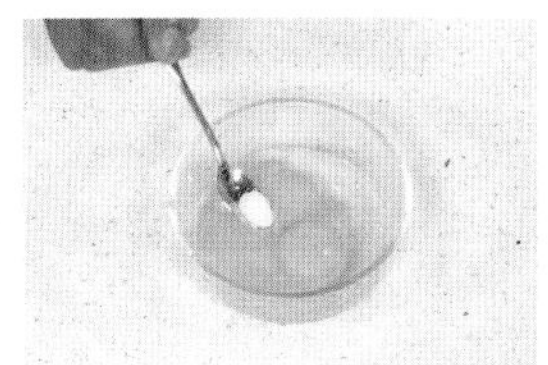

1 蛋液装碗中，撒上少许盐，搅散、调匀待用。

2 锅中注水烧开，放入腊肠略煮，捞出沥干，放凉后切成小块。

3 用油起锅，倒入调好的蛋液，炒熟后盛出。

4 另起油锅烧热，倒入腊肠炒香，放入米饭炒散，倒入鸡蛋炒匀，加盐、鸡粉、葱花调味。

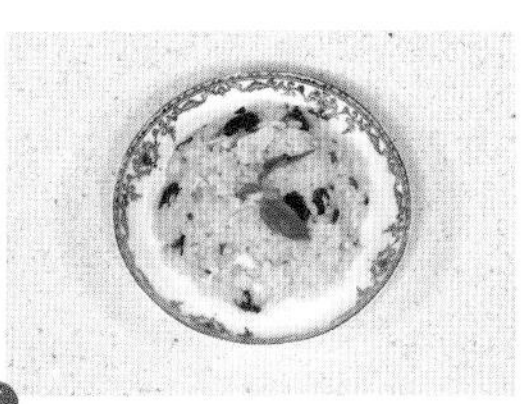

5 盛出，装碗，压紧，倒扣在盘中即可。

松子玉米炒饭

难易度：★☆☆　　2人份

原 料

米饭300克，玉米粒45克，青豆35克，腊肉55克，鸡蛋1个，水发香菇40克，熟松子仁25克，葱花少许

烹饪小提示

腊肉可先汆一下水再炒，这样就不会很咸了。

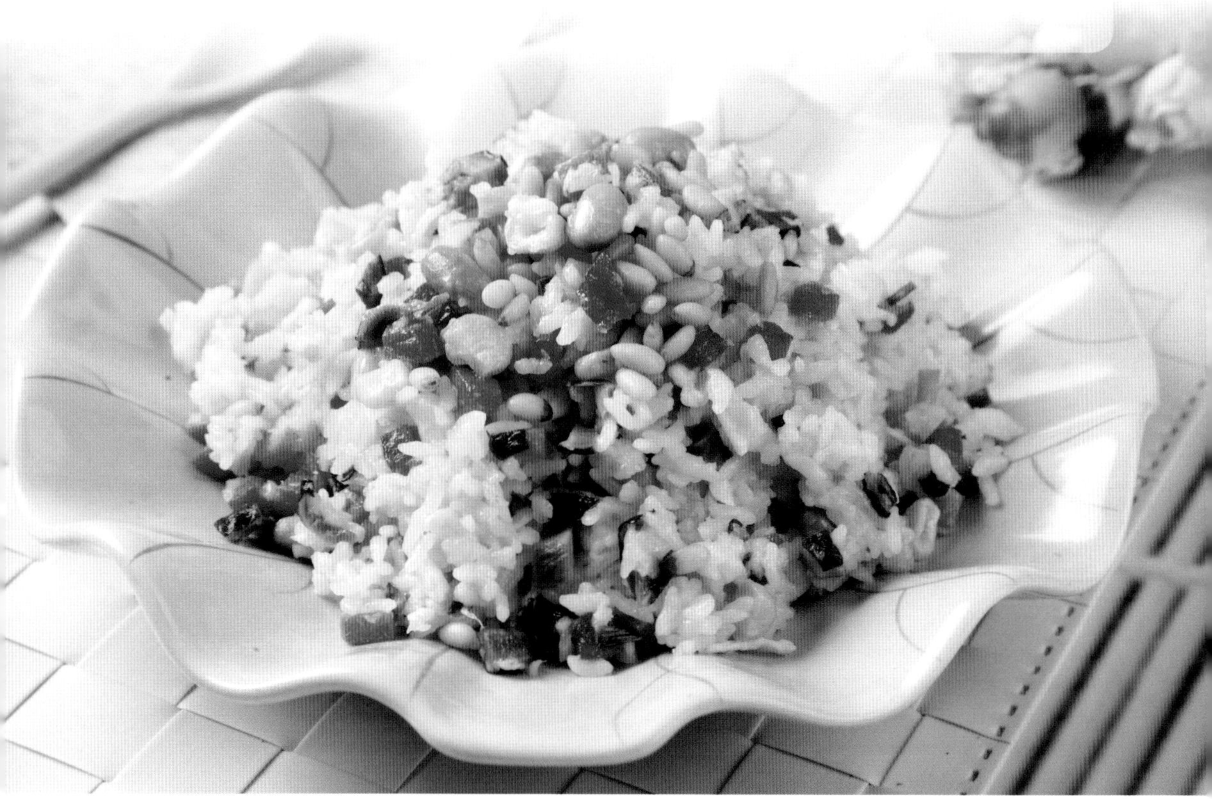

做 法

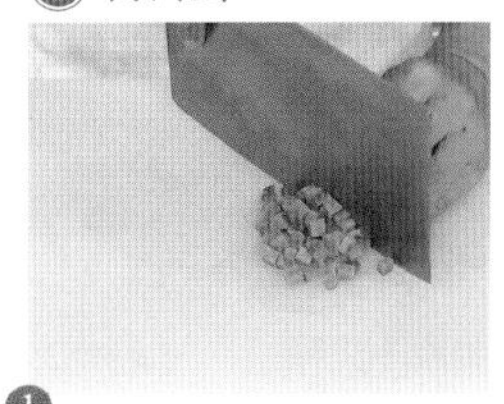

1 洗净的香菇切丁；洗好的腊肉切成丁。

2 锅中注水烧开，倒入洗净的青豆、玉米粒，煮断生，捞出。

3 用油起锅，倒入腊肉丁、香菇丁炒匀，打入鸡蛋炒散，倒入米饭，用中小火炒匀，

4 倒入焯过水的食材，撒上葱花、松子仁炒匀，装入盘中，撒上余下的松子仁即成。

生炒糯米饭

难易度：★★☆　2人份

原料

熟糯米230克，虾皮20克，洋葱35克，腊肠65克，水发香菇55克，香菜末少许

调料

盐少许，鸡粉2克，食用油适量

做法

1.洗净的香菇切粗丝；洗好的洋葱切小块；洗净的腊肠斜刀切片。2.用油起锅，倒入香菇丝，炒匀炒香，放入腊肠片，倒入洋葱，翻炒一会儿，撒上备好的虾皮，放入熟糯米，炒匀、炒散，加入少许盐、鸡粉，翻炒至食材熟透，关火待用。3.取一小碗，撒上香菜末，盛入锅中的米饭，压紧，再倒扣在盘中，取下小碗，摆好盘即可。

什锦蔬菜炒河粉

难易度：★☆☆　1人份

原料

河粉200克，白菜80克，胡萝卜45克，彩椒30克，蒜末、葱花各少许

调料

盐、鸡粉各2克，老抽2毫升，生抽5毫升，食用油适量

做法

1.将洗净的白菜切、彩椒切粗丝，洗净去皮的胡萝卜切丝。2.锅中注入清水烧开，加入盐、食用油、胡萝卜丝、白菜丝，焯煮至食材断生后捞出。3.用油起锅，倒入蒜末、彩椒丝，再倒入焯过水的食材，放入河粉、生抽、盐、鸡粉、老抽，炒匀炒香，撒上葱花，翻炒至食材入味，关火后盛出炒好的食材，装入盘中即成。

做法

1 洗好去皮的丝瓜切块。

2 锅中注水烧开，放入刀削面，淋入食用油，煮至面条熟软，捞出过一下凉开水，装碗待用。

3 用油起锅，倒入肉末，炒变色，加料酒、生抽。

4 倒入切好的丝瓜，炒约3分钟，放入煮好的刀削面，炒匀。

5 加入盐、鸡粉，炒至食材入味，关火后盛出装入盘中即可。

烹饪时间 Time 7分钟

丝瓜肉末炒刀削面

难易度：★☆☆　2人份

原料

刀削面200克，丝瓜150克，肉末150克

调料

盐、鸡粉各2克，料酒3毫升，生抽5毫升，食用油适量

烹饪小提示

肉末可先加入料酒和水淀粉腌渍一会儿，这样炒出的肉末味道会更好。

空心菜肉丝炒荞麦面

烹饪时间 Time 2分钟

难易度：★☆☆ 2人份

原 料

空心菜120克，荞麦面180克，胡萝卜65克，瘦肉丝35克

调 料

盐3克，鸡粉少许，老抽、料酒各2毫升，生抽3毫升，水淀粉、食用油各适量

做 法

1.洗净去皮的胡萝卜切细丝；把瘦肉丝装碗中，加盐、生抽、料酒、水淀粉腌渍。2.锅中注水烧开，倒入荞麦面煮熟捞出；瘦肉丝滑油至变色，捞出。3.用油起锅，倒入空心菜梗、荞麦面、瘦肉丝、胡萝卜丝炒熟，再放入空心菜叶。4.加盐、生抽、老抽、鸡粉调味即成。

烹饪时间 Time 3分钟

肉丝包菜炒面

难易度：★☆☆ 2人份

原 料 面条120克，包菜180克，瘦肉50克，黄瓜45克，胡萝卜70克，彩椒20克

调 料 盐、鸡粉各2克，料酒4毫升，水淀粉、生抽、食用油各适量

做 法

1.洗净的瘦肉、包菜、胡萝卜、彩椒、黄瓜切丝。2.肉丝加盐、料酒、水淀粉、食用油腌渍；将面条煮熟，捞出。3.油锅烧热，倒入肉丝滑炒捞出。4.用油起锅，倒入胡萝卜、彩椒、包菜炒熟，放面条，加盐、鸡粉、生抽、肉丝、黄瓜炒匀即可。